冻融作用下黄土盐蚀型崩塌灾害发生机理研究

许 健 王松鹤 著

科学出版社

北京

内 容 简 介

本书通过系统总结国内外关于土体冻结过程水热迁移、土体冻融过程强度劣化及渗透特性、土体冻融过程微细观结构规律及黄土崩塌的研究成果，围绕冻融作用下黄土盐蚀型崩塌灾害发生机理问题，依托国家自然科学基金面上项目的资助开展了以下内容的研究：黄土边坡盐蚀剥落病害特征调查及测试分析，单向冻结过程 Na_2SO_4 盐渍黄土水盐迁移规律研究，Na_2SO_4 盐渍原状黄土冻融过程强度劣化特性试验研究，冻融循环作用下 Na_2SO_4 盐渍原状黄土渗透特性试验研究，冻融循环作用下黄土盐蚀型崩塌数值计算及评估方法研究。

本书可作为水利、土建、岩土、地质等专业的教师、研究生阅读用书，同时还可作为对寒区工程和黄土力学感兴趣的科研人员和工程技术人员的参考用书。

图书在版编目（CIP）数据

冻融作用下黄土盐蚀型崩塌灾害发生机理研究/许健，王松鹤著. —北京：科学出版社，2023.10
    ISBN 978-7-03-076418-8

Ⅰ.①冻… Ⅱ.①许… ②王… Ⅲ.①黄土区-冻融作用-灾害防治-研究 Ⅳ.①P642.21

中国国家版本馆 CIP 数据核字（2023）第 179289 号

责任编辑：王 钰 李程程 / 责任校对：赵丽杰
责任印制：吕春珉 / 封面设计：东方人华平面设计部

科 学 出 版 社 出版
北京东黄城根北街 16 号
邮政编码：100717
http://www.sciencep.com
北京中科印刷有限公司 印刷
科学出版社发行 各地新华书店经销

*

2023 年 10 月第 一 版　　开本：B5（720×1000）
2023 年 10 月第一次印刷　　印张：13 3/4
字数：278 000

定价：138.00 元
（如有印装质量问题，我社负责调换〈中科〉）
销售部电话 010-62136230 编辑部电话 010-62130750

前　言

　　黄土是第四纪以来形成的一种具有大孔隙胶结结构的特殊沉积物,由于黄土高原特殊的自然地理和地质环境背景,以及黄土本身性质的特殊性,黄土崩塌地质灾害频发。黄土崩塌是指在自重及外荷载的作用下,高陡边坡的黄土体突然从母体崩落的现象,是黄土地区一类较为常见的地质灾害,具有极大的危害性。研究揭示黄土崩塌形成机理,实现黄土崩塌的防灾减灾,具有重要的理论和实践意义。

　　黄土中富含碳酸盐和硫酸盐等无机盐类,具有盐类结晶连接的结构特征。盐类侵蚀作用是指黄土中的可溶盐在外界自然因素的作用下,发生的结晶—溶解—重结晶过程的物理化学反应对赋存黄土体的侵蚀破坏作用。现场调查资料表明,大量黄土边坡坡脚土体遭受显著的盐蚀劣化作用,土体结构破坏,强度降低,最终诱发盐蚀型黄土崩塌灾害。冻融循环是诱发黄土盐蚀劣化的一个主要自然因素,关于冻融作用下黄土中的水盐迁移规律、冻融作用下黄土的盐蚀劣化特性及其诱发盐蚀型黄土崩塌灾害的机制,目前还鲜有专门研究报道。因此,为了解决以上问题,本书主要基于作者国家自然科学基金面上项目(项目编号:51878551、51478385、51778528、52178302)的研究成果,试图以开阔和全面的视角向读者展示冻融作用下黄土盐蚀型崩塌灾害问题所涉及的研究领域、研究方法和研究热点,希望能为广大科研人员和研究生提供一个学习和研究冻融作用下黄土盐蚀型崩塌灾害问题的基本思路、方法、框架,以及所需的基础研究资料。

　　本书的主要研究内容如下。

　　第 1 章主要介绍了冻融作用下黄土盐蚀型崩塌灾害问题已有的相关研究成果及其发展动态。目的是通过这一章的学习,对土体冻结过程水热迁移,土体冻融过程强度劣化、渗透特性及黄土崩塌等相关问题的研究现状有一个全面系统的认识。第 2 章主要针对黄土高原地区边坡盐蚀剥落病害常见类型、典型调研点水盐迁移及盐蚀黄土微结构测试结果进行分析和总结。第 3 章主要论述黄土冻融过程盐蚀劣化的主要诱因——水盐迁移,对单向冻结过程硫酸钠盐渍黄土水盐迁移规律进行了系统试验研究和理论计算分析。第 4 章和第 5 章主要对冻融作用下硫酸钠盐渍原状 Q_3 黄土三轴剪切、扫描电镜、CT 扫描和核磁共振扫描试验结果进行了全面分析,从微观与宏观结合的角度对盐渍原状 Q_3 黄土冻融过程剪切强度劣化和渗透规律进行了阐释。第 6 章基于数值计算和理论解析方法,探究了冻融条件下黄土盐蚀型崩塌灾害的发生机理和定量评估方法。第 7 章对本书的研究成果进行了全面总结并对后续研究工作进行了展望。

　　本书由西安建筑科技大学许健教授和西安理工大学王松鹤副教授共同执笔撰写。其中,第 1 章~第 4 章、第 6 章由许健撰写;第 5 章和第 7 章及参考文献由王松鹤撰写;最后由许健完成审定、修改、编排和定稿工作。

　　由于作者水平有限,书中难免有不足之处,敬请读者提出宝贵意见。

目　　录

第1章 绪 论

1.1 研 究 背 景

黄土是指在第四纪因风力作用形成的黄色粉土沉积物,是一种在特定环境中形成的具有特殊性质的土。黄土地区是重要的建设和能源基地。由于黄土土性复杂、节理裂隙发育,黄土地区沟壑纵横、地形破碎,在自然条件及人类工程活动影响下,容易产生崩塌、滑坡及诸如泥石流等灾害[1-8]。其中,黄土崩塌灾害因发生突然、迅速,严重地危及各类工程建设及人民生命财产的安全,制约着当地经济的可持续发展。近年来由于对黄土崩塌灾害认识得不全面,加之防治措施因崩塌孕育、变形、破坏的复杂性而缺乏针对性,崩塌灾害发生频次有增无减,危害日益严重。

黄土崩塌作为黄土地区常见地质灾害较早被人们注意,其稳定性评价及防护对策历来是工程建设中特别关注的技术课题。对此,研究者从宏观的角度出发,以定性评价为主,结合一定的定量分析对黄土崩塌进行了研究,研究成果对黄土崩塌灾害机理的认识起到了积极作用。但是,由于黄土地区特殊的地质环境和自然条件,黄土边坡受盐蚀作用的影响显著,因盐蚀作用影响而诱发的黄土崩塌不可忽视。据已有的调查资料统计[9],延安地区盐蚀型黄土崩塌类型在黄土崩塌发育中的综合贡献率达到了 22.5%,盐蚀作用成为诱发黄土崩塌的一个主要自然因素。盐蚀,即土体中的可溶盐在冻融循环及干湿循环等因素的作用下随水分向上迁移而产生聚集,使某一局部区域范围内可溶盐含量增高;而后,在地表蒸发作用下,被溶解的可溶盐结晶膨胀,土体结构受到破坏并变得较为松散,强度显著降低;这种结晶—溶解—重结晶过程的反复作用,使被侵蚀土体的结构损伤扩展,劣化破坏。在黄土地区,盐蚀现象广泛发育于不同地层年代的黄土、古土壤及人工夯实黄土中,具体表现为局部形成盐斑或片状分布的盐带。作为诱发黄土崩塌的一个主要自然条件,盐蚀作用使黄土边坡坡脚土体产生表层剥落破坏,造成黄土边坡坡脚不同程度地向内凹进形成反坡,失去对上部土体的支撑作用,最终产生黄土崩塌。

此外,由于黄土地区处于季节冻土区,黄土受季节性冻融循环作用的影响显著,每年春季发生的冻融灾害非常频繁[10-13]。冻融循环为诱发黄土盐蚀劣化的一个主要诱因,目前对冻融循环作用下黄土盐蚀型崩塌灾害发生的原因主要通过灾害调查进行初步的揭示，文献资料很少，机理性研究尚缺乏文献资料。因机理性研究的不足，对冻融循环作用下黄土盐蚀型崩塌灾害尚不能进行量化分析和预测，使得灾前难以采取有效措施。因此，对冻融循环作用下黄土盐蚀型崩塌灾害发生机理进行深入研究，建立盐蚀型黄土崩塌预测判据，确定盐蚀型黄土崩塌灾害危险性评估方法，对预测黄土盐蚀型崩塌灾害和保证广大人民群众生命财产安全都具有重要意义。

1.2　国内外研究现状

1.2.1　冻结条件下水热耦合迁移研究

针对冻结条件下土体中的水分迁移问题，国内外研究学者开展了大量试验研究和数值计算理论分析，已取得了丰硕的成果。国外关于水热耦合的研究最早可追溯到 20 世纪三四十年代，Everett[14]、Gold[15]和 Sill 等[16]提出毛细理论，认为由于冻结缘中冰-水相平衡界面上存在表面张力，导致固-液压力差的出现，进而引起水分迁移。Taber[17]提出未冻区水分向上迁移形成的分凝冻胀是引起冻胀的主要原因，并对分凝冰的形成给出了合理的解释。Black[18]认为克拉贝龙方程适用于正冻土，并给出了 5 种不同条件下的方程形式。Watanabe 等[19]发现在非常低的温度下，并非所有的孔隙水都会由于颗粒表面的吸附作用而冻结。此后，通过试验证明，在不同类型的土壤中，当温度较低或未冻水含量较小时，水分迁移遵循Darcy（达西）定律。Nagare 等[20]进行双向冻结试验，发现温度对土水势具有显著影响，继而影响了含水量的重分布。在数值模型方面，使用范围最广的为 Harlan 模型和分凝势模型。Harlan[21]在 1973 年，首次建立冻结土体水热耦合迁移模型。该模型认为水分的迁移仍然满足 Darcy 定律，由于明确了冻土水势-未冻水含量-温度三者之间的关系，许多学者接受了 Harlan 模型的基本框架，并作出了一些改进，拓展了该模型在冻土理论研究中的应用[22]。Newman 等[23]探讨了如何更为合理地描述 Harlan 模型的参数。Hansson 等[24]为 Harlan 模型中水分迁移方程，添加了气态水的迁移项。Konrad 等[25-26]通过开展不同温度梯度条件下冻土内部水分迁移试验，得出了水分入流量与温度梯度成正比的结论，进而提出了分凝势理论模型。但在实际应用中，发现该模型存在很多局限性[27-28]，最为严重的一个方面是，分凝势模型计算的是当冻结锋面趋于稳定以后水分入流量与温度梯度的关系。但随着研究的不断深入发现，在冻结锋面稳定以前，就已经存在水分的迁移。此外，该模型也不能够预测冻结初期的入流量情况。其他模型，诸如热力学模型等，Michalowski 等[29]基于热力学理论，提出了用于表征孔隙率与温度梯度、应力关系的函数——孔隙率函数，用该函数代替 Darcy 定律来描述正冻土中的水分迁移，并进行了数值模拟。Mikkola 等[30]基于质量、动量和能量平衡定律及熵不定性，建立起能够描述孔隙水冻结过程中产生的负压、孔隙水和热量运输及冻胀的、适用于饱和土冻结过程的数学模型。但由于热力学模型输入参数较多，且不易获取，这类模型在提出之后，发展速度很慢，目前还不能作为可操作的模型使用。

国内关于冻结水分迁移的研究较晚，部分学者开展了冻结过程封闭系统下水热耦合迁移研究，分析了干密度、含水量、冻结时间、冷端温度和冻结方式等对水分迁移的影响规律[31-33]；部分学者针对冻结过程开放补水条件下土体中的水分迁移规律进行了深入研究，分析了补水条件、温度梯度及荷载等对水分迁移的影响机制及冰透镜体的生长规律[34-40]。在数值模型方面，Zhou 等[41]提出了用于分析一维冻结的 Moving-Pump（移动泵）模型，采用假想的泵来表征孔隙水和热的迁移，通过与其他模型比较证明该模型预测效果良好。Ming 等[42]提出了一种描述冻土中水迁移的迁移潜力模型，避免了未冻区与冻结缘渗透系数的测定，预测迁移通量与试验值吻合较好。曹宏章等[43]在刚性冰模型基础上，修正了水分驱动势和分凝冰产生的判断准则，建立了一维冻结过程的冰分凝模型。

上述研究均建立在土体不含盐的假定上，然而盐分对温度场和水分场的影响显著，土体特征参数（如冻结温度和导水系数）受盐分的影响显著。

1.2.2 冻结条件下水热盐耦合迁移研究

相比冻结过程土体水分迁移的研究，目前冻结条件下水盐迁移问题的研究成果相对较少。Baker 等[44]研究了冻结砂土中盐分重分布的过程，发现冻结界面上盐排斥的量随冻结速率的降低而降低。Bing 等[45-46]通过设置单向冻结、循环冻结-溶解循环、冻结温度循环三种工况，研究周期性冻融导致土壤中水与盐重新分配的情况，发现盐分会使土体冻结温度逐渐降低，水的运动机制在很大程度上决定了盐的迁移机制。Wu 等[47]采用青藏高原粉质黏土，对冻融过程中的水盐迁移进行了试验和数值研究，发现盐结晶过程从孔隙溶液中带走大量的液态水，盐迁移的主要途径是与液态水的对流和浓度差引起的自由扩散。Wan 等[48]设置冻融循环试验，运用 Piter 离子确定 Na_2SO_4 盐渍土冻结深度，并通过 Na_2SO_4 饱和曲线和含盐量来估算结晶量，结果表明盐分的迁移来自复杂的物理化学变化，盐的结晶对盐分迁移、单向冻结土壤中水分、热量和溶质耦合迁移机理与模拟影响很大，冻结缘含盐量最大。肖泽岸等[49]通过单向冻结试验，研究了冻结条件下 NaCl 盐渍土体中的水盐迁移规律及变形特性。张彧等[50]通过试验总结得出热效应是造成盐渍化土体中水盐迁移的主导因素，冻结条件下土体热效应作用随深度的增大而逐渐减弱。李瑞平等[51]基于人工神经网络对冻融土壤水盐耦合迁移进行了联合预测，得出了初冻期地下水埋深、初冻期含水量及初冻期含盐量等 10 个影响因子可以有效表征冻融土壤水分和盐分之间的强烈耦合关系。

相比水热耦合模型的持续发展和广泛应用，盐渍土水热盐耦合迁移模型研究并没有得到足够重视，少数学者在建立水热耦合模型时考虑了溶质的迁移和影响。Cary[52]提出了非饱和冻土中温度、水分、盐分耦合的间接热传导模型，但该模型未考虑冻结锋面上溶质的逸出与渗透势引起的水分流动的影响。Flerchinger 等[53]提出了可用于模拟土壤冻融过程中水热盐的传输迁移交换的 SHAW（水热耦合，simultaneous heat and water）模型。Zukowski 等[54]发现了冻结温度附近溶质迁移规律，并建立了在不随时间变化的水头场作用下饱和多孔介质的二维输运模型，考虑了冻结条件下温度变化引起的黏度变化、溶质固定化和溶质排斥对溶质运输的影响。Padilla 等[55]建立了一维冻结条件下土体水热盐迁移的数值计算模型，并与室内试验结果进行了对比分析。Jansson 等[56]提出了冻融土壤水热盐迁移模型，许多学者也验证了该模型在森林土壤、农田生态系统、永久性冻土、湿地生态系统等不同土壤环境的适应性。

国内外学者对土体水热盐耦合迁移研究取得了一些成果，但仍然存在下述不足之处。

（1）由于土体冻结过程水热盐耦合迁移物理机制的复杂性，目前仍然缺少较为系统的针对水、热、盐多物理场耦合影响的试验研究工作，因此其机理解释仍有不足。

（2）已有理论模型尚未合理阐述温度梯度对溶质迁移，以及溶质对冻结温度的影响，因而模拟结果往往出现较大误差。

（3）前人研究工作对一些关键参数如冻结温度、导热系数和土水势，往往采取的是经验取值而不是通过试验获取，由此带来的误差往往偏大，甚至导致结论错误。

（4）已有的很多水热盐耦合理论模型，仅提出了理论框架，并没有开展相应的数值计算工作，也缺乏相应的试验验证。

综上所述，建立土体冻结过程水热盐耦合迁移理论框架，将其理论模型数值化，重要参数通过试验获取，进行相应的试验验证，具有极其重要的理论和现实意义。基于此，项目组开展了 Na_2SO_4 盐渍黄土的冻结温度试验、导热系数试验和封闭系统下 Na_2SO_4 盐渍黄土的单向冻结水盐迁移试验，研究单向冻结过程 Na_2SO_4 盐渍黄土的水盐耦合迁移规律，建立水热盐多物理场耦合理论模型，并将其数值化，开展水热盐多物理场耦合数值计算分析，以期深入揭示盐分对 Na_2SO_4 盐渍黄土水盐耦合迁移规律的影响机制，为解决季节冻土地区黄土盐蚀病害提供理论依据和参考。

1.2.3 土体冻融过程强度劣化研究

1. 冻融循环作用下非盐渍土强度劣化研究

Alkire 等[57]对经历冻融循环作用的重塑粉质黏土进行了三轴固结排水试验

（consolidated-drained triax-ial test，CD），发现低密度粉质黏土的强度特性可通过冻融循环作用来提高。Chuvilin 等[58]进行了大量的试验论证，揭示了冻融循环作用下土体强度指标降低的机制。Broms 等[59]通过研究发现，经历冻融循环作用后，不同类型的土体或者岩体强度出现衰减的规律不同。Qu 等[60]研究了冻融循环作用对黏性粗颗粒土单轴力学性能的影响规律，指出冻融过程中水分冻结体积膨胀引起土体结构破坏是黏性粗颗粒土单轴力学性质变化的主要原因。Xu 等[61]通过三轴压缩试验对饱和冻结砂土不同围压下的强度和变形特性进行研究，并通过改进的邓肯-张模型来模拟冻结砂土在不同围压下的应变软化现象。Eigenbrod[62]研究发现，随着冻融循环作用的进行，试样体积会呈现不断增大的趋势，但变化幅度逐渐减小。此外，大量冻融循环试验表明土体弹性模量、破坏强度、剪切强度参数会因冻融循环作用而显著降低[63]。Hotineanu 等[64]对高塑性膨润土和低塑性高岭石两种类型的黏土进行直接剪切试验，得出冻融循环作用对土剪切强度的影响主要体现在黏聚力上。Kamei 等[65]研究了冻融循环对烧石膏固化后软黏土的无侧限抗压强度和耐久性的影响规律，发现冻融循环次数的增加降低了土体无侧限抗压强度和耐久性。Aldaood 等[66]通过无侧限抗压和波速试验，研究了冻融循环对不同石膏含量试样强度的影响规律，并通过压汞和扫描电镜（scanning electron microscope，SEM）试验揭示了水分入渗、裂隙扩展对冻融循环后试样结构的影响机制。Orakoglu 等[67]通过开展冻融循环作用下纤维加筋土的三轴压缩试验，发现加筋土和未加筋土的强度和弹性模量随着冻融次数增加而降低。Xie 等[68]通过对青藏高原采集的土样进行冻融循环试验，发现青藏高原土壤力学性质变化的主要原因是冻土膨胀引起的土颗粒结构破坏。Othman 等[69]发现冻融后土体强度损伤的主要诱因就是水分条件。刘炜等[70]对不同冻融次数下的汉长安城遗址土进行微观结构分析，认为遗址土冻融前后的力学性质改变主要受土的骨架结构变化的影响。和法国等[71]对 SH 材料加固夯筑遗址土重塑样进行冻融循环及耐盐耐碱试验，对其力学强度特征及耐久性能展开研究。李希[72]研究了冻融循环作用对人工制备遗址土抗剪强度指标及结构性参数的影响，为遗址土的修复工作提供了一种行之有效的方法。李力[73]研究了粉土遗址在冻融循环作用下强度及崩解特性，对冻融循环作用下遗址土的破坏规律和劣化机理进行深入分析。魏大川[74]、谌文武等[75]在积雪覆盖条件下对遗址土进行冻融循环试验，研究了遗址土在上覆积雪冻融破坏时抗压强度和表面硬度变化规律，分析遗址土的物理力学性质变化特征及其劣化机理。张瑞杰[76]对人工制备遗址土进行室内力学试验，基于损伤力学理论和 Weibull 分布统计原理建立冻融循环作用下遗址土统计损伤模型，分析遗址土在冻融循环作用下的损伤破坏规律。叶万军等[77]为研究黄土自然坡面在冻融循环作用下的剥落病害机制，进行开放条件下的冻融循环试验，并分析了冻融循环作用下试样表面变化特征及试样干密度、含水量、黏聚力和内摩擦角的变化规律。

2. 冻融循环作用下盐渍土强度劣化研究

冻融循环导致含盐土体强度衰减的过程是比较复杂的，大量学者已经对冻融循环作用对盐渍土、遗址土及含盐土物理力学性质的影响进行了初步研究。通过总结盐蚀作用对不同土类的影响规律，研究盐蚀作用对土体劣化的作用机制。

盐渍类土体具有溶陷性、盐胀性、腐蚀性等工程性质。肖泽岸等[78]对封闭系统下 Na_2SO_4 盐渍土在冻融循环作用下的变形规律进行相关研究。王海涛等[79]研究了冻融循环作用对氯盐渍土和硫酸盐渍土的抗剪强度特性的影响。燕宪国[80]对经历多次冻融循环作用后的天然盐渍土进行研究，得出结论：经过冻融循环作用后，低液限黏土、含砂低液限黏土、低液限各层粉土的抗剪强度都出现大致类似的规律。包卫星等[81]对经受多次冻融循环作用后的天然盐渍土进行研究，发现天然盐渍土中盐分和水分的迁移变化规律，并得到其强度变化规律：对于低液限黏土试样，其水分和盐分的迁移规律为自下而上，且盐分的重分布与水分重分布之间存在较大程度相似性，水分和盐分自下而上迁移。土样各位置黏聚力存在一定的变化规律，即自下而上线性减小，内摩擦角变化规律呈 S 形分布。孙勇等[82]对冻融循环作用后的天然盐渍土展开研究，得出结论：盐渍土干密度随冻融循环次数的增加不断减小，其黏聚力出现先增大后减小的变化规律，而内摩擦角则出现不断增大的变化规律。张莎莎等[83]对经历冻融循环后的粗粒盐渍土（对下路堤的模拟）进行研究，并发现靠近冷端的土体强度随冻融循环次数的增加逐渐增大，靠近暖端的土体强度随着冻融循环次数的增加逐渐减小。陈炜韬等[84]研究了在冻融循环作用下，不同含盐种类及不同含盐量对盐渍土的抗剪强度变化规律，得出结论：保持含水量一定时，土样抗剪强度随冻融循环次数的增加而减小，基本不受含盐类别（Na_2SO_4、$CaCl_2$ 等）的影响，但是当向土体中加入等量的 Na_2SO_4 和 $CaCl_2$ 时，含有 Na_2SO_4 的土样抗剪强度劣化程度较大；同时得出土样干密度及抗剪强度出现变化的根本原因是冻融循环作用时盐类结晶体析出位置不同的结论。Roman[85]建立了冻结盐渍土强度特性与相应温度之间的关系式，揭示了土壤化学成分对冻结盐渍土强度和变形的影响。在盐渍土中含有大量的 Na_2SO_4、NaCl 等易溶盐，而盐渍土出现盐胀作用现象的主要原因与 Na_2SO_4 有关，Na_2SO_4 在不同温度下，溶解度会出现很大的变化，且在结晶后体积会出现数倍增大，其中以 $Na_2SO_4 \cdot 10H_2O$ 体积变化最大，约为结晶前的 4.18 倍[86-87]。Lai 等[88]通过研究盐渍土在冻融过程中的结晶变形，建立了考虑成核、分子扩散和晶体生长的动力学模型，给出了宏观结晶应力表达式。研究结果表明，土的变形基本上是由宏观结晶应力决定的。宏观结晶应力会破坏孔隙结构，引起土体变形。

陈蒙蒙[89]对干旱、半干旱地区夯土遗址重塑样在干湿、冻融交替循环养护的抗压强度、抗拉强度、强度参数进行分析，随着干湿、冻融交替循环养护期次的增加，整体上呈现出逐渐衰减趋势。表明降水过程所导致干湿与盐渍、冻融与盐渍交替耦合作用是夯土遗址强度劣化的主要原因之一。蒲天彪等[90]研究了冻融与盐渍耦合作用对遗址土抗风蚀、雨蚀能力和强度等参数的劣化规律。陈雨等[91]将不同含量和比例的 NaCl、Na_2SO_4 加入脱盐后的重塑遗址土样中进行冻融循环试验，研究冻融循环作用下不同含盐量土体微细观结构变化规律，分析盐分和冻融循环作用对遗址土的破坏机理。刘泽群[92]开展黄泛区粉土冻融循环试验、动三轴试验及微观测试，研究了盐分及冻融循环次数对黄泛区粉土动力学性能和内部微观结构的影响，为黄泛区粉土路基处理提供理论依据。郑英杰等[93]研究了冻融循环作用下黄泛区饱和含盐粉土动力性能及细观结构特征，从宏细观两方面综合评价含盐量和冻融次数对黄泛区饱和含盐粉土的损伤劣化程度。张英等[94]归纳总结了冻融循环对含盐冻土力学性质的影响，指出冻融过程含盐冻土的研究应侧重于冻胀-盐胀机理、水盐迁移、盐渍冻土的结构性。在含盐研究中应尽量使用原状土样，并寻求新方法，通过多尺度结合的方式反映含盐冻土的物理力学性质变化特征。

李国玉等[95]总结了季节冻土区黄土工程面临的相关问题，分析和总结了冻融循环和盐分对压实黄土工程特性的影响。在进一步研究中需加强宏观和微观的综合分析，定量研究冻融循环和盐分对黄土工程特性的影响机制。焦航[96]通过冻融循环试验、三轴压缩试验和微细观相关测试试验研究冻融-盐共同作用下黄土的强度劣化规律和微观结构破坏特征，通过灰色关联法分析黄土宏观强度劣化的微观机理，为冻融和盐蚀作用导致黄土边坡剥落病害提供理论依据。邴慧等[97]研究了含 Na_2SO_4 盐重塑黄土在冻融循环作用下单轴抗压强度特性，分析了 Na_2SO_4 盐在黄土冻融循环过程中对土体强度的强化和弱化作用。王秦泽[98]研究了水盐及冻融循环作用下含盐黄土地区土的冻结温度及其变化机理，为含盐黄土边坡受冻融循环作用扰动后稳定性分析提供理论依据。

目前关于冻融循环作用对含盐原状黄土影响的研究较少，含盐量、冻融循环次数及其耦合效应导致土体强度衰减程度的定量化关系尚不明确，因此对于冻融环境下盐渍原状黄土强度劣化特性的研究十分必要。

1.2.4 土体冻融过程渗透特性研究

1. 冻融循环作用下非盐渍土渗透特性研究

1）一般土体冻融

Chamberlain 等[99]通过研究发现，细粒土随冻融循环次数的增加，土体孔隙比减小，渗透能力增强。土体的内部结构在冻融循环过程中变化比较明显，而且会影响土颗粒的联结与排列方式，进而影响土体的渗透特性。Zimmie 等[100]通过研究发现，土样的渗透性会因冻融循环作用而增大 1～2 个数量级。张泽等[101]总结了冻融循环过程中造成土体结构发生变化的因素，表明随着冻融循环的进行，土的团粒结构被破坏，向着细小的方向发展，且土体的孔隙率、渗透性和塑性指数均发生变化。罗小刚等[102]通过进行粉质黏土的冻融试验，研究了冻融循环对土体孔隙率、渗透性等土工性质的影响，得出在不同冻结温度与不同含水量下，土体经冻融循环后其孔隙率与含水量都会增大。胡志平等[103]通过进行灰土冻融过程的渗透试验，发现灰土的渗透系数随冻融次数的增加呈指数下降趋势，且拟合公式曲线与实测数据较吻合。范昊明等[104]进行了草甸土的冻融试验，以分析不同冻融次数及不同含水量下土体渗透性的变化规律。研究表明，土体孔隙率与渗透系数均随冻融次数的增加先增大后减小，最后趋于稳定，且孔隙率与渗透系数在前 5 次冻融循环时增大较多。土体孔隙率与渗透系数随含水量的增大逐渐减小。周春生等[105]通过进行膨润土的冻融试验，得出经过 31 次冻融循环后，膨润土的渗透系数增大了 1 个数量级，但渗透系数还是比较小。Sterpi[106]在研究冻融循环条件下结构性黏土的渗透特性时发现，冻结作用不仅导致了土体裂隙网络的形成，而且还引起黏土颗粒子结构的破坏。Dalla Santa 等[107]研究了冻融循环作用对粉质黏土渗透特性的影响，表明渗透系数的改变是由于冻融过程中引起的孔隙微观结构不可逆变化造成的。Tang 等[108]通过渗透试验和微观测试，研究了冻融过程中软土渗透系数随微结构的变化规律，在冻融循环过程中，大孔隙增加的同时产生微裂隙，导致渗透系数增大。

2）黄土冻融

吕擎峰等[109]探讨了冻融循环对水泥石灰粉煤灰配比下改性黄土工程特性的影响，加入改性剂的黄土呈现镶嵌结构，土颗粒间排列更为紧密，具有高强度、低渗透性和抗冻融能力强的特性。赵茜等[110-111]以西安黏黄土、延安黄土和米脂砂黄土作为研究对象，研究了冻融循环、干湿交替及其耦合作用下三地原状、重塑黄土渗透性各向异性的空间分布特征。冻融循环作用下西安黏黄土相比于延安黄土、米脂砂黄土破坏更为严重，黏粒含量影响土体冻结过程中水分的迁移能力。杨晴雯等[112]研究了冻融循环次数和冻融低温温度对加固黄土抗剪强度、渗透系数和耐久性的影响规律，分析了加固土颗粒及结构在冻融循环过程中的变形特征和冻融损伤劣化机制。刘熙媛等[113]通过室内冻融循环和变水头渗透试验，研究了冻融循环作用对水泥改良黄土渗透性能的影响。连江波等[114]以杨凌黄土为研究对象，对不同初始条件下的土体进行封闭条件下的冻融循环试验。试验得出，在封闭条件下，土体经冻融循环作用后其孔隙率与渗透系数的变化情况受土体初始条件的影响很大。干密度不同，土体的孔隙率与渗透系数的变化趋势也不同。肖东辉等[115]进行了兰州原状黄土与重塑黄土冻融过程的渗透试验。试验表明，土体的渗透系数与干密度呈负线性相关，原状黄土与重塑黄土的渗透系数均随冻融循环次数的增加先减小后增大，最后趋于稳定；同时由于重塑土的土颗粒结构较原状土均匀，因此原状黄土的渗透系数小于重塑黄土。Lu 等[116]利用 GDS 三轴渗透仪研究了冻融循环与干密度对黄土渗透性的各向异性影响。在冻融循环过程中，土中水经历反复的相变和迁移，土颗粒和土孔隙受土中水分的状态变化而不断调整和变化，最终导致土体结构性的改变，从而使黄土渗透性的各向异性显著改变。王铁行等[117]研究了冻融循环与干密度对原状黄土竖向及水平渗透系数的影响。试验得出，随冻融循环次数的增加，黄土水平及竖向渗透性均先增大后趋于稳定，且水平与竖向渗透性的差距在减小；随着黄土干密度的增大，黄土水平及竖向渗透性均减小，且水平与竖向渗透性的差距在增大。

2. 冻融循环作用下盐渍土渗透特性研究

冻融引起的破坏是渐进和不可逆的，并且冻融循环作用在引起土体裂缝的同时，也会对微观结构产生永久性的破坏，最终改变土体的渗透特性。部分研究表明，当土体内含有 Na_2SO_4、$NaCl$ 等易溶盐时，外界的温度变化会使土体产生盐胀现象[118]，改变土体内部颗粒结构，进而影响土体的渗透特性。邓友生等[119]研究了不同含盐量的 Na_2SO_4 盐和 $NaCl$ 盐对青藏砂土和黏土的渗透系数影响规律，含盐砂土和黏土的渗透系数均随含盐量的增加而减小，其中 Na_2SO_4 盐土的渗透系数要比 $NaCl$ 盐土的渗透系数减小显著。刘松玉等[120]根据已有的盐溶液作用下土体渗透试验研究结果，定量评价盐溶液作用下土的渗透系数的控制影响因素，基于柯西-卡尔曼公式建立盐溶液作用下土的渗透系数预测公式。车宝等[121]通过原位渗透测试，并结合室内渗透试验，分析了高含量中溶盐粗颗粒盐渍土的渗透规律、影响范围及渗透系数的变化规律。张悦等[122]以含盐遗址重塑土为研究对象，研究了 $NaCl$ 含量对土体总吸力与基质吸力变化规律的影响，对含盐遗址重塑土的持水曲线进行数学模型拟合分析。杨德欢等[123]以高液限黏土作为研究对象，分析了不同浓度的 $NaCl$ 溶液在不同渗流路径下对饱和黏土渗透性的影响，探究了孔隙盐溶液浓度变化时黏土渗透性的变化规律和作用机理。

上述学者主要针对冻融条件下土体的渗透规律及含有易溶盐土体的渗透特性进行相关研究，而针对冻融条件下盐渍原状黄土渗透特性的研究成果较少，含盐量、冻融循环次数及其耦合效应对盐渍原状黄土渗透特性的影响规律尚不明确，因此对于冻融环境下盐渍原状黄土渗透特性的研究十分必要。盐渍原状黄土是一种具有典型天然结构强度的特殊土，冻融循环作用对其渗透特性影响较大。通过开展三轴渗透试验，研究 Na_2SO_4 盐渍原状黄土冻融过程中渗透特性变化规律，研究成果对探究黄土盐蚀作用诱发边坡剥落等病害的成灾机理具有重要的参考意义。

1.2.5　黄土冻融过程微细观试验研究

土的微观结构通常指组成土的颗粒或集粒的大小、形状、表面特征和定量比例关系、结构单元体的排列组合和结构联结、孔隙特征。土体结构性的破坏程度更多地体现在土体微细观结构上，它决定了土体的物理力学性质。早期对于土体结构的研究，主要基于表观图像定性定量分析、压汞试验（mercury intrusion porosimetry，MIP）、扫描电镜试验等测试方法[124-126]，对土颗粒和孔隙的大小、形态、定向性和分布状态进行定性描述和定量分析。近年来众多学者通过计算机断层扫描术（computer tomography，CT）[125,127]、核磁共振（nuclear magnetic resonance，NMR）[128-129]等无损检测技术，对土体微细观空间结构特征开展相关研究工作。

1. 黄土压汞试验研究

众多学者通过 MIP 试验分析黄土孔隙特征，了解不同影响因素下黄土孔隙分布规律。胡海军等[130]通过压汞试验对黑方台顶部和底部不同固结条件下的原状黄土进行孔隙特征分析。王生新等[131]采用压汞试验研究了天然黄土和冲击压实路基黄土的孔隙特征。吴朱敏等[132]进行压汞试验，研究复合改性水玻璃加固黄土，发现改性前后加固黄土具有相近的孔隙分布特征。张玉伟[133]基于压汞试验，分析浸水前后和不同荷载等级下黄土孔隙演化规律，建立浸水增湿和外荷载作用下孔隙分布函数，研究黄土的湿陷机理。高英等[134]采用压汞试验对西宁地区不同湿陷程度黄土的内部结构特征进行研究，定量定性分析了不同湿陷程度黄土的湿陷变形与其微观结构的相关性。井彦林等[135]对非饱和黄土进行接触角测量及压汞试验，探讨了孔隙、接触角随深度的变化规律，分析了非饱和黄土的毛细特性和渗透性作用机制。Jing 等[136]对不同压实条件下的黄土进行接触角测量和压汞试验，研究了压实黄土的孔隙分布特征，在黄土试样击实过程中，当击实次数少于 30 时，会发生大的变形，变形主要是由于大孔和中孔的减少而引起的；当击实次数大于 40 时，发生的变形相对较小，变形则主要是由小孔的减少引起的。Zhang 等[137]对西北地区原状黄土和不同干密度的重塑黄土进行压汞试验，研究了不同黄土试样的三维孔隙特征，结果表明原状黄土比重塑黄土具有更多的连通孔，并且不同干密度的重塑黄土具有与原状黄土不同的孔隙结构。

部分学者采用压汞试验研究了不同应力路径下黄土微观孔隙变化规律。Jiang 等[138]通过压汞试验研究了不同应力路径下饱和天然黄土的微观结构演变规律、天然黄土和重塑黄土的微观结构特征用于分析黄土的宏观力学行为。蒋明镜等[139]通过压汞试验研究了原状黄土和重塑黄土初始样和不同应力路径试验前后孔隙分布的变化，探讨了宏观力学特性的微观机理。原状黄土与重塑黄土的初始样，具有呈双峰分布的孔隙分布规律；应力路径试验后粒间孔隙体积改变较大，而粒内微孔隙和无法测得的微孔隙及封闭孔隙体积改变较小。胡海军等[130]由进汞、退汞试验分析了地裂缝区黄土、充填黄土初始样和三轴应力路径试验后的孔隙分布特征，据此研究了两种土体进汞孔隙和退汞孔隙分形维数的差异和受载后的分形维数变化规律。

孔隙特征是影响土体微观结构的重要特征之一，由压汞试验可以得到土体的孔径分布曲线，是了解土体孔隙分布特征的重要手段之一。孔金鹏等[140]对泾阳崔师饱和原状黄土和饱和重塑黄土进行相近孔隙比下的压汞试验，研究饱和原状黄土与饱和重塑黄土在相近孔隙比下微观孔隙分布的差异，研究发现原状黄土呈三峰分布，重塑黄土呈两峰分布。李同录等[141]基于压汞试验获得击实黄土的孔隙分布曲线，发现不同初始含水量下击实土样的孔隙分布曲线在相应的大孔径范围内相差较大，在小孔径范围内趋于一致。李华等[142]基于压汞试验分析了不同干密度压实黄土孔隙分布曲线，干密度越大，小孔数量越少，则土样的总孔隙率越小。Li 等[143]通过压汞试验绘制黄土的孔径分布曲线，并通过孔径分布曲线预测土水特征曲线。Xie 等[144]通过压汞试验获取压实黄土的微观性质，结果表明压实黄土含水量对土体微观结构具有显著影响，孔径分布曲线在大孔范围内差异较大，在微孔范围内较为相似。崔德山等[145]通过研究黄土坡滑带土冻干样和烘干样的孔隙特征，发现压汞试验在高压时，会使滑带土中的孔隙变形甚至压塌，导致测试结果偏离实际，对纳米级孔的测定不够精确，恒速压汞试验适宜评价的孔隙范围是中孔~大孔。

冻融循环作用会改变土体的孔隙形态和大小，引起土体结构发生变化。部分学者通过压汞试验揭示了冻融循环作用对黄土微观孔径分布特征的影响规律。张泽等[146]以重塑黄土为研究对象，采用压汞试验研究了经历不同冻融循环作用后黄土的孔隙特征。冻融循环作用使土样孔隙结构发生改变，小孔隙数量减少、大孔隙数量增多，黄土的孔隙结构在冻融循环作用下，不均匀性及复杂程度降低。陈鑫等[147]为研究冻融循环作用对黄土孔径分布的影响，利用压汞试验获取经历不同冻融循环次数后黄土样品的孔隙分布曲线，采用不同的分形模型对冻融循环作用后的黄土微观孔隙结构进行定量表征和对比研究。肖东辉等[148]通过压汞试验研究了经历冻融循环作用后的黄土孔隙率和孔径变化特征，研究结果表明冻融循环作用通过破坏黄土颗粒的大小和土体的骨架及组构影响黄土的孔隙率。侯鑫等[149]基于压汞试验研究了冻融循环作用对硅酸钠固化黄土孔隙分布和孔隙结构的影响。在冻融循环作用下，硅酸钠固化黄土内部微孔隙含量降低，小孔隙含量增大，引起平均孔隙直径和孔隙累积体积增大，可能会导致贯穿性裂隙的发育。

压汞试验主要用于测定大中孔隙的孔径分布，其在小孔隙和微孔隙的应用上是有限的，孔隙越小，需要对汞施加的压力就越大，对试样原生孔隙破坏就会增强，导致结果误差就越大。此外，汞能否进入孔隙取决于孔隙的连通性和与外表面的连接，对于封闭的孔隙则无法检测到。

2. 黄土扫描电镜试验研究

大量学者通过扫描电镜图像对土体的微观结构进行分析，以反映其对宏观性质的影响规律。这一方面的研究主要分为定性分析和定量研究两个部分：定性分析主要是通过土样的扫描电镜图像，对土颗粒形态、颗粒连接方式和孔隙的分布特征进行分析；定量研究主要是通过孔隙度、孔隙直径、方向角、概率熵、分形维数等参数化形式反映土颗粒和孔隙微观结构变化规律。

众多学者基于扫描电镜图像对黄土微观结构演化规律开展研究工作。彭建兵等[150]通过扫描电镜试验研究了渭河盆地活断层破碎物的微观形貌特征，根据石英碎屑的 SEM 形貌特征辨别黄土中断层的活动性质。宋菲[151]利用 SEM-EDS（能量色散 X 射线谱，X-ray energy dispersive spectrum）研究了黄土的微观结构形态及碳酸钙在黄土微观结构中的分布。Cai 等[152]以湿陷性黄土为研究对象，通过放大500 倍的扫描电镜图像研究了剪切破坏和固结作用下湿陷性黄土的微观结构变化特征，黄土絮凝结构在固结压力作用下被彻底破坏，随着固结压力增加，初始的大孔隙和较大的土颗粒遭到破坏，土体结构逐渐压密且具有方向性。郭泽泽等[153]以延安地区不同深度黄土为研究对象，基于 SEM-EDS 定量分析了黄土中的主要矿物元素的含量，研究了不同黏土矿物成分及其所占比例对黄土湿陷性的影响。刘博诗等[154]通过扫描电镜试验分析了人工制备湿陷性黄土的微观结构特征，从微观层面验证了该人工制备黄土是一种较为理想的湿陷性黄土模型试验相似材料。张泽林等[155]采用扫描电镜技术，获取了泥岩在不同剪切状态下的微观结构特征，并分析其孔隙的微观参量，研究了天水地区黄土和泥岩的微细观损伤机制。Li 等[156]通过扫描电镜图像和孔隙形态特性分布的变化来解释黄土在加压和浸湿作用下的微观结构演变。研究结果表明，湿陷性黄土具有开放的结构，其中作为基本单元的黏土包裹着粉土和黏土-粉土集粒通过少量胶结物连接。加压和浸湿后，黏土集粒崩解（胶结物），碳酸盐胶结物的分解和其他黏合剂会引发土体结构的破坏。Zhang 等[157]借助扫描电镜图像分析了渤海地区滨海黄土的湿陷特性。研究结果表明，滨海黄土具有中等程度的湿陷能力，粉土颗粒和黏土颗粒对土体湿陷的影响具有相同的趋势。贾栋钦等[158]基于 X 射线衍射（X-ray diffraction，XRD）、扫描电镜技术对改性糯米灰浆固化黄土改善水敏性的微观作用机理进行分析，改性糯米灰浆中的石膏和方解石晶体改变了黄土原有的孔隙结构，并增强了土颗粒间的黏结，改善了黄土的水敏性。Cheng 等[159]基于扫描电镜试验研究了饱和原状黄土、压实黄土和重塑黄土的热软化过程的微观结构。原状黄土试样最具抗热软化作用，这主要是因为其微观结构中颗粒间接触通过黏土团聚体得以稳定；重塑试样的抗热软化能力最低，这主要是因为重塑试样中的黏土颗粒浮在粉土颗粒表面而不是在颗粒间接触处。Liu 等[125]从黄土微观结构、颗粒形态并结合图像分析阐述了黄土湿陷成因。谷天峰等[160]针对 Q_3 黄土经受循环荷载后的微观演化进行相关研究。结果显示，试样内部大孔隙数目在冻应力作用下逐渐减少，土颗粒间的密实程度逐渐增大；同时大孔隙的破坏会导致原状土试样产生变形。许健等[161]为了揭示 Q_3 黄土在不同深度的颗粒组成，利用光学显微镜对试样进行微观观察，并得到不同深度黄土的级配曲线。研究结果显示，黄土颗粒的组成随深度的变化基本保持不变；但由于黄土孔隙分布没有一定的规律，其土水特征曲线也存在明显的差异性。唐东旗等[162]为了研究某地区黄土内部微观结构组成，采用扫描电镜对其微观结构进行分析。分析结果显示，该区黄土内部结构多以架空结构呈现，且黄土上覆压力随深度的变化成正比。王家鼎等[163]利用 GIS（地理信息系统，geographic information system）软件对地基黄土液化特性进行研究，并利用扫描电镜对其液化前后照片进行定量分析。研究结果显示，液化后的黄土孔隙分形维数较小，孔隙分维在区域上（不论方向）都在减少。吴旭阳等[164]为了从微观上揭示原状黄土强度各向异性特性，采用扫描电镜技术对原状黄土进行研究。其依据试验数据提出原状黄土结构强度各向异性几何模型及相关参数。

部分学者对冻融循环作用下黄土微结构损伤演化规律进行了研究。齐吉琳等[165]对天津粉质黏土和兰州黄土的重塑超固结土样分别在冻融循环前后开展了力学试验与扫描电镜试验，分析冻融循环作用对超固结土的结构弱化效应。宁俊等[166]以延安新区黄土为研究对象，通过扫描电镜观察试样在冻融循环作用影响下微观结构演化规律。穆彦虎等[167]针对压实黄土开展了扫描电镜试验研究，发现在不同冻融循环次数下，黄土微观结构的劣化特性。研究结果发现，压实黄土内部随冻融循环作用的增加，其土颗粒间由于水相变成冰及形成的冷生结构而导致的挤压会使原生结构遭到破坏。田晖等[168]基于扫描电镜方法研究了不同干湿循环和冻融循环作用下黄土的微观结构变化特征，定性地对比分析了扫描电镜图像的变化规律，通过面孔隙度、平均孔径、孔径分形维数等参数定量分析了干湿循环和冻融循环对土体微观结构影响。赵鲁庆等[169]对不同冻融循环次数作用的原状黄土进行扫描电镜试验，采用颗粒（孔隙）及裂隙图像识别与分析系统结合分形理论，定量分析原状黄土颗粒微结构特征。许健等[170]以西安原状 Q_3 黄土为研究对象，通过扫描电镜试验，对冻融过程原状和重塑黄土微观结构变化特征进行分析，从微观层面分析了原状和重塑黄土冻融过程劣化机理。许健等[161]基于扫描电镜图像处理软件，分析了冻融过程原状黄土孔隙面积比变化规律，解释了冻融循环作用诱发黄土体渗透特性增强的原因。

扫描电镜试验只能反映试样土体表面孔隙特征，扫描所得二维（2D）图像的局限性使其无法反映土体内部真实的孔隙分布情况。上述测试方法均在二维图像的基础上，对孔隙特征进行分析，具有一定的局限性[171]。

3. 黄土 CT 扫描试验研究

众多学者通过 CT 扫描技术对黄土细微观结构演化规律开展相关研究工作。一部分学者单纯采用 CT 扫描技术研究土体的内部细观结构特征，对试验得到的 CT 扫描切片进行定性的形貌描述和定量的参数化分析；另一部分学者则是采用与 CT 试验机配套的岩土试验设备，动态、无损地检测试样内部结构变化，能够精准地反映试样的损伤破坏特征，进行连续损伤检测，动态地揭示试验过程中试样的破损规律。将传统岩土试验设备与先进的微细观检测设备相结合，在之后的岩土试验研究过程中必将会有越来越多的应用。

部分学者采用 CT 扫描技术，对试样进行细观形貌描述和参数化分析，研究土体的内部细观结构特征。郑剑锋等[172]分别对兰州黄土和青藏线土通过短时压实法制样进行 CT 扫描检测，通过 CT 数方差来定量化反映试样的均匀性，对试样的初始损伤进行评价。江泊洧等[173]针对黄土滑坡滑带土进行研究，并根据 CT 试验观察其内部结构变化。李昊[174]通过 CT 扫描细观试验得到泾阳黄土滑带土的细观图像，对滑带土结构、孔隙和钙质胶结的分布特征进行研究。滑带土沿着滑动面界限受扰动程度有明显差异。

许多学者将 CT 机与三轴仪相结合，研究土样细观动态剪切损伤演化规律。倪万魁等[175]利用可同步进行的三轴 CT 仪，对路基原状黄土进行了固结不排水三轴剪切试验，从 CT 扫描图像断面和 CT 数两方面分析了不同受力过程中黄土细观结构的变化规律。蒲毅彬等[176]采用 CT 技术对黄土受荷、渗水过程进行动态扫描，从 CT 图像和数据分析直观地反映土样变化过程。庞旭卿等[177]采用三轴 CT 仪对非饱和原状黄土与扰动黄土变形特性进行了研究，同时为了从微观上解释原状黄土三轴剪切变形特性，基于 CT 技术对原状黄土进行无损扫描，对经历三轴剪切试样进行观测，并得到试样内部结构损伤图像及相关数据。李加贵等[178]采用 CT-湿陷性三轴仪，研究原状 Q_3 黄土的浸水湿陷特性，试验中利用 CT 机进行断面扫描，通过 CT 数定量分析原状 Q_3 黄土的结构性对湿陷的影响。方祥位等[179]为了从微观上揭示原状 Q_2 黄土三轴浸水过程中的变形特性，采用 CT 技术对其内部结构进行无损测量，通过得到的 CT 图像及相关数据对其进行定性定量化分析。姚志华等[180]对非饱和原状 Q_3 黄土试样进行了控制吸力的各向等压加载试验，借助 CT 扫描技术，对变形和排水稳定后黄土试样进行实时动态扫描，得到原状黄土加载过程中宏观力学指标与细观扫描数据的关系，研究原状黄土加载过程中的结构性及结构演化规律。周跃峰等[181]通过实时加载—扫描的 CT 三轴试验，分析了陕西宝鸡某原状黄土在加载过程中剪切带的细观演化规律。

部分学者对冻融循环条件下黄土细微观结构演化规律开展部分研究工作。赵淑萍等[182-183]对不同温度条件下的冻结兰州黄土单轴压缩过程进行了 CT 动态扫描，通过 CT 数反映不同温度条件下黄土的破坏程度，并通过 CT 数定义了损伤变量，获得了冻结重塑兰州黄土的损伤演变规律和损伤耗散势函数。郑剑锋等[184]对不同温度条件下的冻结兰州黄土三轴压缩试验过程进行 CT 动态扫描，基于 CT 数建立土体损伤量表达式。钱程[185]通过 CT 扫描分析了冻融循环作用下黑方台黄土的细观孔隙结构变化特性，在冻融循环作用下孔隙参数总体上朝着不利于结构强度的方向变化，部分参数之间存在着较强的相关性。王慧妮等[186]以湿陷性黄土 SEM 和 CT 扫描试验为基础，对土体微结构进行定量分析。叶万军等[187]、Ye 等[188]通过 SEM、CT 扫描、表观试验，研究了冻融环境下黄土结构在不同观测尺度下的损伤演变规律。许健等[37,189]对含盐黄土进行冻融试验，并采用 CT、SEM 等技术手段探究了冻融前后土体结构宏细观层面的变化，进一步揭示了冻融、盐蚀作用对土体结构的损伤劣化作用。此外，部分学者基于 CT 试验图像，研究了黄土体微细观结构演化过程[177]，建立了黄土的损伤演化模型[190]。

Micro-CT 技术利用不同角度下的透射投影信息，结合图像重构算法，得到物体的三维立体信息。Micro-CT 技术作为一种无损检测手段，广泛应用于土体的细微观研究。孟杰等[191]通过高精度μCT 扫描及 VG Studio 图像处理软件，量化分析击实和压实试样结构、孔隙三维立体信息及孔隙分布情况，研究分层击实和一次压实两种制样方法制备三轴重塑黄土试样的均匀性。延恺等[192]对马兰黄土试样进行显微 CT 扫描，得到二维孔隙特征并重建三维图像，分析了土体孔隙分布规律，研究了土体中团聚体的组合形式、土颗粒的微观形态。Wang 等[193]通过 3D-X 射线 CT 扫描试验，研究了黏土冻融过程中的结构变化和体积收缩。蔡正银等[194]对经过干湿、冻融后的膨胀土样用 CT 扫描后进行三维重建，定量地描述了土体内部裂隙的演化发展规律，研究了不同干湿、冻融循环次数对膨胀土三维裂隙演化的影响。Luo 等[195]利用 CT 扫描并采用三维重建技术对土柱中的溶质迁移过程实施了检测与定量分析。通过三维重构图像得到土体内部裂隙发育演变的规律特征。Li 等[196]利用 CT 扫描技术对马兰黄土进行扫描，以此建立三维孔隙模型，用定量参数描述了马兰黄土宏观孔隙特征。Wei 等[197]利用 X 射线 Micro-CT 技术，通过定量处理孔隙网络参数，对泾阳地区黄土和古土壤的孔隙微观结构与渗透性的关系进行了研究。Li 等[198]以西安原状黄土为研究对象，通过 Micro-CT 扫描试验获取土样的 CT 图像切片，采用 ImageJ 软件重建土体 3D 孔隙网络并计算 3D 孔隙大小，研究原状黄土的孔径分布特征。

上述学者研究成果表明，Micro-CT 试验相较于扫描电镜、核磁共振等试验手段，具有较多的优势，具体表现在：Micro-CT 扫描试验可以任选试验截面，重构土体三维图像，从而更加真实、全面地反映土体内部孔隙的空间分布变化规律；Micro-CT 扫描试验可以做到定性分析与定量分析相结合，其在研究土体结构性的无损检测方式中具有不可替代性。

4. 黄土核磁共振试验研究

程昊民等[199]以不同含水量和干密度的重塑黄土试样为研究对象，通过核磁共振测试分析土样中含水量分布规律，从微观角度对重塑黄土的抗剪强度特性进行研究。何攀等[200]基于无损、精确的核磁共振技术，利用结合水与自由水的冰点不同，得到二者的核磁共振信号界限 T_2 截止值，获取不同含水量试样的核磁共振弛豫曲线，定量分析重塑黄土结合水的发育特征，并结合快剪试验分析结合水含量对重塑黄土抗剪强度的影响规律。此外，其基于核磁共振技术与氮吸附试验研究了重塑黄土孔隙溶液中含盐量对结合水膜厚度的影响，为进一步从微观层面研究盐渍土中水赋存状态提供依据[201]。潘振兴等[202]以延安地区原状黄土为研究对象，使用核磁共振技术分析了干湿循环作用下黄土内部裂隙发展的损伤演化规律。黄土历经核磁共振表明，试样内部的微孔隙随着干湿循环次数的增加逐渐向小孔隙组过渡，伴随着新生孔隙的产生。叶万军等[203]利用低场核磁共振，对经历不同干湿循环次数的古土壤试样孔隙分布情况进行定量分析，探究干湿循环作用对古土壤细微观结构的影响规律，研究细微观结构特征与宏观力学性质的关系。杨更社等[204]通过核磁共振试验，从土体内部孔隙结构及孔径分布特征等方面，分析了冻融循环作用下原状黄土孔径分布与其力学特性的关系。马宝芬等[205]基于核磁共振试验，通过检测不同冻融循环作用下重塑黄土的 T_2 分布曲线，从微观层面揭示冻融循环作用对重塑黄土的影响机理。焦航[96]通过核磁共振试验，开展了冻融-盐共同作用对黄土微观孔隙分布及孔隙结构特征变化规律研究，结果表明随着冻融循环次数的增加，土样孔隙总量呈对数型增长；随着含盐量的增加，T_2 波谱总面积呈线性增长。冻融-盐共同作用下土样微孔隙数量明显增多，其他孔隙波动变化。

以上学者主要针对冻融循环作用下黄土微结构劣化规律开展相关研究工作，然而关于冻融循环作用下盐渍黄土微结构损伤扩展演化模式的研究尚未见有专门研究报道。上述细微观测试方法在实际研究应用过程中往往是多种方法相结合，综合反映土体的细微观结构。因此，在研究过程中将多种细微观测试方法相结合反映冻融循环作用对含盐黄土细微观结构的影响，通过微观结构来揭示宏观力学性质的演化特征。

1.2.6 黄土崩塌研究

国内外学者对黄土崩塌灾害的研究可分为定性研究和定量研究两大类。定性研究多集中于崩塌的形成条件、分类、规模及处理措施等定性描述方面。魏青珂[206]论述了陕西的崩塌灾害，并根据陕西的地质地貌特征和地质灾害防御实践，对区内的崩塌进行了分类，在此基础上分析总结了陕西崩塌灾害的时空分布特征；张茂省等[207]采用高精度遥感解译、地面调查和测绘等技术手段，查明了延安宝塔区崩滑地质灾害及其隐患的分布、环境地质条件和发育特征；曲永新等[208]通过陕西靖边县至山西蒲县间黄土地质灾害的野外调查和室内微观分析，发现黄土滑塌灾害的发生主要受黄土黏粒含量的控制，因此在空间上具有鲜明的地域性；唐亚明等[209]基于大量野外调查数据的统计规律，分析了黄土崩塌危险性的主要来源和影响危害性的主要因素；刘飞等[9]对延安地区黄土崩塌进行了分类，并通过对黄土崩塌地质灾害调查资料的统计分析，采用贡献率法研究了延安地区不同黄土崩塌类型与崩塌的相关性；Shroder 等[210]对阿富汗东北部黄土崩塌、滑坡的分布特点及成因进行了分析，认为该地区黄土地质灾害的主要成因有降水、灌溉、地震及人类工程活动等。

对黄土崩塌灾害的定量研究主要以对黄土崩塌的形成机理和各类黄土崩塌的稳定性研究为特点。其中，叶万军等[211]根据崩塌体能量守恒原理及尖点突变理论，建立了拉裂-滑移式黄土崩塌隐患的尖点突变模型，并根据该模型探讨了拉裂-滑移式黄土崩塌的形成机制；李晓[5]结合理论分析与数值模拟等方法，对黄土边坡崩塌灾害形成机理进行了数值模拟分析，结果表明水的作用是黄土崩塌形成的主导因素；王根龙等[212]通过离散元数值模拟，对黑龙沟黄土崩塌的破坏过程进行了再现和分析，其破坏过程为侵蚀剥落—坡脚局部凹进—垂直节理张开—下挫解体—堆积坡脚；杨玲[213]选取宝鸡市陈仓区坪头镇码头村黄土崩塌作为工程实例，对滑移式黄土崩塌的形成过程进行了离散元数值模拟与分析；Wang 等[214]基于静力学、运动学并结合离散元法，利用离散元程序对黄土崩塌过程进行了仿真分析；Hou 等[215]基于室内试验和数值模拟方法分析了灌溉水分入渗对黄土边坡稳定性的影响，并进一步提出了降低灌溉水分入渗诱发黄土边坡崩滑的合理处置措施。

1.2.7 研究现状总结

冻融循环作为黄土盐蚀劣化作用的一个主要诱因，目前主要是通过灾害调查对其所诱发的黄土盐蚀型崩塌灾害问题进行研究。虽然已经定性揭示出黄土盐蚀型崩塌现象的主要原因与特征，但是在冻融循环条件下黄土盐蚀损伤扩展过程、劣化破坏模式及发展规律是什么，冻融循环和黄土盐蚀型崩塌之间的定量关系如何，冻融循环作用导致黄土盐蚀型崩塌的力学机理是什么，这些都是需要通过对冻融循环作用下黄土盐蚀型崩塌灾害发生机理进行深入研究来回答的问题。目前对冻融循环作用下黄土盐蚀型崩塌灾害问题发生机理、定量评估和预测判据的研究尚未见有专门报道，虽然有对黄土崩塌问题、黄土滑坡问题及土体盐蚀问题等相关方面研究工作可供参考，但由于黄土崩塌自身特点和黄土盐蚀风化的特殊性，对冻融循环作用下黄土盐蚀型崩塌灾害问题进行研究时，仍存在下列基础性研究的不足。

（1）已有研究结果揭示土体盐蚀风化的过程与土体中的可溶盐随水分向土体表层的迁移和富集关系密切。根据这一研究结果，理论上分析：黄土地区处于季节冻土区，土体冻结过程中，温度梯度作用使冻结带土水势降低，从而加剧了盐分的迁移过程。但基于上述思路进行研究时，冻融循环作用引起黄土体含盐量的变化及其变化规律目前还不明确，难以对灾害是否发生进行分析评判。

（2）黄土是一种结构性很强的土，冻融循环作用诱发表层黄土可溶盐结晶—溶解—重结晶这一盐蚀过程反复进行，强烈地改变着其结构性。受冻融循环作用的影响，含盐黄土产生“盐渍劣化”现象。冻融循环导致含盐黄土强度的衰减过程是一个比较复杂的过程，前人已经对冻融循环作用对含盐遗址土及盐渍土物理力学性质的影响进行了初步研究，但大多只给出一些规律性结论，含盐量、冻融循环参数及其耦合效应对盐蚀作用导致土体强度衰减程度影响的定量化关系尚不明确。此外，关于这些参数对天然含盐原状黄土强度影响的研究尚未见有专门研究报道。

（3）冻融循环作用下黄土盐蚀型崩塌的形成演变过程是非常复杂的。目前研究者基于野外调查资料和统计分析，定性分析和评价了黄土盐蚀型崩塌的基本规律和破坏特征。但冻融循环作用下黄土盐蚀型崩塌形成演变的力学模型及计算方法、预测判据及灾害危险性评估方法，目前还缺乏研究。

1.3　主要研究内容及研究思路

1.3.1　研究内容

由于黄土地区特殊的地质环境和自然条件，黄土边坡受冻融循环和盐蚀作用的影响显著，由于冻融及盐蚀劣化作用导致的灾害发生非常频繁。本书依托于国家自然科学基金面上项目“受地震荷载扰动裂隙性黄土崩塌灾害发生机理及评估方法研究”（项目编号：51878551）和“黄土地区盐蚀型崩塌灾害发生机理及预测判据研究”（项目编号：51478385），对黄土边坡盐蚀剥落病害的特点，单向冻结过程 Na_2SO_4 盐渍黄土水热盐耦合迁移规律，冻融循环作用下 Na_2SO_4 盐渍原状黄土的强度劣化和渗透规律，冻融循环作用下黄土盐蚀型崩塌灾害的发生机理、预测判据、致灾范围及破坏力开展了系统深入的研究工作。主要包括以下研究内容。

1. 黄土边坡盐蚀剥落病害特征调查及测试分析

本书通过开展黄土边坡盐蚀剥落病害的现场调查工作，分析了盐蚀剥落病害的类型及发育特征。对典型调研点黄土试样进行含水量、易溶盐成分及含盐量测试分析，为黄土边坡水盐迁移规律提供依据。对表层盐蚀黄土和内部原状黄土试样进行扫描电镜测试，探究表层盐蚀黄土和内部原状黄土微结构特征差异。

2. 单向冻结过程 Na_2SO_4 盐渍黄土水热盐耦合迁移规律研究

本书开展导热系数、冻结温度等室内水热盐迁移参数试验，为数值计算模型提供相关参数支持。开展水热盐耦合迁移室内试验，首先研究单向冻结过程 Na_2SO_4 盐渍黄土水热盐耦合迁移的基本规律；然后建立考虑盐分结晶量和冻结温度的水热盐多物理场耦合计算模型；最后利用该模型对单向冻结过程水热盐迁移进行数值计算分析并验证该模型的合理性。

3. Na_2SO_4 盐渍原状黄土冻融过程强度劣化特性试验研究

本书开展室内冻融循环条件下盐渍原状黄土三轴剪切试验，分析应力应变关系、强度参数劣化特征；对冻融与盐蚀劣化作用进行解耦分析，确定盐渍原状黄土冻融和盐蚀劣化规律。通过扫描电镜试验、CT 扫描试验及核磁共振试验，研究 Na_2SO_4 盐渍原状黄土冻融过程微细观结构变化特征；基于 CT 数 ME 值和核磁共振孔隙率，建立相应的多变量损伤演化方程，揭示冻融循环作用下盐渍原状黄土的损伤演化机制。

4. 冻融循环作用下 Na_2SO_4 盐渍原状黄土渗透特性试验研究

本书开展三轴渗透试验，探究冻融循环及盐蚀劣化耦合作用对盐渍原状黄土渗透系数的影响规律，建立盐渍原状黄土冻融过程的渗透系数预测模型。基于 CT 扫描试验和 CT 图像三维重构技术，探究冻融循环作用下盐渍原状黄土渗透系数与细观结构演化的相互关系。

5. 冻融循环作用下黄土盐蚀型崩塌数值计算及评估方法研究

本书在考虑含盐量、冻融循环次数等影响因素的前提下，对冻融循环作用下黄土盐蚀型崩塌进行有限差分数值计算分析。通过对塑性区、最大主应力及水平位移云图等的分析，探究冻融循环作用下黄土盐蚀型崩塌灾害的发生机理。进一步对冻融循环作用下黄土盐蚀型崩塌进行离散元数值计算，分别建立拉裂-坠落、拉裂-滑移和拉裂-倾倒盐蚀型黄土崩塌数值计算模型，深入阐释不同类型崩塌体的演化破坏规律。最后采用理论解析方法，给出不同崩塌类型基于预测判据、致灾范围及破坏力的定量评估方法。

1.3.2 研究思路

本书在对黄土地区盐蚀剥落病害现场调查的基础上，充分借鉴前人对冻结过程土体水热盐迁移、土体冻融过程强度劣化和渗透特性及黄土崩塌的相关研究成果，深入探讨了冻融循环作用下黄土水热盐耦合迁移规律，盐蚀劣化特性及其诱发盐蚀型崩塌灾害的发生机理。

本书重点基于冻结过程中黄土体水热盐迁移试验和盐渍原状黄土的冻融循环试验，揭示了黄土体冻结过程水热盐迁移机理及盐渍原状黄土冻融过程强度劣化的机理；提出了盐渍原状黄土受到冻融循环诱因的影响而产生黄土盐蚀型崩塌的成灾机理。在此基础上通过解析和数值方法，确定了黄土盐蚀型崩塌的预测判据、致灾范围和破坏力，从而实现了对黄土盐蚀型崩塌灾害的定量评估和预测。

上述研究成果不但丰富和完善了黄土崩塌灾害理论研究的知识体系，还能够更加合理地利用黄土崩塌形成特点，评价潜在崩塌灾害的危险性程度，科学地提出防灾减灾的措施。

第 2 章　黄土边坡盐蚀剥落病害特征调查及测试分析

盐蚀，即土体中的可溶盐在冻融循环及干湿循环等因素的作用下随水分同步向上迁移而产生聚集，使某一局部区域范围内可溶盐含量增高；而后，在地表蒸发作用下，被溶解的可溶盐结晶膨胀，土体结构受到破坏并变得较为松散，强度显著降低；这种结晶—溶解—重结晶过程的反复作用，使被侵蚀土体的结构损伤扩展，劣化破坏。本章在黄土边坡盐蚀剥落病害实地调研基础上，通过对典型盐蚀剥落病害点表层和内部黄土水盐含量进行对比分析，以及通过扫描电镜测试和图像处理对表层盐蚀黄土和内部原状黄土试样微结构进行定量分析，系统阐述黄土边坡盐蚀剥落病害的特征及盐蚀黄土和原状黄土的微结构特征，为进一步研究盐蚀引起黄土边坡剥落进而诱发黄土崩塌的力学成灾机理提供依据。

2.1　黄土边坡盐蚀剥落病害调查

为深入研究黄土边坡盐蚀剥落病害产生机理及特征，课题组于 2016 年 4 月到陕北黄土地区进行现场调研，调研区域：铜川铝厂东侧山坡，S304 沿线、G210 沿线、G309 沿线、黄店复线沿线路堑边坡，黄陵县城西侧山坡。调研内容主要为记录边坡的盐蚀剥落病害现象；利用 GIS 对病害发生点进行定点（经度、纬度、海拔高程）；对病害点的形态特征及病害点附近的地质地貌进行描述。考虑到黄土地区盐蚀剥落病害分布广的特点，选取典型的盐蚀剥落病害点 10 处，现场取样照片如图 2-1 所示，现场部分调研结果如表 2-1 所示。在每处黄土边坡坡脚盐蚀发育部位，垂直边坡表层由表及里（0～30cm）每隔 5cm 取一份重塑土样，共 7 份土样计为一组，用于室内含水量和易溶盐分析试验。每个采样点通过手持 GPS 记录经纬度坐标并对盐蚀剥落病害点的形态及地形地貌特征进行地质素描。调研点黄土试样基本物理性质指标具体见表 2-2。

黄土边坡盐蚀剥落病害分类目前并没有统一标准，课题组根据实地调研资料，总结描述盐蚀剥落病害的基本特征，进一步考虑通过工程实用性对黄土边坡盐蚀剥落病害进行分类和命名。

图 2-1　典型盐蚀病害点现场取样

表 2-1　现场部分调研结果

取样点编号	桩号	经纬度	挖填情况	地形地貌	病害特征
No.1	铜川铝厂东侧山坡	N：35°07′49.06″ E：109°06′57.07″ h=920m		河流二级阶地斜坡前缘地带	边坡盐蚀型剥落
No.2	K00+500-600 （黄店复线）	N：35°35′14.68″ E：109°14′30.64″ h=897m	半挖半填	黄土塬地貌县城西侧山坡	盐蚀剥落
No.3	K166+700-800 （S304）	N：35°41′52.33″ E：109°26′37.08″ h=977m	挖方	黄土塬地貌（洛川）	盐蚀剥落
No.4	K681+300-400 （G210）	N：35°52′03.00″ E：109°24′51.48″ h=931m		黄土冲沟地貌	盐蚀剥落
No.5	K99+800-900 （S303）	N：36°23′55.19″ E：109°33′11.77″ h=1263m		黄土沟谷地貌	坡脚盐蚀型剥落
No.6	K560+300-400 （G210）	N：36°40′10.32″ E：109°42′35.64″ h=956m		黄土冲沟地貌	盐蚀剥落
No.7	延安市宝塔区	N：36°41′05.54″ E：109°30′04.37″ h=1050m		黄土冲沟地貌	盐蚀剥落
No.8	延安市宝塔区	N：36°40′28.57″ E：109°30′40.84″ h=1035m		黄土冲沟地貌	盐蚀剥落
No.9	K1449+700-800 （G309）	N：36°03′48.14″ E：109°19′30.10″ h=998m		黄土冲沟地貌	盐蚀剥落
No.10	K04+200-300 （黄店复线）	N：35°35′52.36″ E：109°14′11.36″ h=1003m	挖方	黄土塬地貌	盐蚀剥落

表 2-2　调研点黄土试样基本物理性质指标

取样点编号	干密度ρ_d/（g/cm³）	含水量 w/%	液限 w_L/%	塑限 w_P/%	塑性指数 I_P
No.1	1.54	15.80	30.5	19.1	11.4
No.2	1.58	10.81	34.0	16.2	17.8
No.3	1.57	12.38	29.6	18.3	11.3
No.4	1.68	9.99	28.1	18.5	9.6
No.5	1.68	11.62	28.8	16.7	12.1

续表

取样点编号	干密度ρ_d/（g/cm³）	含水量w/%	液限w_L/%	塑限w_P/%	塑性指数I_P
No.6	1.68	9.04	26.9	18.5	8.4
No.7	1.66	12.78	30.9	18.6	12.3
No.8	1.64	9.04	28.3	17.5	10.8
No.9	1.55	7.40	28.7	19.5	9.2
No.10	1.51	12.62	34.9	22.1	12.8

2.2　按剥落形态分类

2.2.1　条带状盐蚀剥落

图 2-2（a）所示为黄店复线 K00+500-600 路基侧边坡表层盐蚀剥落，位于黄陵县城西侧，属黄土塬地貌特征。图 2-2（b）所示为 G309 K1449+700-800 路基侧某自然边坡表层盐蚀剥落，属黄土高原冲沟地貌特征。两处边坡病害特征均表现为条带状盐蚀剥落，黄土体中易溶盐分呈长条状析出。调研发现，条带状盐蚀剥落多发生在边坡坡脚或坡体支护结构顶部，剥落体形状呈长条形，长度 20～200cm 不等，有时几处局部剥落联结成整体条带剥落，是一种主要的盐蚀剥落形态。分析其原因为边坡坡脚一般具有良好的聚水条件，受黄土高原地区太阳辐射和温度变化等外部营力的蒸发作用，黄土体中毛细水发生水分迁移，从而导致土中易溶盐随水分由下而上、由内而外发生迁移。易溶盐在坡脚表层黄土体中的富集，干湿及冻融等自然因素作用使土体内水分发生周期变化，盐分反复溶解收缩—结晶膨胀—溶解收缩，破坏土体天然结构，土体结构稳定性变差，最终导致黄土边坡产生条带状盐蚀剥落。

（a）

（b）

图 2-2　条带状盐蚀剥落

2.2.2　片块状盐蚀剥落

图 2-3（a）所示为 G210 K681+300-400 路基侧某自然边坡盐蚀剥落，属黄土冲沟地貌特征；图 2-3（b）所示为铜川市印台区某自然边坡盐蚀剥落，属黄土高原梁峁地貌特征。两处边坡病害特征均表现为片块状盐蚀剥落，黄土体中易溶盐分构成成片性分布的盐斑。根据实地调研资料，片块状盐蚀剥落多发生于边坡坡脚，是一种主要的盐蚀剥落形态。片块状剥落大多表现为从坡脚沿坡面向上发展，剥落块体形态多不规则，块体边缘参差不齐，剥落体厚度 1～10cm 不等，对边坡坡面破坏较为严重。分析其原因，受黄土高原地区地表强烈蒸发与降雨入渗组合形成的干湿循环过程作用，黄土边坡土体内部形成土水势梯度场，土体中的可溶盐以离子形式随水分向上迁移形成片状分布的盐分富集带或盐斑。此外，黄土地区处于季节冻土区，土体冻结过程中，温度梯度作用使冻结带土水势降低，进一步加剧了盐分的迁移。盐分的富集强烈地改变着表层黄土的结构，使含盐黄土产生盐渍劣化现象，最终导致黄土边坡产生片块状盐蚀剥落。

（a）　　　　　　　　　　　　　　　　（b）

图 2-3　片块状盐蚀剥落

2.2.3　凹腔状盐蚀剥落

图 2-4 所示为铜川市印台区某黄土冲沟前缘一侧自然边坡盐蚀剥落，属黄土高原梁峁地貌特征。边坡病害特征表现为凹腔状盐蚀剥落，土体中易溶盐分形成大片性分布的盐带，是一种较为常见的盐蚀剥落形态。根据现场调研情况，凹腔状盐蚀剥落多产生于边坡坡脚，坡脚处表面不同程度地向内凹进形成腔体，腔体尺寸一般为（20～50cm）×（30～100cm），对边坡稳定性影响较大。分析其原因，受黄土高原地表蒸发、外界温度变化及冻融循环作用等因素的影响，黄土边坡坡脚表层盐分富集，盐类侵蚀作用使黄土强度降低，重力作用下部分黄土碎块剥离，首先形成前述条带状或片块状剥落。盐蚀作用下黄土边坡坡脚土体不断被掏蚀，逐渐演化形成凹进的空腔，凹腔状剥落是条带状或片块状剥落的后期形态。若凹腔持续发育到一定程度，边坡上部土体悬空失去支撑，局部区域应力调整出现拉应力，

当该拉应力超过了土体的抗拉强度时，在重力作用下会产生盐蚀型黄土崩塌灾害。

图 2-4　凹腔状盐蚀剥落

2.3　按黄土边坡地层岩性分类

调研过程中发现，陕北黄土高原地区边坡盐蚀剥落现象很普遍。盐蚀广泛发育于不同地质年代的黄土、古土壤及人工夯实黄土中，具体表现为局部形成盐斑或片状分布的盐带。

2.3.1　马兰黄土边坡盐蚀剥落

图 2-5 所示为典型 Q_3 马兰黄土边坡盐蚀剥落病害，表层清晰可见白色粉末状颗粒盐分物质。由于黄土高原地区 Q_3 马兰黄土地层出露较多，Q_3 马兰黄土边坡剥落是一种较为常见的土层剥落形式，具体表现为边坡坡脚处表面不同程度地向内凹进形成小腔体，多数情况下几处局部剥落往往联结成整体剥落，对坡面影响较大。分析其原因，Q_3 马兰黄土一般具有大孔隙疏松结构，具有显著的水敏性和湿陷性力学特征，盐蚀作用对其结构强度影响较大，一旦出现盐蚀剥落病害，往往是凹腔状盐蚀剥落且分布面积较大。

图 2-5　Q_3 马兰黄土边坡盐蚀剥落

2.3.2　离石黄土边坡盐蚀剥落

图 2-6 所示为典型离石黄土边坡盐蚀剥落病害，局部可见白色粉末易溶盐物质。

病害特征表现为边坡表层的条带状或表层结皮片状剥落，剥落体规模一般较小，对边坡坡面稳定性影响不大。分析其原因，Q_2离石黄土沉积年代较久，已经固结硬化且密实度较高，盐分反复产生溶解收缩—结晶膨胀—溶解收缩作用对黄土结构强度影响相对较小，因此离石黄土边坡盐蚀剥落程度相对较轻。

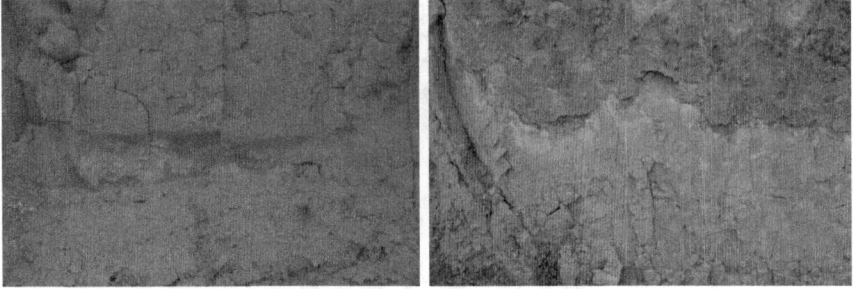

图 2-6　离石黄土边坡盐蚀剥落

2.3.3　古土壤层盐蚀剥落

图 2-7 所示为典型黄土古土壤层盐蚀剥落病害，局部可见白色的盐斑。由于古土壤层土颗粒较细且黏粒含量较高，受黄土高原地区干湿循环、冻融循环及盐蚀作用等自然营力的影响，古土壤表层易产生干裂收缩，形成大量细小裂缝，导致表层土体被切割成大小不等的碎块剥落体，最终产生碎块状盐蚀剥落病害。

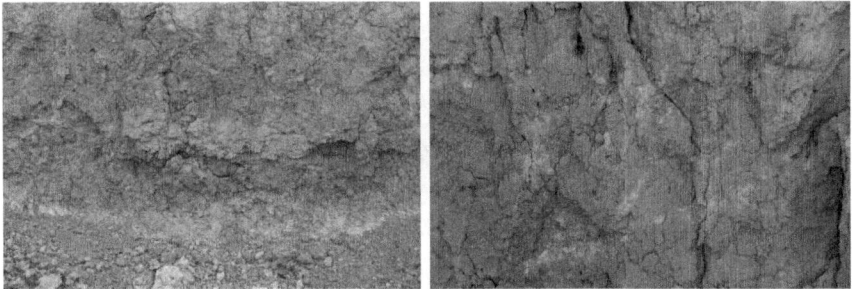

图 2-7　典型黄土古土壤层盐蚀剥落

2.3.4　人工夯实黄土盐蚀剥落

图 2-8 所示为黄土高原地区人工夯实黄土盐蚀剥落病害中的典型人工夯土墙盐蚀剥落病害，具体表现为墙脚形成清晰可见的长条形分布盐带。分析其原因，人工夯土墙一般位于群众生活区，居民生活废水由坡面或管道渗入夯土墙内部，而后在强烈地表蒸发作用或冻融循环作用等自然因素作用下夯土墙中的可溶盐随水分向上迁移、富集和结晶，从而引起人工夯土墙盐蚀剥落病害。

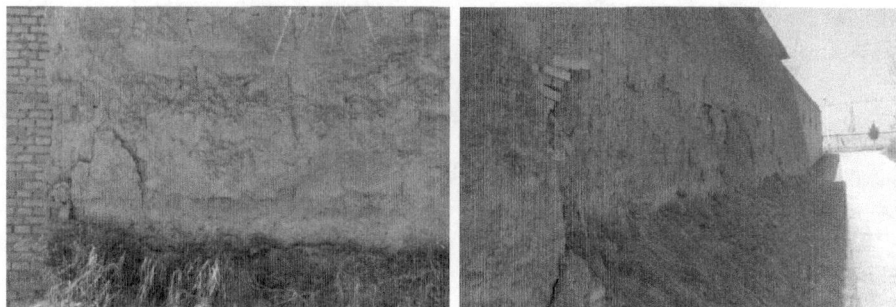

图 2-8　人工夯土墙盐蚀剥落

2.4　盐蚀黄土水盐迁移特征分析

2.4.1　试验方法

自然气候条件下土体内部的水盐迁移是黄土边坡盐蚀剥落病害的主要诱因。基于此，调研过程中选取典型盐蚀剥落病害调研点，在每处边坡坡脚盐蚀现象发育部位选取代表性黄土试样，用于室内含水量和易溶盐分析试验，为研究分析盐蚀黄土水盐迁移规律提供依据。

试样含水量测定采用室内烘干法，烘箱如图 2-9 所示。试样易溶盐分析试验过程如下：先将现场调研所取试样自然风干并研磨粉碎后过 2mm 筛，然后称取过 2mm 筛风干试样约 50g，按土水比 1∶5 加入超纯水，置于振荡器中振荡 5min 后，取 50ml 浑浊液倒入离心管中，最后置于离心机中离心 10min，所得的上层澄清溶液即为试样浸出液，供易溶盐分析测试使用。试样浸出液分为两份：一份根据《土工试验方法标准》（GB/T 50123—2019）进行 CO_3^{2-} 和 HCO_3^- 双指示剂中和滴定法测定，如图 2-10 所示；另一份采用瑞士万通公司产 761 型阴离子色谱仪和 792 型阳离子色谱仪，测定 Cl^-、SO_4^{2-}、Na^+、K^+、Mg^{2+}、Ca^{2+} 浓度，试验所用仪器如图 2-11 所示。根据浸出液中所测定的离子浓度，可大致推算出黄土中离子含量 W，具体计算公式如下：

$$W = \frac{c \cdot V \cdot (1 + 0.01 \times w)}{m_s} \tag{2-1}$$

式中：c 为溶液中离子浓度；V 为浸出液的体积；w 为烘干试样含水量；m_s 为烘干试样质量。

图 2-9　烘箱

图 2-10　滴定试验

（a）水浴恒温振荡器

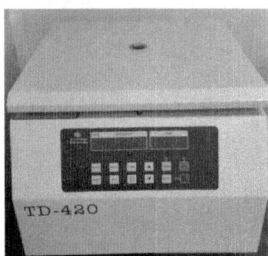

（b）离心机

（c）761 型阴离子色谱仪

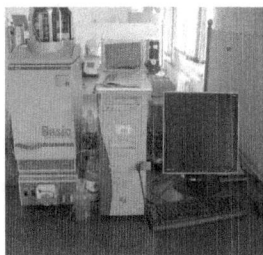

（d）792 型阳离子色谱仪

图 2-11　易溶盐分析试验仪器

2.4.2　试验结果分析

　　各组试样水盐分析测试结果见图 2-12～图 2-15。对照图 2-12 和图 2-13 可以看出，总体上各个取样点黄土边坡坡脚试样的含水量随着深度（距边坡表层垂直深度）的增加而增大，边坡表层土体含水量最小；而土样的总含盐量随着深度增加迅速减小且很快趋于稳定，边坡表层土体总含盐量最高，No.9 取样点边坡表层土体含盐量接近 7%。分析其原因，受黄土高原地区地表辐射、气温及风速等自然因素的影响，边坡表层蒸发作用强烈，导致边坡表层土体含水量较小，进而在边坡土体内部形成土水势梯度场，土体中的可溶盐以离子形式随水分向上迁移形成盐分富集带，因而边坡表层土体含盐量最高。

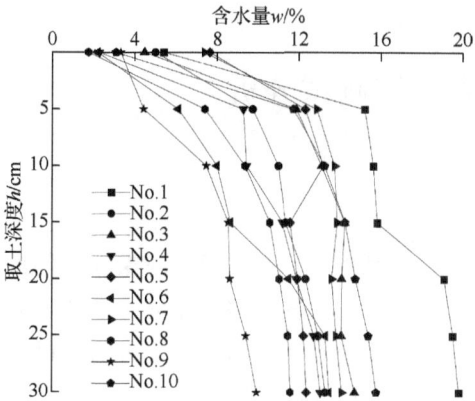

图 2-12　含水量随深度变化曲线

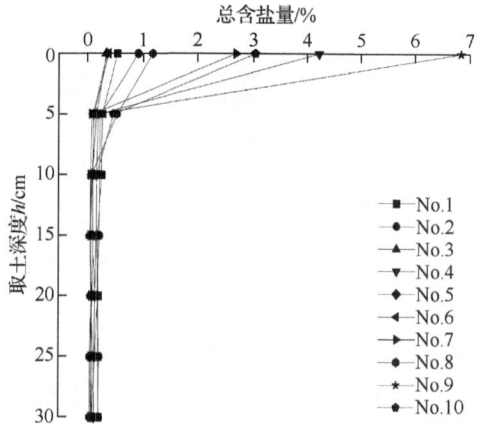

图 2-13　总含盐量随深度变化曲线

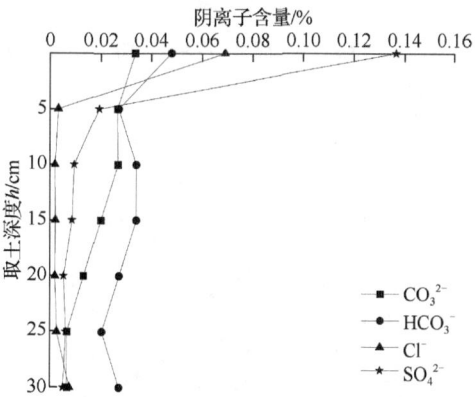

图 2-14　阴离子含量随深度变化曲线

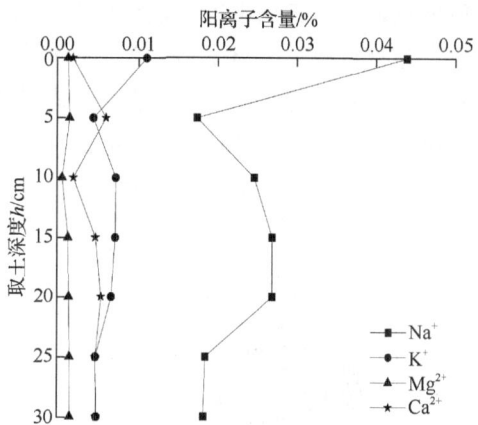

图 2-15　阳离子含量随深度变化曲线

由于阴阳离子测试分析数据较多，且各取样点离子测试分析结果规律基本一致，因此这里仅给出 No.5 取样点的阴阳离子测试分析结果，如图 2-14 和图 2-15 所示。对照图 2-14 和图 2-15 可以看出，阴离子中 CO_3^{2-} 和 HCO_3^- 含量随深度增加无明显变化规律，Cl^- 和 SO_4^{2-} 含量随深度增加迅速减小，但很快趋于稳定；对比表层盐蚀黄土试样各阴离子含量，SO_4^{2-} 含量显著高于其他阴离子。阳离子中 K^+、Mg^{2+}、Ca^{2+} 含量随深度增加无明显变化规律，Na^+ 随深度增加迅速减小，随后呈现一定的波动状态并很快趋于稳定；对比各试样阳离子含量，Na^+ 含量显著高于其他阳离子。综合上述分析，各试样易溶盐阴离子以 SO_4^{2-} 为主，阳离子以 Na^+ 为主，因此边坡表层易溶盐的主要成分可能为 Na_2SO_4。正是由于黄土边坡坡脚表层富集易溶盐 Na_2SO_4，而且易溶盐 Na_2SO_4 在黄土高原地区冻融及干湿循环等气候变化条件下反复溶解和结晶，诱发黄土边坡盐蚀剥落病害。

2.5　盐蚀黄土微观结构测试分析

2.5.1　试验方法

在 No.2～No.10 取样点（No.1 取样点土样遭到破坏，故丢弃）表层和内部土层各切取 1 个 1cm×1cm×2cm（长×宽×高）的长条体土块，将长条体土块各表面磨平，在中部刻一圈约 2mm 的槽。扫描前，将土块从刻槽的部位用手掰开，以获得拥有表面较平整的新鲜断面用于充当扫描电镜工作面，轻吹表面，将其处理干净；用电导胶带将 1cm×1cm×1cm 的小土块粘于金属样品盘上，新鲜断面朝上；采用真空蒸发镀膜仪对样品进行表面喷金处理，增强样品的导电性；最后将处理好的样品置于扫描电镜下进行微观扫描测试。

本次试验采用日本日立公司所产的 TM3030 型台式扫描电子显微镜对土样微观结构进行图像采集，选取两组比较典型的图像（放大 500 倍），No.3 和 No.10 取样点的试验结果如图 2-16 和图 2-17 所示。

（a）表层盐蚀黄土　　　　　　　　　　（b）内部原状黄土

图 2-16　表层盐蚀黄土和内部原状黄土扫描电镜图像（No.3 取样点）

（a）表层盐蚀黄土　　　　　　　　　　（b）内部原状黄土

图 2-17　表层盐蚀黄土和内部原状黄土扫描电镜图像（No.10 取样点）

2.5.2　微观结构定性分析

由图 2-16 和图 2-17 可看出，黄土的微观结构由结构单元（包括单矿物、集粒和凝块）、胶结物（包括黏粒、有机质、盐分等）和孔隙三部分组成。对比分析表层和内部黄土的微观结构可以发现：表层黄土骨架颗粒排列较为松散，颗粒间胶结性较差，颗粒与颗粒间连接不如内部黄土紧密，土体孔隙较大，结构较为疏松；内部黄土中小颗粒胶结形成集粒，骨架颗粒镶嵌排列，构成的孔隙较小，土体相对密实。表层和内部黄土从微观上表现出颗粒排列方式、孔隙特征及胶结特性差异。这种差异源于坡脚处受降水因素的影响，土体中由于毛细作用发生水分迁移，黄土中易溶盐溶解并随水分发生自下而上、由内而外的迁移，受太阳辐射和温度变化等自然因素的影响产生蒸发作用，从而在坡脚处造成表层黄土易溶盐富集，再经受多次干湿循环作用，引起盐分反复进行溶解收缩—结晶膨胀—再溶解收缩，导致土体结构骨架遭到破坏，原始形态遭到改变，进而产生了表面黄土与内部黄土在颗粒排列方式、孔隙特征及胶结特性方面的差异。

2.5.3　微观结构定量分析

本书采用南京大学自主研发的 PCAS 软件对土壤扫描电镜图像进行定量分析。PCAS 软件是一种用于孔隙系统、裂隙系统识别和定量分析的专业软件，可以自动识别图像中的各种孔隙和裂隙，并得到各种几何参数和统计参数。由于土体微观结构定量化指标较多，因此本书选取孔隙概率熵、孔隙平均形状系数、孔隙分形维数、面孔隙率四个典型指标，分别用来表征孔隙在定向性、形状、结构复杂性、数量上的变化规律。表 2-3 是各统计参数的含义[216-218]，具体计算式见式（2-2）～式（2-6）。图 2-18 给出了各取样点表层黄土与内部黄土孔隙定量参数的对比结果。

表 2-3　微观结构定量参数

参数	定义	说明
孔隙概率熵 H	表示孔隙（或颗粒）排列的有序性程度	H 越大，孔隙（或颗粒）的有序性越差
面孔隙率	描述区域孔隙面积占比的特征	对一幅二值化图像，颗粒面积就是灰度值为 255 的像素数目，孔隙面积则是灰度值为 0 的像素数目
孔隙平均形状系数 F	表征目标形状特征	F 值越大，则区域形状越接近于圆形
孔隙分形维数 D_f	反映对象的分布密度和复杂性	若分析对象为孔隙，则 D_f 越大，表明孔隙所占比例越大，孔隙分布越复杂

1. 孔隙概率熵 H

孔隙概率熵 H 定义式如下：

$$H = -\sum_{i=1}^{n} P_i \cdot \log_n P_i \qquad (2\text{-}2)$$

式中：P_i 为方向在特定区间内的颗粒百分含量；n 为方向区间所分的区间数，如 $0° \sim 180°$ 方向区间分为 18 个区间。

H 的取值范围为 $0 \sim 1$，H 值越大，孔隙有序性越差，孔隙方向越趋于随机。

2. 孔隙平均形状系数 F

孔隙平均形状系数 F 计算式如下：

$$F_i = 4\pi S_i / L_i^2 \qquad (2\text{-}3)$$

$$F = \left(\sum_{i=1}^{n} F_i\right) \Big/ n \qquad (2\text{-}4)$$

式中：F_i 为单个孔隙的形状系数；S_i 为单个孔隙的面积；L_i 为单个孔隙的周长；n 为统计区域内孔隙个数。

F 的取值范围在 $0 \sim 1$ 之间，F 的值越大，孔隙形状越接近于圆形。

3. 孔隙分形维数 D_f

孔隙分形维数 D_f 表征了土体中孔隙结构分布的复杂性，若孔隙系统具有分形特征，则孔隙周长与面积存在以下线性关系：

$$\log_2 C = (D_f / 2) \cdot \log_2 S + C_1 \qquad (2\text{-}5)$$

式中：C 为孔隙的周长；S 为孔隙的面积；C_1 为常数。

一般情况下，D_f 越大反映土体孔隙结构越复杂，土颗粒分布分散，土颗粒团粒化程度较弱。

4. 面孔隙率 λ

面孔隙率 λ 为统计区域内孔隙面积与总面积的比值，其计算式如下：

$$\lambda = A_v / A \qquad (2\text{-}6)$$

式中：A_v 为统计区域内孔隙所占面积；A 为统计区域总面积。

由图 2-18（a）可见，各取样点表层盐蚀黄土的面孔隙率均高于内部原状黄土，说明盐分的溶解—结晶作用在一定程度上破坏了表层黄土的天然结构强度，使土体结构整体变疏松。图 2-18（b）表明各取样点表层盐蚀黄土的孔隙分形维数均高于内部原状黄土，这反映表层盐蚀黄土颗粒分布更加分散，土颗粒团粒化程度较弱，盐蚀作用使土体结构遭到破坏。图 2-18（c）、（d）分别给出各取样点表层盐蚀黄土与内部原状黄土试样孔隙平均形状系数与概率熵的变化规律。由此可知，孔隙平均形状系数与概率熵分布曲线均出现交叉现象，反映盐蚀作用对黄土体孔隙形状和排列特征影响不大。这是由于盐蚀作用主要表现为盐分周期性的溶解与膨胀作用使土体结构稳定性变差，扩大黄土体内部孔隙的张开度，而对孔隙本身的形状和定向排序特征并无明显影响。

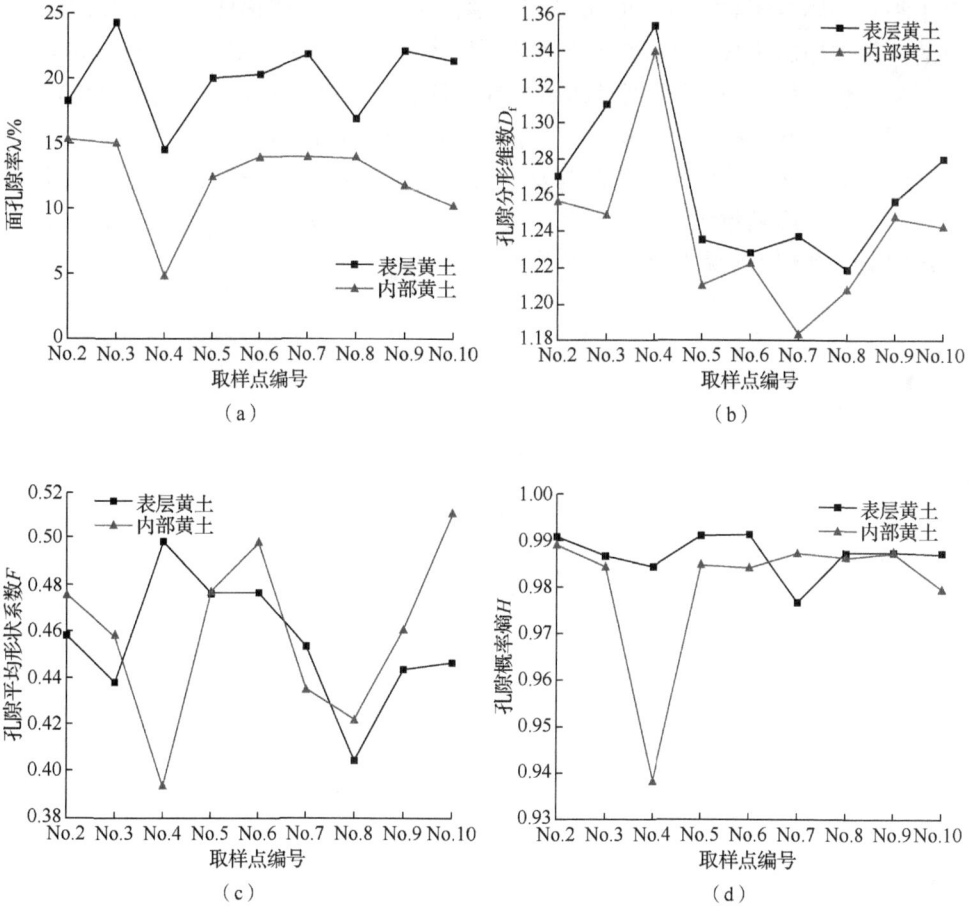

图 2-18　表层黄土与内部黄土孔隙定量参数对比图

2.6　小　　结

本章针对陕北黄土高原地区典型盐蚀剥落病害进行实地调研，并结合室内水盐迁移及微观结构测试分析，得出以下结论。

（1）黄土边坡盐蚀剥落病害按剥落形态分为三类：条带状盐蚀剥落、片块状盐蚀剥落及凹腔状盐蚀剥落；按边坡地层岩性分为四类：马兰黄土边坡盐蚀剥落、离石黄土边坡盐蚀剥落、古土壤层盐蚀剥落及人工夯实黄土盐蚀剥落。

（2）试样含水量随着深度增加而增大，含盐量随着深度增加迅速减小且很快趋于稳定；阴离子 CO_3^{2-} 和 HCO_3^- 含量随深度增加无明显变化规律，Cl^- 和 SO_4^{2-} 含量随深度增加迅速减小并很快趋于稳定；阳离子 K^+、Mg^{2+}、Ca^{2+} 含量随深度增加无明显变化规律，Na^+ 随深度增加迅速减小且趋于稳定；易溶盐阴离子以 SO_4^{2-} 为主，阳离子以 Na^+ 为主，边坡表层易溶盐主要成分为 Na_2SO_4。

（3）盐蚀作用使黄土微观结构发生显著变化，主要表现在表层盐蚀黄土面孔隙率与孔隙分形维数均高于内部原状黄土，表层盐蚀黄土结构整体变疏松。盐蚀作用对黄土孔隙形状和排列特征影响不大。

第3章 单向冻结过程 Na$_2$SO$_4$盐渍黄土水盐耦合迁移规律研究

我国黄土地区面积约有 64 万 km^2，是世界上黄土分布最广的国家之一。在外营力地质作用下，黄土地区沟壑纵横形成大量黄土边坡。由于黄土地区特殊的地质环境和自然条件，黄土边坡受盐蚀作用的影响显著，因盐蚀作用影响而诱发的黄土边坡剥落等病害问题不可忽视。盐蚀是一种极其复杂的物理现象，它是土体中的可溶盐在冻结等因素的作用下伴随水分向土体表层迁移富集，负温条件下土体表层易溶盐含量增加且未冻水含量降低，导致盐晶和冰晶析出，土体体积膨胀且结构受到破坏，强度显著劣化。冻结条件下黄土中的水盐迁移是引起黄土盐蚀劣化的一个主要原因，因而对冻结条件下盐渍黄土中水盐耦合迁移特性的研究显得越来越重要。由第 2 章测试结果可知，造成黄土盐蚀劣化的易溶盐成分以 Na$_2$SO$_4$为主。因此，本章首先通过水盐迁移参数及水盐迁移室内试验得到单向冻结过程 Na$_2$SO$_4$盐渍黄土水盐耦合迁移的基本规律，然后提出考虑盐分结晶量和冻结温度的水热盐多物理场耦合数值计算模型，最后利用该模型对试验工况进行数值计算分析。研究成果对预测冻融循环作用下黄土边坡盐蚀剥落及崩塌等灾害的发生具有重要的理论价值及工程指导意义。

3.1 试验材料

试验所用黄土取自陕西省西安市莲湖区某建筑工地（北纬：35°28′13.38″，东经：108°24′13.64″，海拔：397.7m），取土深度 8～10m，属于上更新统 Q$_3$黄土。用削土刀在基坑侧壁上取黄土样，取样地点现场地层剖面如图 3-1 所示。按照《土工试验方法标准》（GB/T 50123—2019）对所取黄土进行基本物理指标分析，各项物理特性参数如表 3-1 所示。试验用黄土颗粒级配曲线如图 3-2 所示，试样粒组含量：>0.05mm（5%）、0.01～0.05mm（52%）、0.005～0.01mm（24%）、<0.005mm（19%）。进一步利用离子色谱仪和滴定法对试验用土进行初始易溶盐离子含量测定，结果见表 3-2。由表 3-2 可知，试验用黄土初始易溶盐离子含量很低，可忽略不计初始易溶盐含量对所制备重塑盐渍黄土冻结特征的影响。

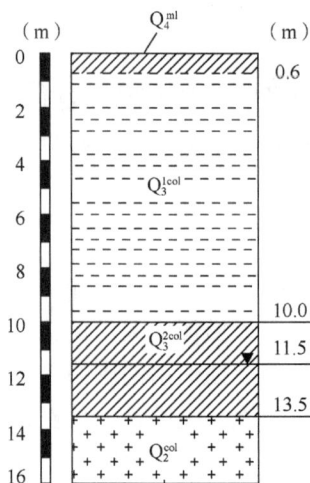

图 3-1　取样地点现场地层剖面

注：ml 表示人工填土；col 表示崩积层。

表 3-1　试验用黄土物理特性参数

相对密度 G_s	干密度 ρ_d	含水量 w	液限 w_L	塑限 w_P	塑性指数 I_P	孔隙比 e
2.70	1.42g/cm³	15.02%	34.3%	19.6%	14.7%	0.92

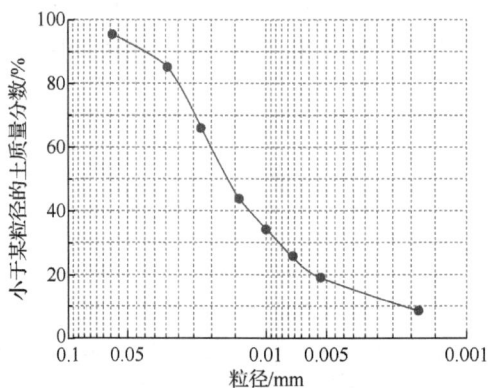

图 3-2　试验用黄土颗粒级配曲线

表 3-2　试验用黄土初始易溶盐离子含量

阴离子含量/%				阳离子含量/%			
CO_3^{2-}	HCO_3^-	Cl^-	SO_4^{2-}	K^+	Ca^{2+}	Na^+	Mg^{2+}
0.0000	0.0028	0.0038	0.0080	0.0013	0.0020	0.0062	0.0011

3.2　试样制备

3.2.1　导热系数试验

将所取黄土制备成重塑黄土试样，具体步骤如下。

（1）将碾碎的土样过 2mm 筛。

（2）基于目标含盐量，配置一定盐分浓度的 Na$_2$SO$_4$ 溶液。Na$_2$SO$_4$ 低温环境下易析出，为了加速盐分的溶解，加入少许温水，用搅拌棒充分搅拌，直至盐分完全溶解。

（3）将配备好的目标浓度的 Na$_2$SO$_4$ 溶液倒入喷壶中。

（4）称取试验所用量的土样，质量为 m_1，则需要的 Na$_2$SO$_4$ 溶液质量为 m_2，$m_2 = m_1 \times (w + \eta)$（$w$ 为含水量，%；η 为含盐量，%）。

（5）分三次，每次取质量为 $m_1/3$ 的土样，均匀铺在托盘上，并用喷壶均匀喷洒质量为 $m_2/3$ 的 Na$_2$SO$_4$ 溶液。

（6）再重复步骤（5）两次，为了使上下两层接触充分，底层用小刀轻轻刨毛。

（7）用保鲜膜将托盘密封，防止水分蒸发。

3.2.2　冻结温度试验

室内制备含水量为 20%，含盐量依次为 0.0%、0.5%、1.5%、2.0%和 3.0%的 Na$_2$SO$_4$ 盐渍黄土试样。制样步骤同导热系数试验，制备好的试样如图 3-3 所示。

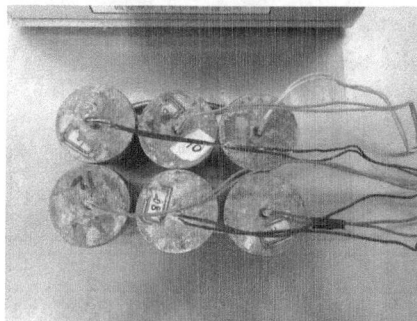

图 3-3　冻结温度试验试样

3.2.3　水盐迁移试验

根据试样筒体容积、试验要求含水量以及干密度，确定湿土用量。将所取黄土试样用制备好的 Na$_2$SO$_4$ 溶液配至所需含水量 20%及含盐量 0.6%，要求配置的试样含水量相对误差不超过 0.5%，含盐量相对误差不超过 0.05%。将试样筒用塑料薄膜包裹以减少水分的蒸发，放置在保湿缸里静置一段时间，使水分和盐分在土样内均匀分布。24h 后，将配制好的土样分层装入试模中，通过调整每次击实后的高度来控制试样的均匀性，以便达到预定的干密度（1.45g/cm³）。土样分层压制成直径为 10cm、高度为 10cm 的圆柱形试样。需要注意的是，装样前需将试样筒内表面均匀涂抹一层凡士林：一方面，可以减少土体移动时与内表面的摩擦；另一方面，可以使土样与试样筒更好地接触。

3.3　试验方案

3.3.1　导热系数试验

1. 试验步骤

导热系数试验系统（图 3-4）的主机采用西安夏溪电子科技有限公司研制的热线法导热系数仪（TC3000 型系列），其分辨率为 0.0005W/（m·K），具体指标及参数如表 3-3 所示。导热系数试验所采用冷浴的温度控制精度为±0.1℃。

图 3-4　导热系数试验系统

表 3-3　测试系统技术指标及参数

技术指标	技术参数
测试方法	瞬态热线法
测量范围	0.001～10.0W/（m·K）
分辨率	0.0005W/（m·K）
测量时间	1～20s
外形尺寸	350mm×250mm×150mm

试样制备完毕后，具体试验步骤如下（每组导热系数试验设置 3 个平行试样）。

（1）将制备好的土样放入土工模具中加工成圆柱形试样，并在设定的试验温度下养护 24h，以减少环境因素对试验的影响。

（2）将试样放入冷浴内，并将热线传感器放于试样中间。

（3）设置冷浴预设温度，开始试验。

（4）启动软件对数据进行实时采集，每 30s 记录一次测试试验结果。

（5）关闭恒流源，换另一组平行试样，重复（2）～（4）的试验步骤。

（6）每组测试 3 个不同试样，取其平均值作为该组的导热系数值。

（7）整理和分析数据，获得土体导热系数值。

本次试验控制含水量为 20%，干密度为 1.45g/cm³，含盐量分别设置为 0%、1%、2%、3%，温度分别设置为 20℃、10℃、0℃、-10℃、-20℃，以探究温度和含盐量对黄土导热系数的影响规律。

2. 测定原理

瞬态热线法的理论基础是无限大介质中的径向一维非稳态导热问题，其原理为将一根很细的金属丝置于待测物质中，当对细丝施加恒定的热流时，细丝的温度不断升高，同时细丝的电阻不断增大，热量的传递是通过细丝向包围在其周围的物质进行传导作用实现的，因此热量传递的快慢就与物质的导热系数有关，反映在细丝的温度随时间的变化上，从而计算得到待测物质的导热系数。

$$C_t \frac{\partial T}{\partial t} = \nabla \cdot \lambda \nabla T + L\rho_i \frac{\partial \theta_i}{\partial t} \tag{3-1}$$

式中：C_t 为容积热容；T 为温度；t 为时间；∇ 为微分算子；λ 为导热系数；L 为相变潜热；ρ_i 为密度；θ_i 为含水量（体积分数）。

瞬态热线法理想模型为：在无限大的各向同性流体中置入直径无限小、长度无限长、内部温度均衡的线热源，初始状态下二者处于热平衡状态，突然给线热源施加恒定的热流加热一段时间，线热源及其周围的流体就会产生温升，由线热源的温升即可得到流体的导热系数。瞬态热线法控制方程是介质内的一维非稳态热传导方程，即

$$\frac{\partial T}{\partial t} = \alpha \nabla^2 T \tag{3-2}$$

式中：T 为温度；α 为热扩散率；t 为时间。

以垂直于线热源所在平面建立直角坐标系 xOy，线热源与平面的交点为原点，则式（3-2）可以改写为

$$\frac{\partial T}{\partial t} = \alpha \left(\frac{\partial^2 T}{\partial x^2} + \frac{\partial^2 T}{\partial y^2} \right) \tag{3-3}$$

初始条件为

$$T(x, y, t)\big|_{t=0} = T_0 \tag{3-4}$$

边界条件为

$$\begin{cases} \lim_{r \to 0} r \dfrac{\partial T}{\partial r} = -\dfrac{q}{2\pi\lambda} & t > 0 \\ \lim_{r \to \infty} T(r,t) = T_0 & t \geqslant 0 \end{cases} \tag{3-5}$$

式中：r 为测点到线热源的径向距离；q 为线热源单位长度的发热功率；λ 为导热系数。

对式（3-3）中的各项进行 Fourier（傅里叶）变换：

$$\begin{cases} \mathcal{F}\big[T(x,y,t)\big] = \mathcal{F}(\omega,v,t) \\ \mathcal{F}\left[\dfrac{\partial^2 T(x,y,t)}{\partial x^2}\right] = (\mathrm{i}\omega)^2 \mathcal{F}\big[T(x,y,t)\big] \\ \mathcal{F}\left[\dfrac{\partial^2 T(x,y,t)}{\partial y^2}\right] = (\mathrm{i}v)^2 \mathcal{F}\big[T(x,y,t)\big] \end{cases} \tag{3-6}$$

式（3-3）变换后的结果为

$$\frac{\partial \mathcal{F}(\omega,v,t)}{\partial t} = -\alpha\big(\omega^2 + v^2\big)\mathcal{F}(\omega,v,t) \tag{3-7}$$

将式（3-7）中 $\mathcal{F}(\omega,v,t)$ 及其导数移到同一侧得

$$\frac{\partial \mathcal{F}(\omega,v,t)}{\mathcal{F}(\omega,v,t)} = -\alpha\big(\omega^2 + v^2\big)\partial t \tag{3-8}$$

对式（3-8）进行不定积分计算，计算结果为

$$\ln \mathcal{F}(\omega,v,t) = -\alpha t\big(\omega^2 + v^2\big) + C_1 \tag{3-9}$$

式中：C_1 为常数。下文中的 C_2、C_3、C_4 均为常数。

因此式（3-7）的解为

$$\mathcal{F}(\omega,v,t) = C_2 \mathrm{e}^{-\alpha t(\omega^2 + v^2)} \tag{3-10}$$

对式（3-10）进行 Fourier 逆变换：

$$\begin{aligned} T(x,y,t) &= \frac{1}{2\pi} \cdot \frac{1}{2\pi} \int_{-\infty}^{\infty}\int_{-\infty}^{\infty} C_2 \mathrm{e}^{-\alpha t(\omega^2 + v^2)} \mathrm{e}^{\mathrm{i}\omega x} \mathrm{e}^{\mathrm{i}v y} \,\mathrm{d}\omega\mathrm{d}v \\ &= C_3 \left(\int_{-\infty}^{\infty} \mathrm{e}^{-\alpha t\omega^2} \mathrm{e}^{\mathrm{i}\omega x}\,\mathrm{d}\omega\right) \cdot \left(\int_{-\infty}^{\infty} \mathrm{e}^{-\alpha t v^2} \mathrm{e}^{\mathrm{i}v y}\,\mathrm{d}v\right) \end{aligned} \tag{3-11}$$

因为

$$\mathrm{e}^{\mathrm{i}\omega x} = \cos(\omega x) + \mathrm{i}\sin(\omega x) \tag{3-12}$$

所以

$$\int_{-\infty}^{\infty} \mathrm{e}^{-\alpha x\omega^2} \mathrm{e}^{\mathrm{i}\omega x}\,\mathrm{d}\omega = \int_{-\infty}^{\infty} \mathrm{e}^{-\alpha x\omega^2}\big[\cos(\omega x) + \mathrm{i}\sin(\omega x)\big]\,\mathrm{d}\omega \tag{3-13}$$

结合三角函数的奇偶性：

$$\int_{-\infty}^{\infty} e^{-\alpha x \omega^2} e^{i\omega x} d\omega = \frac{\sqrt{\pi}}{\sqrt{at}} e^{\frac{-x^2}{4at}}$$ (3-14)

所以式（3-3）的解为

$$T(x,y,t) = \frac{C_4}{t} e^{\frac{-(x^2+y^2)}{4at}}$$ (3-15)

设线热源在 0 时刻单位长度瞬间发出的热量为 Q，根据能量守恒：

$$Q = \rho c \int_{-\infty}^{\infty} \int_{-\infty}^{\infty} \left[T(x,y,t) - T_0 \right] dxdy$$ (3-16)

式中：c 为比热容；ρ 为密度；T_0 为初始时刻介质与热线的温度。

根据式（3-16），可求得式（3-15）中的系数，所以

$$\Delta T(x,y,t) = \frac{Q}{4\pi\lambda t} \exp\left(-\frac{x^2+y^2}{4\alpha t} \right)$$ (3-17)

在持续且恒定热源下的温度场可以由式（3-17）积分得到：

$$\Delta T(x,y,t) = \frac{q}{4\pi\lambda} \int_0^t \frac{1}{t-t'} \exp\left(-\frac{r^2}{4\alpha(t-t')} \right) dt'$$ (3-18)

变量替换简化后为

$$\Delta T(x,y,t) = \frac{q}{4\pi\lambda} \int_{\frac{r^2}{4\alpha r}}^{\infty} \frac{e^{-u}}{u} du$$ (3-19)

最终，式（3-3）的解析解为

$$\Delta T(r,t) = -\frac{q}{4\pi\lambda} \mathrm{Ei}\left(-\frac{r^2}{4\alpha t} \right)$$ (3-20)

式中：$\Delta T = T - T_0$；$\mathrm{Ei}(x)$ 为指数积分函数，定义为

$$\mathrm{Ei}(-x) = -\int_x^{\infty} \frac{e^{-u}}{u} du$$ (3-21)

当 x 无限小时，式（3-20）为

$$\Delta T(r,t) \approx \frac{q}{4\pi\lambda} \left[-\beta - \ln\left(\frac{r^2}{4\alpha t} \right) \right] = \frac{q}{4\pi\lambda} \left[\ln t + \ln\left(\frac{4\alpha}{r^2 C_E} \right) \right]$$ (3-22)

式中：β 为欧拉常数，$\beta = 0.5772$；C_E 为常数，$C_E = e^\beta = 1.7811$。

将式（3-22）改写成以温度增量 ΔT 为纵坐标，时间对数 $\ln t$ 为横坐标的线性形式：

$$\Delta T = A\ln t + B$$ (3-23)

式中：A 为温升曲线的斜率；B 为温升曲线的截距。

因此导热系数可以写成：

$$\lambda = \frac{q}{4\pi A}$$ (3-24)

3.3.2 冻结温度试验

将制备好的试样按下述步骤进行冻结温度试验。

将低温恒温槽内温度设置至-10℃（恒温槽的温度程序已经调好，未调好可以调整，温度低时需要保持 2h 以上）。

将土样烘干、破碎、筛分，取适量土样（100～120g），配制合适的含水量后用保鲜膜封住静置 12h。

取适量配制好的土样装入试样杯中，按照送样单上的密度配制，记录加入质量（密度特别大和特别小时，记录实际质量），盖上杯盖，使用手动钻钻孔后，将热敏电阻测温端插入试样中心（前期在探头上标记特殊位置，保证探头在试样中心位置），在杯盖穿孔处喷适量发泡剂，固定探头。

先在塑料管中倒入 0.5～1cm 厚干砂，再放入试样杯，最后继续倒入干砂直至将试样杯淹没，盖上橡皮塞密封，最后将塑料管放入低温冷浴槽内。

冷浴降温速率为 1℃/min，最终冷浴温度控制在-20℃，绘制其降温曲线。将热敏电阻测温端与采集仪相连（提前插入网线，关掉无线接口，等待几分钟再试），每 10s 采集一次，观察采集仪上的数据，确保达到冻结状态（不同土质以及含水量达到冻结状态的时间可能不同），最后导出数据采集仪采集的 Excel 数据，将Excel 数据转换成曲线图，由曲线图可以直观地看出热敏电阻的突变跳跃，当电阻突然减小，再稳定，最后增大至环境温度对应的电阻值时，试验结束。

3.3.3 水盐迁移试验

本次试验主要揭示单向冻结过程封闭系统下 Na_2SO_4 盐渍黄土的水盐耦合迁移规律。试样进行不同冷端温度单向冻结条件下的水盐迁移试验，分析其水盐耦合迁移特征。通过查阅相关气象资料及文献，绘制出陕北黄土高原地区 2008～2017 年月平均最低气温变化曲线，如图 3-5 所示。由图可见陕北平均最低气温在-20℃附近，依此设计本次试验的三种不同冷端温度条件，分别为-5℃、-10℃、-20℃。

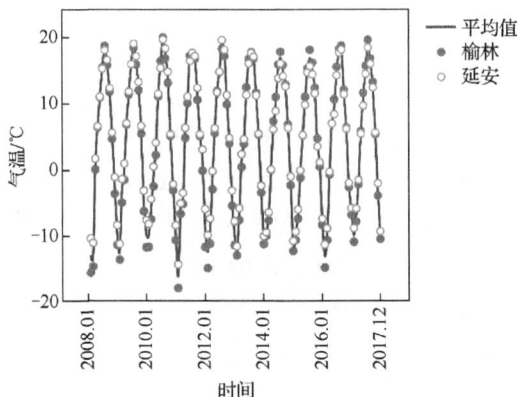

图 3-5 陕北黄土高原地区 2008～2017 年月平均最低气温变化曲线

　　单向冻结条件下水盐迁移试验采用 XT5402–TC800–R30 系列土工冻融循环试验箱。此试验箱可满足-30～90℃的冻融循环试验要求。该设备由 2 台恒温冷浴循环装置及恒温箱体组成，如图 3-6 所示。顶板、底板及箱温分别采用独立的温度控制系统：箱温采用风冷式降温，箱体的温度波动为±0.5℃；底板和顶板采用乙二醇与纯水 1∶1 混合溶液降温，温度波动为±0.1℃。冻融循环试验箱体正面设有中空玻璃观察窗，方便随时查看土样变化及制冷系统的工作状况。

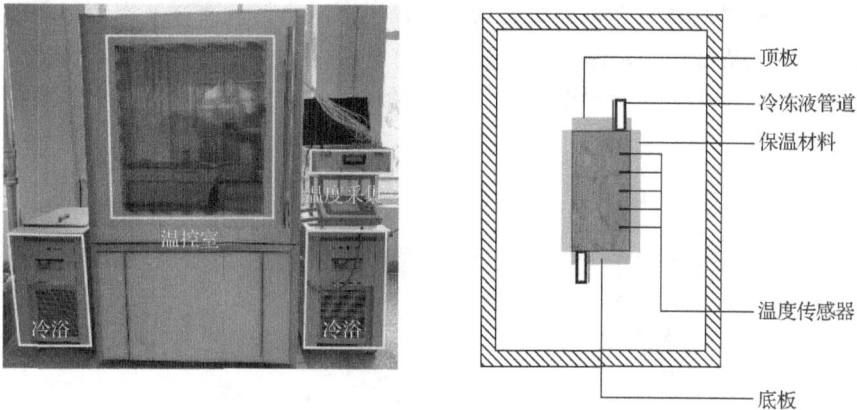

图 3-6　单向冻结条件下水盐迁移试验装置图

　　将制备好的试样放入土工冻融循环试验箱中，沿试样高度每隔 2cm 插入一个温度传感器。在试样筒体周围包裹保温材料，以减少试验箱环境温度对试样温度场的扰动；同时为了减小误差，需要将试样放置冻融箱内 24h 以上，待试样温度与环境温度（2℃）一致时，方可开始进行水盐迁移试验。控制试样顶板（冷端）温度分别为-5℃、-10℃、-20℃，底板与箱温保持在 2℃不变。根据《土工试验方法标准》（GB/T 50123—2019）要求，试验土样单向冻结时间分别为 0h、48h、120h、240h 和 360h。试样各测点温度数据通过多通道土壤温度采集系统采集，测温精度为 0.1℃，试样各测点温度数据每隔 60min 自动采集一次。不同温度冻结后立即取出试样并拍照记录。将试样按 2cm 厚度切片，每 2cm 取 3 份土样。采用烘干法平行测定冻结后试样含水量，取其均值作为该土层的最终含水量。取烘干后的土样若干，分别采用瑞士万通公司生产的 761 型阴离子色谱仪和 792 型阳离子色谱仪测定冻结后试样的 Na^+ 和 SO_4^{2-} 离子含量，并进一步换算得到试样中 Na_2SO_4 的含量。

3.4　试验结果与分析

3.4.1　导热系数试验结果与分析

图 3-7 所示为 Na_2SO_4 盐渍黄土导热系数随含盐量的变化规律曲线。由此可见，不同温度下试样的导热系数随含盐量增加均逐渐减小，且衰减速率近似表现出线性或加速变化特征。这是由于随着含盐量的增加，Na_2SO_4 盐吸水结晶膨胀，土体结构受到破坏并变得较为松散，从而使土颗粒间的接触热阻增大，导热系数相应减小。

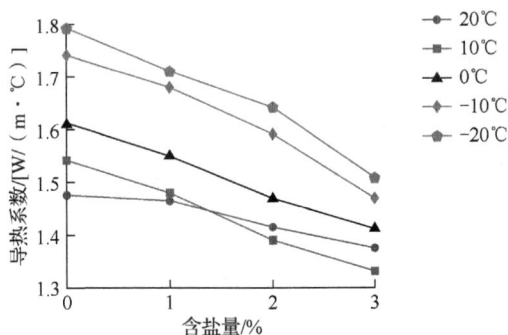

图 3-7　导热系数随含盐量的变化规律曲线

图 3-8 所示为试样导热系数随温度的变化规律曲线。由此可见，导热系数随温度的变化曲线可分为以下 3 个阶段。

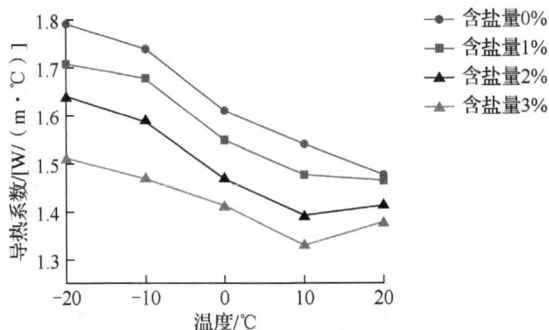

图 3-8　导热系数随温度的变化规律曲线

（1）0～20℃温度区间内，不同含盐量下导热系数随温度变化规律不同：低含盐量（含盐量为 0% 和 1%）试样的导热系数随温度降低逐渐增大；高含盐量（含盐量为 2%和 3%)试样的导热系数表现出随温度升高先减小而后增大的变化特征。分析其原因，当温度在 0℃以上时，土体由固体土颗粒、盐溶液和气体导热，随着温度的降低，土体内部的矿物分子热运动减缓，晶格振动幅度减小，导致非简谐振动降低，热波自由程增大，热阻降低。此外，温度的降低使土颗粒收缩，体积减小，土体密度增大，颗粒之间的接触变得更加紧密，接触热阻减小，导热系数相应增大。当土体含盐量相对较高时，降温过程中 Na$_2$SO$_4$ 结晶析出导致的盐胀以及由此带来的热阻增大作用越来越显著，从而导致高含盐量试样的导热系数先减小而后增大。

（2）−10~0℃温度区间为导热系数迅速增大阶段，这主要是由于当温度降至冻结温度以下时，土体内部的水分开始发生相变并冻结成冰，冰的导热系数大约是水的 4 倍，因而导热系数随温度降低迅速增大。

（3）−20~−10℃温度区间为导热系数近似稳定阶段。分析其原因，当温度降至−10℃以下时，土体内部的水分几乎已经全部相变成冰。随着温度继续降低，冰的含量基本不变，且 Na$_2$SO$_4$ 结晶析出量也很小。此阶段导热系数的增大主要依靠土颗粒的收缩，而土颗粒收缩是有限的，所以导热系数近似表现出趋于稳定的变化特征。

进一步对导热系数随含盐量和温度的变化关系进行多变量拟合分析。分析表明，二次多项式可以较好地表征导热系数与含盐量和温度之间的函数变化关系，拟合结果如下：

$$\lambda = -8.41\times10^{-3}T - 7.167\times10^{-2}\eta + 1.3\times10^{-3}T\eta + 1.64 \qquad (3\text{-}25)$$

式中：λ 为导热系数；T 为温度；η 为含盐量。

拟合结果具体见图 3-9。从图 3-9 中可以看出，拟合相关系数 R^2 为 0.94 且拟合残差相对较小，因而式（3-25）可较好地预测 Na$_2$SO$_4$ 盐渍黄土的导热系数随温度和含盐量的变化关系。

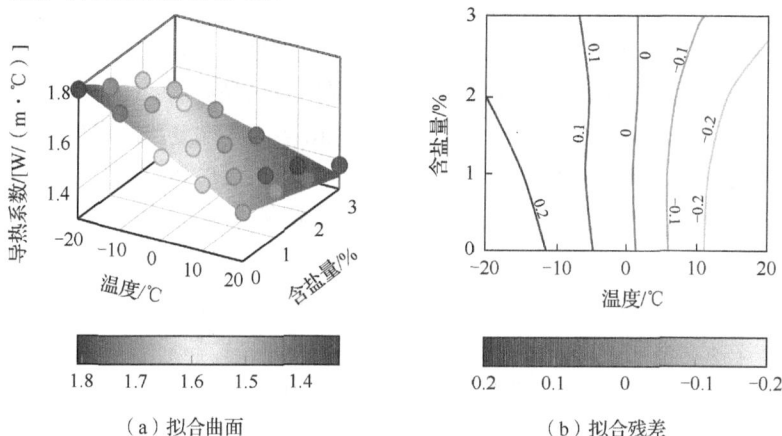

（a）拟合曲面　　　　　　　　（b）拟合残差　　　　　　彩图 3-9

图 3-9　导热系数与温度和含盐量的关系

3.4.2　冻结温度试验结果与分析

冻结温度是判断土体是否处于冻结状态的一个基本物理指标，是影响冻土中水盐迁移及冻胀的一个重要因素。土中液态水相变变成冰，大致经历三个阶段：先形成很小的分子集团，称为结晶中心；再由这种分子集团生长为稍大的团粒，称为晶核；最后由这些小团粒结合，产生冰晶。结晶中心一般是在比冰点更低的温度下形成的，因此土中水冻结一般经历过冷、跳跃、恒定和递降四个阶段。图 3-10 所示为不同含盐量下 Na_2SO_4 盐渍黄土降温曲线。从中可以看出，第一阶段，土体出现冷却和过冷，此时土中水分尚未冻结成冰，其持续时间取决于土中含水量及冷却速度；第二阶段，土中冰晶已形成，由于水结晶放出大量潜热，土体温度剧烈上升；第三阶段，孔隙水结冰阶段，此阶段观察到的稳定温度即土的冻结温度；第四阶段，大部分孔隙水已冻结，土体在无潜热下冷却。

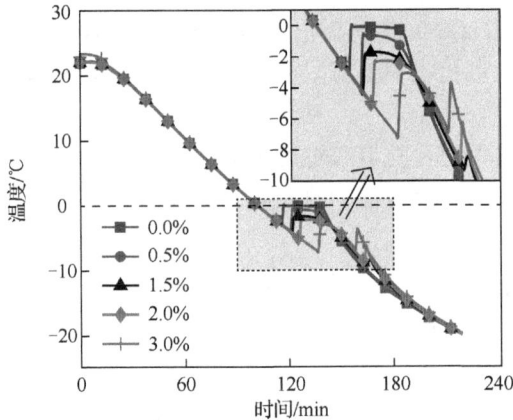

图 3-10　不同含盐量下 Na_2SO_4 盐渍黄土降温曲线

观察图 3-10 可以发现，对于质量分数为 0.0% 和 0.5% 的低含盐量试样，其降温曲线表现为一次跳跃特征，这是因为土中冰水相变过程释放结晶潜热，使土温骤然升高。对于质量分数为 1.5%、2.0% 和 3.0% 的高含盐量试样，其温度曲线产生两次明显的跳跃。分析其原因，第一次跳跃是由于冰水相变释放结晶潜热，相变之后由于土中含水量减少导致 Na_2SO_4 浓度增大，因而第二次跳跃是由于 $Na_2SO_4 \cdot 10H_2O$ 晶体的析出释放潜热。

根据图 3-10 中降温曲线跳跃的特征，得到第一次跳跃最高且稳定点的温度，即为试样的起始冻结温度，如图 3-11 所示。由图 3-11 可知，随着含盐量增大，Na_2SO_4 盐渍黄土试样的冻结温度近似表现出线性减小特征，可用下面的方程描述：

$$T_f = A\eta + B \tag{3-26}$$

式中：T_f 为试样的冻结温度；η 为试样的含盐量；A、B 均为拟合参数。

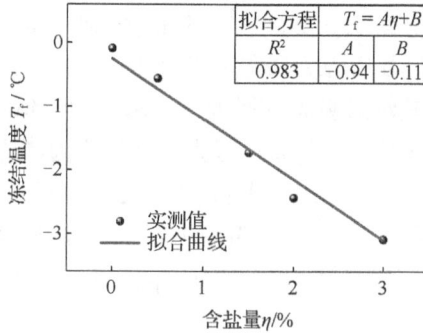

图 3-11　Na$_2$SO$_4$ 盐渍黄土冻结温度随含盐量变化规律

对于本次初始含盐量为 0.6%的 Na$_2$SO$_4$ 盐渍黄土试样，由式（3-26）得到其冻结温度约为-0.67 ℃。试样冻结温度的确定为后面单向降温过程冻结深度及冻结速率变化规律的分析提供了依据。

3.4.3　总吸力分析

以自由水势能为参考，土体孔隙水的热力学势能可用总吸力来量化。忽略温度势、重力势，则促使孔隙水势能降低的主要因素有毛细作用、短程吸附作用、渗透作用。毛细作用与水–气交界面曲率及与之相对应的负孔隙水压力有关；短程吸附作用主要由固–液交界面附近的电场与范德华力场作用产生，此时的吸附孔隙水主要以覆盖于土颗粒表面的薄膜水形式存在；渗透作用则是孔隙水中溶质溶解的结果。土颗粒带有不同的电荷，与孔隙水中包含不同价位的离子相互作用，相邻水分子的相应结构的调整降低了孔隙水的化学势能，降低的化学势能仅与溶质浓度有关。其中毛细作用是非饱和土所特有的，而短程吸附作用和渗透作用在饱和与非饱和土中均可出现。源自毛细作用与短程吸附作用而产生的吸力被称为基质吸力，源自溶质溶解作用而产生的吸力被称为渗透吸力。基质吸力与渗透吸力的代数和则为土体的总吸力，土水势和总吸力数值正负号相反。

土水势是非饱和土水盐耦合迁移的根本驱动力，对水盐迁移有着十分重要的影响。但目前大多数水分迁移的数值计算工作仅依靠相关经验模型来确定基质势，既没有考虑盐分的影响，也忽略了土层地质条件的适用性。通过查阅 Na$_2$SO$_4$ 盐渍黄土吸力相关研究资料，发现毛雪松等[219]采用非接触式滤纸技术测定了不同 Na$_2$SO$_4$ 含量（0.0%、0.4%、0.8%、1.2%、1.6%）、不同含水量（5%、8%、12%、15%、18%）下黄土的总吸力，但其并没有给出总吸力与含盐量、含水量的函数关系表达式。考虑到其土样采集地点，以及试样相关基本物性指标与本文研究工作中所采用的黄土试样较为相似，因而基于上述毛雪松等研究学者的相关吸力试验测试数据，进一步对 Na$_2$SO$_4$ 盐渍黄土总吸力与含水量、含盐量的关系开展理论分析工作。

已有研究表明，盐分对土体基质吸力的影响较小，但对渗透吸力和总吸力影响较大。因此，可以假设基质吸力和渗透吸力是独立的。对于含盐量为0.0%（以下简称素土）的试样，其渗透吸力近似为 0，总吸力近似等于基质吸力。不同含盐量盐渍土的总吸力与相应素土的基质吸力的差值即为渗透吸力。基质吸力、渗透吸力变化规律如图 3-12 所示。由图可见，由于土颗粒对结合水的强吸附作用，随含水量降低基质吸力急剧升高，当含水量减小到5%时，基质吸力可达到12910kPa。图 3-12（b）表明，随着含盐量增大，溶质势能降低，渗透吸力相应增大。

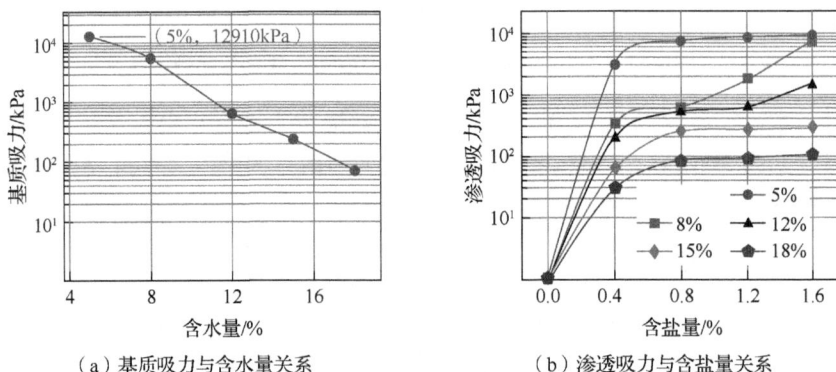

（a）基质吸力与含水量关系　　　　（b）渗透吸力与含盐量关系

图 3-12　吸力与含水量、含盐量的关系

图 3-13（a）所示为 Na_2SO_4 盐渍黄土总吸力随含水量与含盐量的变化规律曲面。对该变化关系进行双变量最优化拟合分析，结果见下式：

$$\log(-\psi) = -0.11\eta^2 + 0.41\eta - 0.17w + 4.92 \tag{3-27}$$

式中：$-\psi$ 为总吸力；w 为含水量；η 为含盐量。

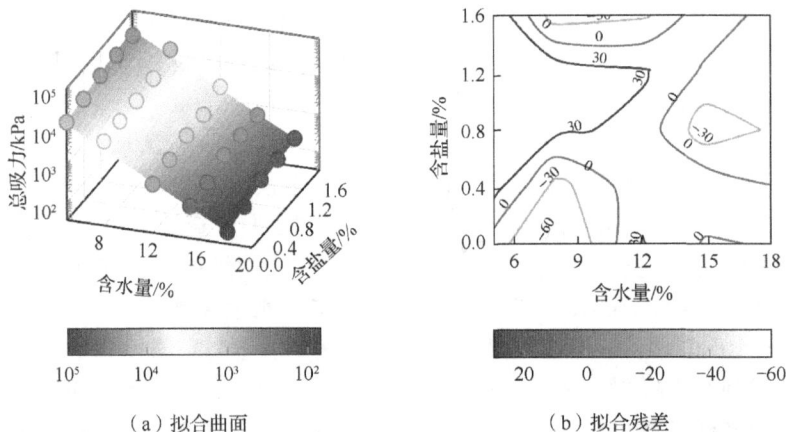

（a）拟合曲面　　　　（b）拟合残差　　　　彩图 3-13

图 3-13　总吸力变化规律及拟合残差

　　图 3-13（b）所示为总吸力的拟合结果。从中可以看出，总吸力的拟合残差相对较小，相关系数在 0.991 左右，表明式（3-27）可较好地预测总吸力随含水量与含盐量的变化规律。

3.4.4　水盐迁移试验结果与分析

1. 表观结构

　　单向冻结条件下试样内部水盐向上部冻结区的迁移，对冻结区土体结构强度具有强烈劣化作用。在水盐迁移试验过程中，观察到试样冻结区表观结构特征产生显著变化。图 3-14 所示为冻结 360h 后 Na₂SO₄ 盐渍黄土试样表观结构变化规律。从中可以看出，试样冻结区产生显著的不规则裂缝，底部未冻区没有产生明显的裂缝。分析其原因：一方面，当温度降低至试样冻结温度，试样上部冻结区冰水相变产生冰晶体，冰晶体生长产生的冻胀力破坏土颗粒间连接强度，从而产生裂缝；另一方面，降温过程中 Na₂SO₄ 的溶解度逐渐降低，当某一温度下 Na₂SO₄ 溶液达到饱和状态，Na₂SO₄ 便以芒硝（Na₂SO₄·10H₂O）的形式从溶液中结晶析出，固相体积增大为原来的 4.18 倍，盐晶体体积膨胀产生的盐胀力同样破坏土体的结构强度，进一步加剧了裂缝的产生。

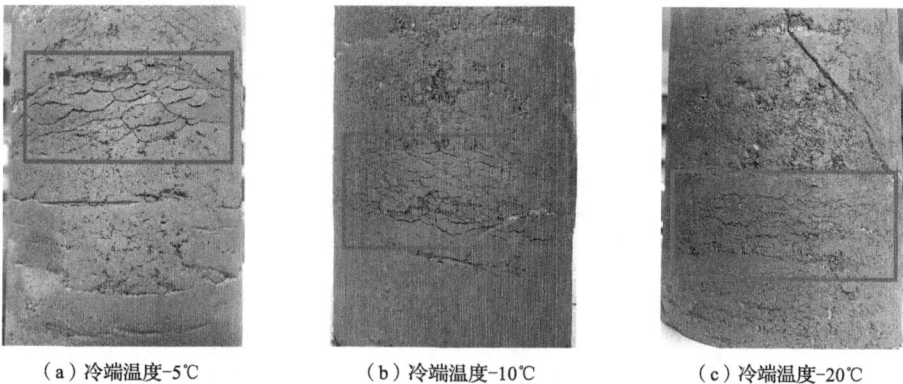

（a）冷端温度-5℃　　　　　（b）冷端温度-10℃　　　　　（c）冷端温度-20℃

图 3-14　冻结 360h 后试样表观结构变化规律

　　从图 3-14 中还可以看出，随着冷端温度的降低，试样冻结区裂缝的宽度及数量均有所减少。这是因为随着冷端温度降低，试样内部温度梯度增大，最大冻结深度即冻结锋面的移动较快，试样快速原位冻结，水盐向冻结区迁移量相对较少，因而裂缝的宽度与数量相应减少。值得注意的是，随着冷端温度降低，裂缝集中发育位置在不断下移。这主要是由于随着冷端温度的降低，冻结锋面的最终稳定位置在不断下移；冻结锋面稳定后会使试样下部未冻区的水分及盐分不断向该位置迁移并在此相变成冰及盐晶体，从而形成裂缝的集中发育区。

2. 温度场分析

1）温度随冻结时间变化规律

图 3-15 给出了试样不同深度处温度随冻结时间的变化规律。由图可见，降温初期阶段试样冷端位置温度迅速降低，随着冻结时间推移，降温速率逐渐减小，呈现出指数衰减特征，最终趋于一个稳定数值。但是由于控温方式、设备精度等原因，温度出现上下小幅度波动。此外，随试样深度增加，温度曲线表现出相似的变化规律，但温度降低速率和幅度逐渐减缓，温度达到稳定所需时间较长。

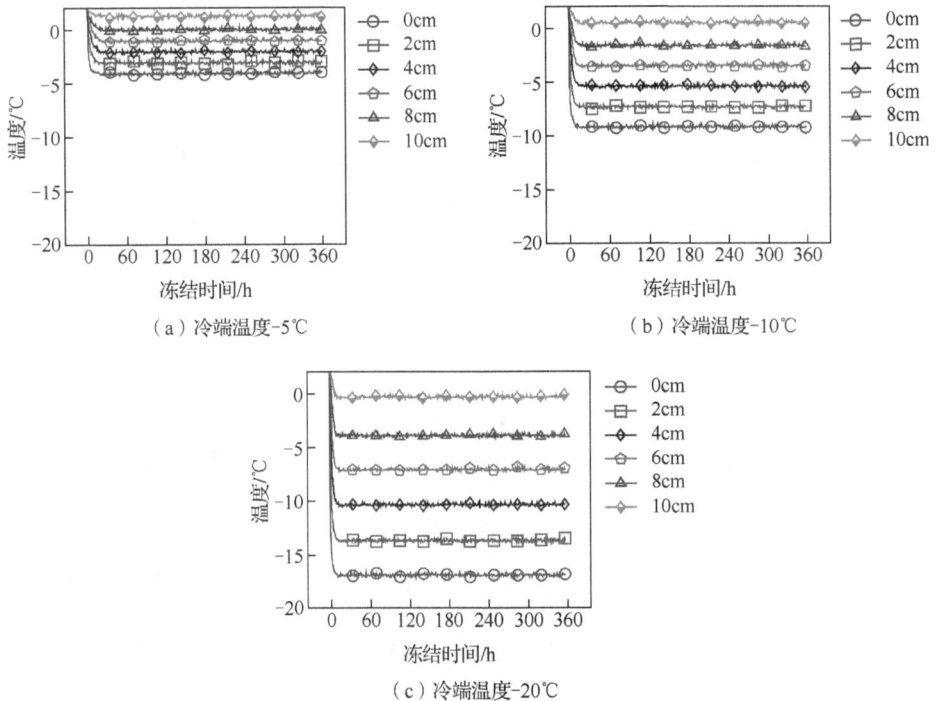

（a）冷端温度-5℃   （b）冷端温度-10℃

（c）冷端温度-20℃

图 3-15　试样不同深度处温度随冻结时间的变化规律

2）温度随试样深度变化规律

图 3-16 给出了试样温度随深度的变化规律。由图可见，降温初期试样内部温度由两端开始迅速降温，温度变化较大。随着冻结时间推移，冻结锋面下移，冻土段长度逐渐增大且试样内部温度变化幅度逐渐减小，最终趋于稳定的近似线性的温度梯度分布。值得注意的是，冻结稳定后温度并没有随试样深度表现出理想的线性分布特征，而是存在一定的波动，这主要是由于冻土和未冻土的基本物理性质存在差异以及试样制作的不均匀性和离散性造成的。从图3-16中还可以看出，由于单向降温过程试样顶部为冷端边界条件，因而不同冷端温度条件下冻结稳定

后试样温度沿深度表现出很好的变化规律，即随试样深度增加，温度逐渐升高。随着深度增加，不同冷端温度条件下温度的差异逐渐减小，即冷端温度对温度场的影响逐渐减弱。这是因为降温过程中不同冷端温度试样的底部边界条件均保持为+2℃，因而试样下部温度的差异相对较小，这也反映了单向降温过程仪器的控温精度是可靠的。

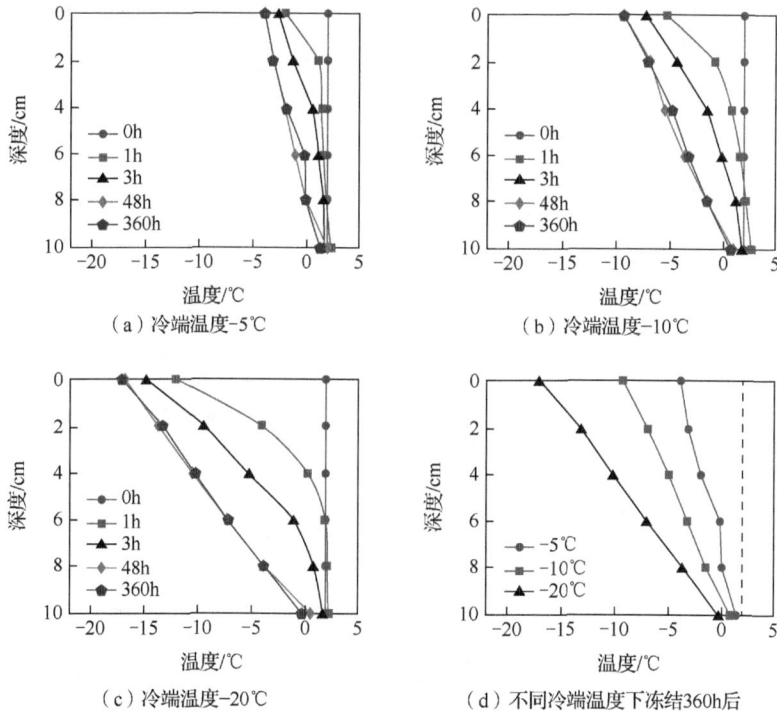

（a）冷端温度-5℃

（b）冷端温度-10℃

（c）冷端温度-20℃

（d）不同冷端温度下冻结360h后

图 3-16 温度随试样深度的变化规律

3）温度场时程分析

图 3-17 给出了试样温度场时程变化规律。从中可以看出，冻结初期试样底端温度变化相对较小；降温初期试样顶端由于较大的负温梯度导致冻结锋面迅速下移，冻结深度显著增大。冻结 16h 后，不同冷端温度下试样的冻结锋面迁移速率均很小，最终趋于稳定的温度梯度分布。此外，随冷端温度降低，冻结锋面位置不断下移，且试样在快速冻结阶段的降温速率显著增大。随着冻结时间的增加，温度梯度在过渡段逐渐减小，降温速率逐渐减缓。冻结 48h 后，冻结过程进入稳定阶段，试样温度场趋于稳定。值得注意的是，随着冷端温度的不断降低，温度梯度不断增大，从而导致温度场达到稳定的时间相应减少。从图 3-17 中还可以看出，随着冻结时间的增加，温度场正值的分布区域逐渐减小，即试样冻结深度逐渐增大。在冷端温度为-20℃条件下，试样几乎全被冻结，这与降温过程中观察到的现象一致。

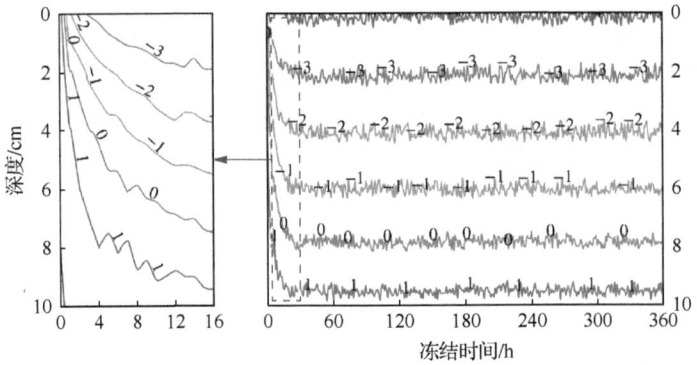

（a）冷端温度-5℃

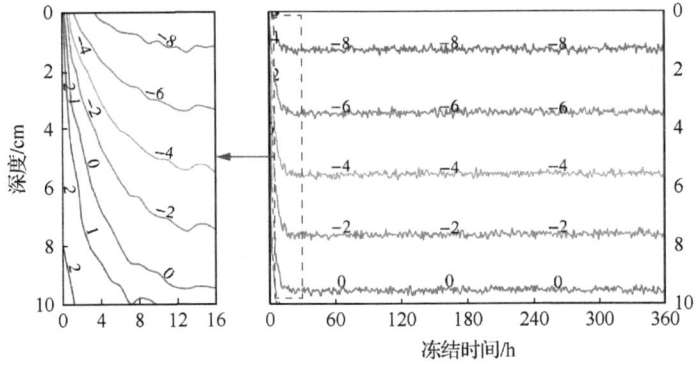

（b）冷端温度-10℃

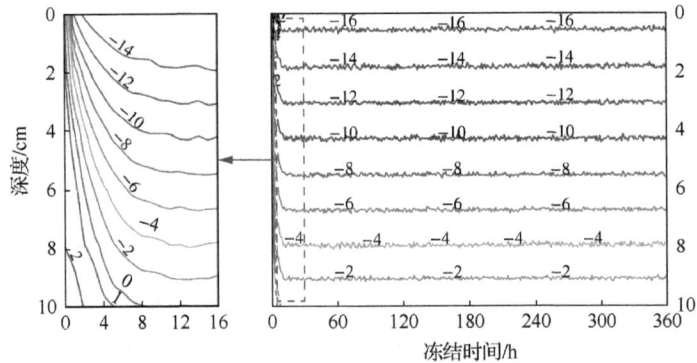

（c）冷端温度-20℃

图 3-17　试样温度场时程变化规律

3. 水分场分析

1）含水量随深度的变化规律

试样含水量随深度的变化规律如图 3-18 所示。由图可见，初始时刻试样内部含水量基本一致。随着冻结时间的增加，试样上部冻结区含水量增加，稳定冻结锋面附近的含水量达到峰值，试样下部未冻区含水量相应减小。分析其原因，基于前述温度场分布特征分析，随着冻结时间的增加，试样内部温度场逐渐趋于稳定的平衡状态，因而冻结锋面移动速度减慢，试样下部未冻区的水分在基质势能梯度作用下向上部迁移，使得冻结锋面附近含水量显著增大而下部未冻区水分减小。从图 3-18 中还可以看出，不同冷端温度条件下含水量沿深度变化规律基本一致，但试样冻结区含水量峰值出现的位置不同，随着冷端温度降低，峰值位置有下移趋势。这是因为冷端温度越低，试样内部温度梯度越大，从而使得冻结锋面越远离冷端，含水量峰值位置相应下移。此外，冻结区峰值含水量随冷端温度的降低逐渐减小。这是由于冷端温度越低，温度梯度越大，冻结速率越大，因而水分迁移时间较短，冻结区含水量增量相应较小。值得注意的是，试样顶板（冷端）位置附近含水量增加并不明显，这主要是由于冻结初始阶段温度梯度很大，冻结速率很大，因而在短时间内含水量增加不够显著。

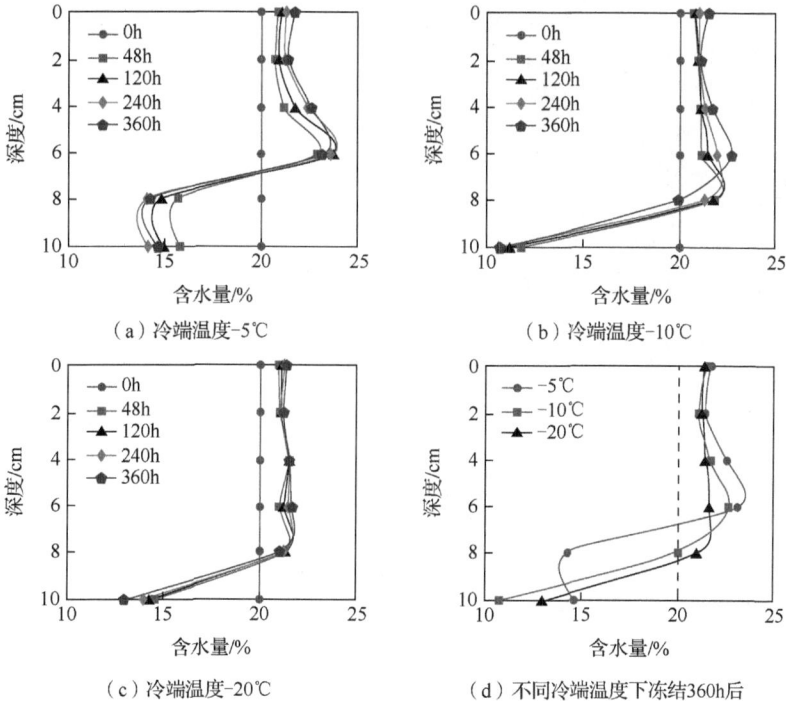

（a）冷端温度-5℃　　　　　　（b）冷端温度-10℃

（c）冷端温度-20℃　　　　　　（d）不同冷端温度下冻结360h后

图 3-18　含水量随深度的变化规律

2）水分场时程分析

图 3-19 给出了试样水分场的时程变化曲线。由图可见，降温过程中试样上部冻结区含水量显著增加，下部未冻区含水量相应减小，这与图 3-18 所反映的变化

规律是一致的。此外，稳定冻结锋面附近（图中白色边框标注位置）的等值线分布较为密集，反映该区域含水量变化幅值相对较大，存在显著的水分聚集效应。值得注意的是，冻结锋面附近含水量随冻结时间增长，其增幅逐渐减小，趋于稳定含水量数值。这是由于随着迁移时间的增加，试样下部未冻区的含水量逐渐减小，从而导致其渗透系数大大降低，因而水分迁移速率随时间增加逐渐减小，含水量变化速率相应减小。

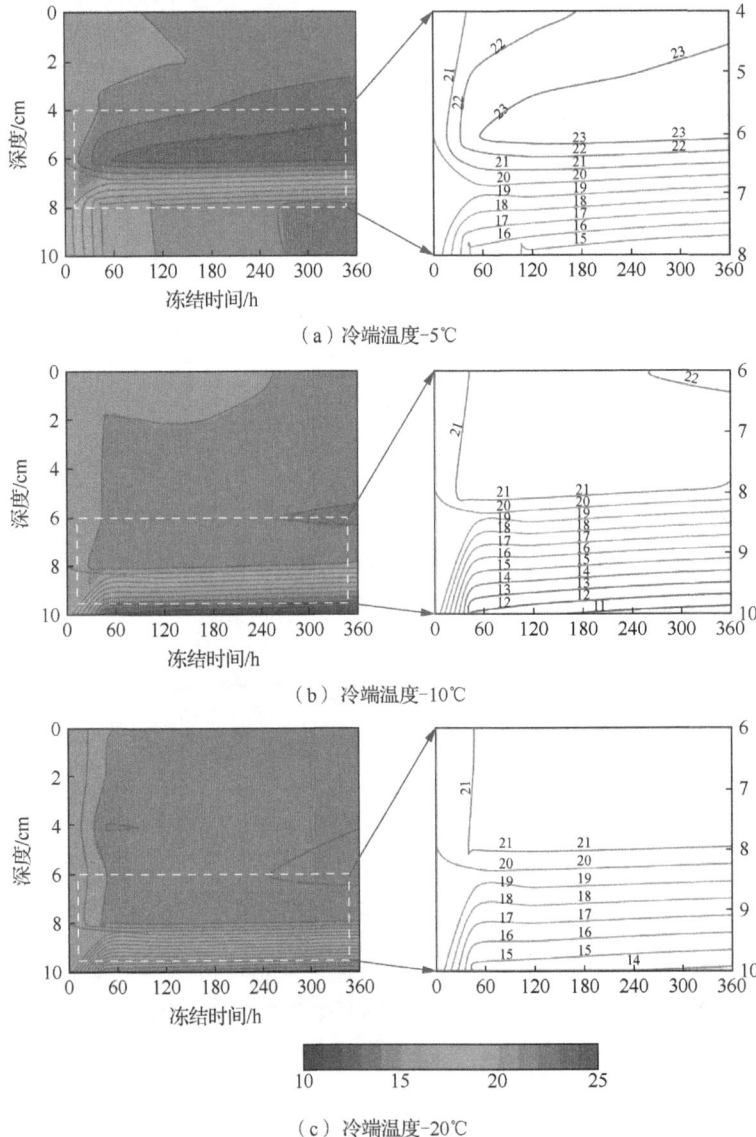

（a）冷端温度-5℃

（b）冷端温度-10℃

（c）冷端温度-20℃

彩图 3-19

图 3-19　试样水分场的时程变化曲线

4. 盐分场分析

1) 含盐量随深度的变化规律

图 3-20 给出了试样含盐量随深度的变化规律。从中可以看出，随着冻结时间增加，试样上部冻结区含盐量增加，稳定冻结锋面附近的含盐量达到峰值，试样下部未冻区含盐量相应减小，这与前述水分场的分布特征是基本一致的。单向冻结条件下的盐分迁移过程主要表现为两个方面：一方面是溶于水中的盐分随未冻水向上部冻结区迁移的对流扩散，使得冻结区盐分浓度和含盐量增大；另一方面是冻结区冰水相变盐分浓度增大，浓度梯度作用下盐分表现为向下部未冻区的自由扩散。上述两种盐分扩散迁移过程的方向是相反的，但黏性土中盐分随孔隙水流动的对流扩散作用远比其自由扩散作用强烈，因而单向冻结过程 Na₂SO₄ 盐渍黄土中盐分迁移的结果使上部冻结区含盐量增大，下部未冻区含盐量相应减小。

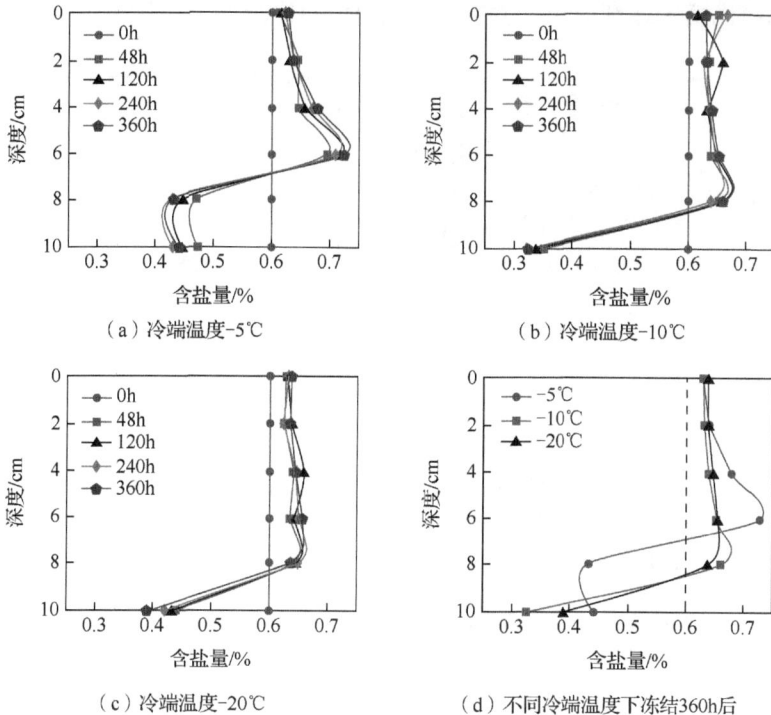

（a）冷端温度-5℃　　　　　　　　　（b）冷端温度-10℃

（c）冷端温度-20℃　　　　　（d）不同冷端温度下冻结360h后

图 3-20　含盐量随深度的变化规律

不同冷端温度下冻结稳定（360h）后含盐量随深度的变化规律如图 3-20（d）所示。不同冷端温度条件下含盐量随深度变化规律基本相同，但试样冻结区含盐量峰值出现的位置不同，随着冷端温度降低，峰值位置有下移趋势，这与前述水分场的分布规律基本一致。分析其原因，基于前述水分场分布特征分析，随着冷端温度降低，冻结区含水量峰值位置逐渐下移，由于盐分迁移过程主要表现为盐分随孔隙水向冻结区迁移的对流扩散，因而冻结区含盐量峰值位置逐渐下移。从图 3-20 中还可以看出，与水分场的变化规律相一致，冻结区峰值含盐量随冷端温度的降低逐渐减小。

2）盐分场时程分析

试样盐分场时程变化规律如图 3-21 所示。由图可见，稳定冻结锋面附近（图中白色边框标注位置）的含盐量等值线分布较为密集，即该区域含盐量变化幅值相对较大，揭示了该区域存在显著的盐分聚集效应。从图 3-21 中还可以看出，稳定冻结锋面附近的含盐量随冻结时间增长其增幅逐渐减小，趋于稳定含盐量数值，与水分场的变化规律基本一致。这是由于随着冻结时间的增加，试样下部未冻区的含水量逐渐减小，导致其导水系数大大降低，因而盐分随孔隙水对流扩散迁移的速率随时间增长逐渐减小，含盐量变化幅值相应减小。

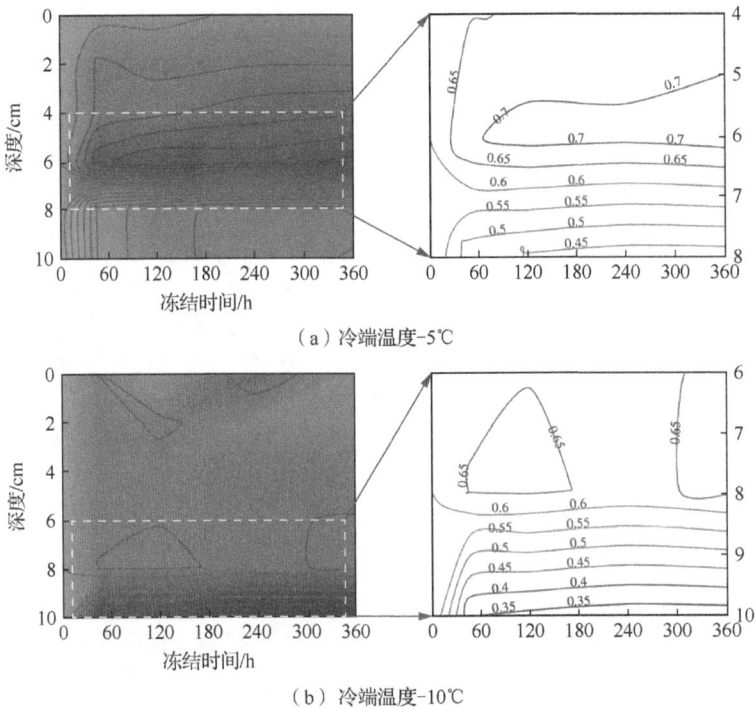

（a）冷端温度-5℃

（b）冷端温度-10℃

图 3-21　试样盐分场时程变化规律

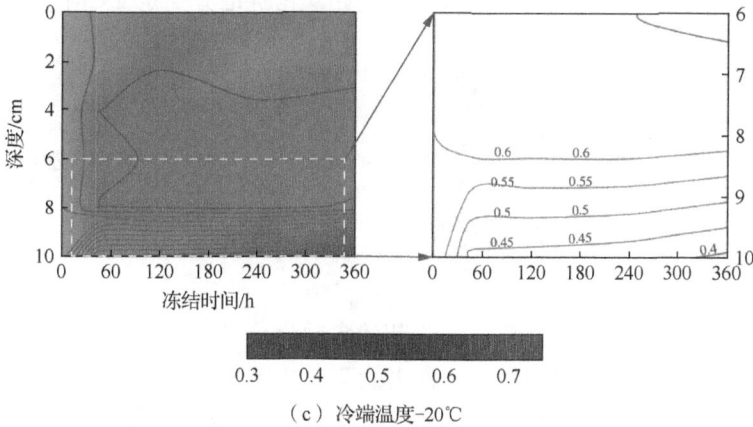

（c）冷端温度-20℃

彩图 3-21

图 3-21（续）

5. 水热盐耦合迁移分析

Na$_2$SO$_4$ 盐渍黄土体内部水热盐耦合迁移是一个相当复杂的过程。温度梯度是水分迁移的诱导因素，由温度梯度产生的土水势梯度使得未冻区水分向上部冻结区迁移，水分又是盐分迁移的载体，盐分也随之迁移。随温度的不断降低，Na$_2$SO$_4$ 盐渍黄土内部会发生两种相变过程：一种是温度降至冻结温度，水分结晶相变；另一种是 Na$_2$SO$_4$ 溶解度降低带来的盐分结晶相变。两种相变过程影响着水热盐耦合迁移的一些关键物理量，如冻结温度、土水势、未冻区水含量等。

单向冻结过程土体中的热量传递、水分迁移及盐分迁移相互关联、相互作用，从而构成了一个复杂的水热盐耦合迁移系统。为深入揭示单向冻结条件下水热盐的耦合迁移特征，需在同一个坐标系中分析温度场、水分场及盐分场的分布特征。为研究问题及作图方便，分别定义了量纲一的指标：

$$\begin{cases} \tilde{T} = \dfrac{T}{T_{f_0}} \\[2mm] \tilde{w} = \dfrac{10w}{w_P} \\[2mm] \tilde{\eta} = \dfrac{10\eta}{\eta_k} \end{cases} \tag{3-28}$$

式中：T 为温度；T_{f_0} 为初始冻结温度；w 为含水量；w_P 为塑限含水量；η 为含盐量；η_k 为盐渍土的易溶盐含量标准，根据《盐渍土地区建筑技术规范》（GB/T 50942—2014），其取值为 0.3%。

根据式（3-28），温度场、水分场及盐分场的初始参考标准分别定义如下：

$$\begin{cases} \tilde{T}_0 = \dfrac{T_0}{T_{f_0}} \\[2ex] \tilde{w}_0 = \dfrac{10 w_0}{w_P} \\[2ex] \tilde{\eta}_0 = \dfrac{10 \eta_0}{\eta_k} \end{cases} \tag{3-29}$$

式中：T_0 为初始温度；w_0 为初始含水量；η_0 为初始含盐量。

图 3-22 所示为冻结 360h 后试样温度、含水量及含盐量随深度的耦合变化规律。从图中可以看出，不同冷端温度条件下试样温度、含水量及含盐量沿深度的变化规律近似一致。对比温度、含水量及含盐量的变化规律曲线，可以直观地看出试样上部冻结区的含水量与含盐量增加，特别是靠近试样稳定冻结锋面处含水量和含盐量显著增大，下部未冻区的含水量和含盐量相应减小。从图 3-22 中还可以看出，含水量和含盐量的变化规律曲线基本吻合。上述变化规律揭示了单向冻结条件下温度梯度是盐渍化土体介质中水盐迁移的重要诱因：温度梯度的变化引起土体中基质势能的变化，从而引起水分的迁移；水分的迁移又会引起盐分随水分的迁移，即对流扩散；同时水盐的迁移变化又会反过来影响土体的热物理参数，从而引起土体的温度场发生变化。因而，单向冻结条件下 Na_2SO_4 盐渍黄土试样内部的温度分布与其水盐迁移是一个相互联系、相互耦合作用的过程。

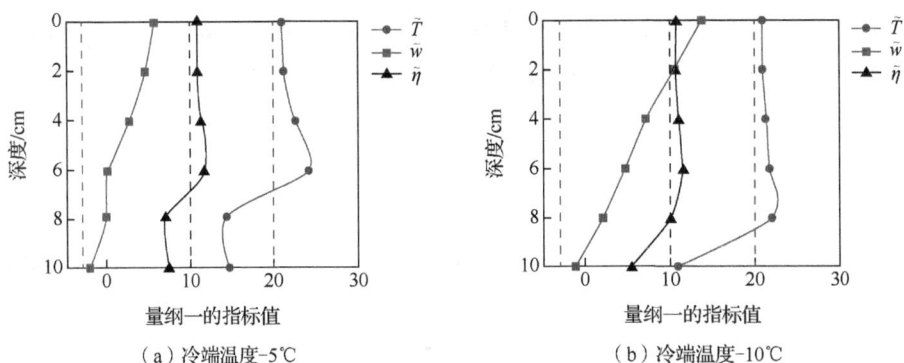

（a）冷端温度-5℃　　　　　　　　（b）冷端温度-10℃

图 3-22　温度、含水量及含盐量随深度的耦合变化规律

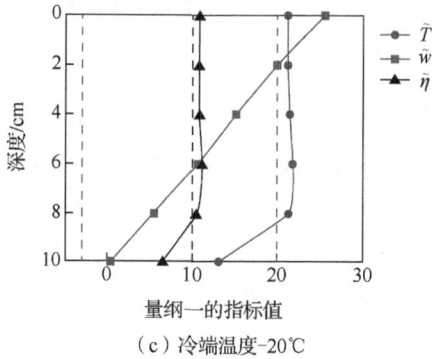

（c）冷端温度-20℃

图 3-22（续）

3.5　单向冻结过程水盐迁移数值计算研究

3.5.1　理论模型

1. 温度场控制方程

根据能量守恒及傅里叶传热定律，将相变潜热作为热源处理 Na₂SO₄ 盐渍黄土冻结或融化过程中的热量传递方式，如忽略对流传热的贡献，则可简化为如下方程[21]：

$$C_t \frac{\partial T}{\partial t} = \nabla \cdot \lambda \nabla T + L_i \rho_i \frac{\partial \theta_i}{\partial t} \tag{3-30}$$

上式为冻土内热量迁移的一般规律，但没有考虑盐分对传热的影响。同水分结晶释放潜热一样，由于 Na₂SO₄ 在低温时溶解度很低，大量盐分析出，对温度场也有着重要影响。基于此，对上式进行修正：

$$C_t \frac{\partial T}{\partial t} = \nabla \cdot \lambda \nabla T + L_i \rho_i \frac{\partial \theta_i}{\partial t} + L_c \rho_c \frac{\partial \theta_c}{\partial t} \tag{3-31}$$

式中：∇ 为微分算子；T 为土体的瞬态温度；t 为时间；θ_i 为含冰量（体积分数）；θ_c 为结晶盐含水量（体积分数）；ρ_i 为冰的密度；ρ_c 为结晶盐的密度；L_i 为水分结冰相变潜热；L_c 为盐分结晶相变潜热；C_t 为容积热容；λ 为导热系数。

土的比热容具有按各物质成分的质量加权平均性质，而热传导具有指数加权的性质[220]，因此在假设融土骨架和冻土骨架热容相同时，土的容积热容可表示为

$$C_t = C_s \rho_s \theta_s + C_i \rho_i \theta_i + C_w \rho_w \theta_u \tag{3-32}$$

式中：C_j 为物质 j 的比热容；ρ_j 为物质 j 的密度；θ_j 为物质 j 的含水量（体积分数）；下脚标 j 为 s、i、w、u，分别代表土颗粒、冰、水以及未冻水。

为使数值计算结果更加合理，土体导热系数由室内试验测试得到，导热系数与温度和含盐量的函数关系见式（3-25）。

2. 水分场控制方程

冻融状态下的土体中始终存在未冻水，其迁移变化遵循 Darcy 定律。根据热力学原理，土水势是引起土体内水分运动的根本原因，一般由重力势、压力势、基质势、溶质势和温度势组成。对于非饱和冻结土体，一般仅考虑基质势的影响，非饱和冻土中的未冻水迁移控制方程[21]可表示为

$$\frac{\partial \theta_u}{\partial t} + \frac{\rho_i}{\rho_w}\frac{\partial \theta_i}{\partial t} - \nabla \cdot (k\nabla \psi_m) = 0 \qquad (3\text{-}33)$$

式中：k 为渗透系数；ψ_m 为基质势。

式（3-33）为非饱和冻土中未冻水迁移的一般方程，但在实际应用中，上述方程存在着如下缺陷：

（1）未考虑重力势能对水分迁移的影响，在模拟冻结深度较大的情况时误差偏大，应用范围受限。

（2）已有研究文献中既没有考虑盐分结晶对水分迁移的影响，也没有反映结晶盐即 $Na_2SO_4 \cdot 10H_2O$ 附带未冻水的影响。

（3）盐分对土水势中的溶质势影响很大，式（3-33）忽略了溶质势能对水分迁移的影响。

（4）由于冻结区和未冻区渗透系数差异较大，泰勒（Taylor）提出了含冰量对未冻水迁移阻抗因子。但目前关于盐分结晶固体颗粒对未冻水迁移阻碍作用的影响，鲜有学者考虑，尤其是针对 Na_2SO_4 盐渍土，Na_2SO_4 结晶后体积扩大至 4.18 倍，其对未冻水迁移的阻碍效应更加显著。

结合以上四点考虑，对水分迁移一般方程进行修正：

$$\frac{\partial \theta_u}{\partial t} + \frac{\rho_i}{\rho_w}\frac{\partial \theta_i}{\partial t} + \frac{\rho_c}{\rho_w}\frac{M_w}{M_c}\frac{\partial \theta_c}{\partial t} - \nabla \cdot [k\nabla(\psi + z)] = 0 \qquad (3\text{-}34)$$

式中：z 为重力势；ψ 为基质势与溶质势的总和；M_w 为结晶盐中吸附水的相对分子质量；M_c 为结晶盐的相对分子质量。

未冻水在向冻结区迁移的过程中，不仅会受到冰的阻滞作用，同时也会受到盐分结晶固体颗粒的阻滞作用。基于此，提出阻抗因子 I，用来反映冰和结晶盐对土体渗透系数的影响，其表达式为

$$I = 10^{-10(\theta_i + \theta_c)} \qquad (3\text{-}35)$$

式（3-34）中左数第三项即是结晶盐中的未冻水的迁移量。ψ 通过对试验数据的拟合得到。基于土水势理论，依据 Gardner 非饱和土渗透系数模型，渗透率 k 可表示为

$$k(S) = k_0 S^\alpha [1 - (1 - S^{\frac{1}{m}})^m]^2 \cdot I \tag{3-36}$$

式中：k_0 为饱和状态下土体渗透率；α、m 均为与土的性质相关的常数；S 代表冻土相对饱水度，其表达式为

$$S = \frac{\theta_u - \theta_r}{\theta_b - \theta_r} \tag{3-37}$$

式中：θ_u 为未冻水的含水量（体积分数）；θ_r 为残余状态下含水量（体积分数）；θ_b 为饱和状态下含水量（体积分数）。

3. 盐分场控制方程

盐分的迁移主要表现为两种形式：一是由于溶质随土中水分运动所引起的对流迁移；二是由于浓度梯度所导致的盐分扩散迁移。基于此，根据质量守恒定律，盐分迁移方程可以表示为

$$\frac{\partial m_c}{\partial t} + \nabla \cdot \boldsymbol{\omega}_c - \frac{\rho_c}{M_c} \frac{\partial \theta_c}{\partial t} = 0 \tag{3-38}$$

式中：m_c 为未冻水中盐的摩尔质量；$\boldsymbol{\omega}_c$ 为单位时间内溶质的质量通量。

m_c 可以表示为

$$m_c = C\theta_u \tag{3-39}$$

式中：C 为未冻水中盐的等效摩尔浓度。

由溶质的对流通量 $\boldsymbol{J}_c$ 和扩散通量 $\boldsymbol{J}_d$ 组成，即

$$\boldsymbol{\omega}_c = \boldsymbol{J}_c + \boldsymbol{J}_d \tag{3-40}$$

溶质对流通量 $\boldsymbol{J}_c$ 可以表示为

$$\boldsymbol{J}_c = C\boldsymbol{q} \tag{3-41}$$

式中：$\boldsymbol{q}$ 为未冻水的对流流速，服从 Darcy 定律，可以表示为

$$\boldsymbol{q} = -k\nabla(\psi + z) \tag{3-42}$$

盐的扩散迁移服从 Fick（菲克）定律，即

$$\boldsymbol{J}_d = -D_{sh}\nabla C \tag{3-43}$$

式中：D_{sh} 为溶质的扩散系数，主要包括溶质水动力弥散运动的分子扩散系数 D_i 和机械弥散系数 D_m[221-222]。对于 Na₂SO₄ 盐渍黄土而言，分子扩散系数随含水量的降低而逐渐减小，主要是因为含水量的减小使土中液相的体积占比减小。基于上述原因，溶质的扩散系数可用含水量的函数表示。机械弥散系数 D_m 一般与渗流速度呈线性关系。分子扩散系数 D_i 和机械弥散系数 D_m[223]可表示为

$$D_i = D_0 a_1 e^{b_1 \theta} \tag{3-44}$$

$$D_m = \beta |v| \tag{3-45}$$

式中：D_0、a_1、b_1、β 为与土性相关的参数；v 为水流通量。

基于上述分析，综合考虑盐分的对流和扩散作用以及盐分的结晶变化，盐分运动方程最终可以表示为

$$\frac{\partial C\theta_u}{\partial t} - \nabla \cdot D_{sh}\nabla C - \nabla \cdot [k\nabla(\psi + z)] - \frac{\rho_c}{M_c}\frac{\partial \theta_c}{\partial t} = 0 \tag{3-46}$$

4. 未冻水含量

徐学祖等[220]建立了能动态反映土冻结时含水量变化的未冻水含量预测数学表达式：

$$W_u = W\left(\frac{T}{T_f}\right)^{-b}, T < T_f \tag{3-47}$$

式中：W_u 为未冻水的含水量（质量分数）；W 为含水量（质量分数）；T_f 为冻结温度；b 为与土质相关的经验参数。

土中冰的含量（质量分数）可以表示为

$$W_i = W\left[1 - \left(\frac{T}{T_f}\right)^{-b}\right], T < T_f \tag{3-48}$$

土中未冻水体积分数与冰体积分数可分别表示为

$$\theta_u = \frac{W}{\rho_w}\left(\frac{T}{T_f}\right)^{-b}, T < T_f \tag{3-49}$$

$$\theta_i = \frac{W}{\rho_i}\left[1 - \left(\frac{T}{T_f}\right)^{-b}\right], T < T_f \tag{3-50}$$

令 B 为固液比，表示为冻土中冰与未冻水体积分数之比，上式可表示为

$$\theta_i = B(T, C, \theta_u)\theta_u \tag{3-51}$$

$$B(T, C, \theta_u) = \begin{cases} \dfrac{\rho_w}{\rho_i}\left[\left(\dfrac{T}{T_f}\right)^{-b} - 1\right] & T < T_f \\ 0 & T \geqslant T_f \end{cases} \tag{3-52}$$

5. Na_2SO_4 结晶量

根据 Na_2SO_4 的溶解度曲线，绘制 Na_2SO_4-H_2O 相态图，如图 3-23 所示。由于 Na_2SO_4 的溶解度对温度很敏感，即低温下溶解度很小，导致 Na_2SO_4-H_2O 体系非常复杂。负温条件下冰晶体和 $Na_2SO_4 \cdot 10H_2O$ 晶体对水热盐耦合迁移都有着重要影响。盐分变化带来冻结温度的改变，进而改变温度场分布，同时盐分的结晶析

出又会对导热系数有着较大的阻碍作用。

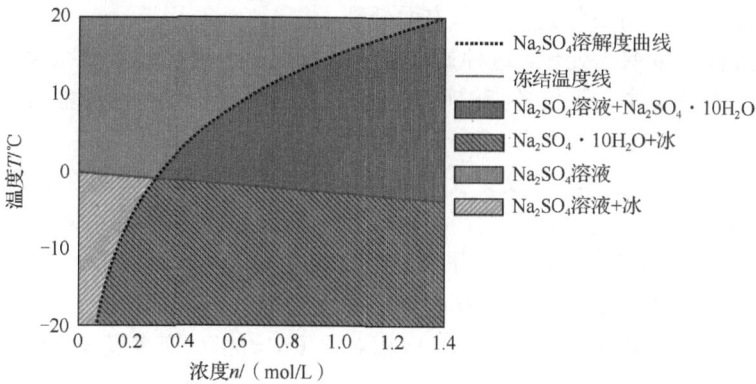

图 3-23　Na_2SO_4-H_2O 相态图

针对 Na_2SO_4，低温条件下大量 $Na_2SO_4 \cdot 10H_2O$ 晶体析出。若不考虑盐分结晶问题，关于盐分场的数值计算中就会默认所有盐分全部参与到水盐迁移中，由此带来较大的误差。

因此，通过 Na_2SO_4 的溶解度曲线将盐分及盐分结晶量的变化融入理论计算模型中。对 Na_2SO_4 溶解度数据进行拟合得到 Na_2SO_4 溶解度函数：

$$n(T) = 0.318 \times 1.0773^T \tag{3-53}$$

式中：n 为当前温度下 Na_2SO_4 最大溶解度。

由此，参与水盐迁移的盐分浓度可表示为

$$C = \begin{cases} n(T) & C' \geqslant n(T) \\ C' & C' < n(T) \end{cases} \tag{3-54}$$

式中：C' 为当前计算的 Na_2SO_4 浓度；C 为当前参与迁移的 Na_2SO_4 浓度；$n(T)$ 为溶解度函数；T 为当前计算温度。

由此，结晶盐体积分数可以表示为

$$\theta_c = \begin{cases} \dfrac{[C' - n(T)]\theta_u M_c}{\rho_c} & C' \geqslant n(T) \\ 0 & C' < n(T) \end{cases} \tag{3-55}$$

3.5.2　模型数值化

1. 模型优化

实际求解过程中发现，相对饱水度方程中含水量等变量在瞬态过程中局部快速变化，因此首先对该区域的网格进行了细化处理。然而，在计算过程中发现，过密的网格会导致更多的累积误差。此外，局部含水量的强非线性很容易导致每个时间步长的迭代次数增大甚至崩溃，进而增加数值难度与成本。为了解决这个问题，求解过程中对变量进行了两方面处理。

（1）进行无量纲化处理，这种处理方法的好处在于可以有效地减少变元数量。例如，温度场计算中，不仅各点温度在变化，受盐分场影响，冻结温度也在变化。通过定义相对温度 $\tilde{T}$，就可以减少变元数量。

（2）进行对数处理，对数变量下方程局部变量的高度非线性就变成了弱非线性，甚至线性变化，这不仅可使用相对较粗网格进行计算，极大地减少了网格数量，而且把求解高度非线性偏微分方程组的难度大大降低。此外，采用对数变量求解比原始变量求解更快、更加稳定，进而节约数值成本。

求解过程中采用了无量纲方法。取相对温度 $\tilde{T}$、相对饱水度 S 为无量纲变量，其中：

$$\tilde{T} = \frac{T}{T_f} \tag{3-56}$$

由于黄土的残余含水量很小，假设黄土的残余含水量（体积分数）$\theta_r = 0\%$，则冻土的相对饱水度 S 可表示为

$$S = \frac{\theta_u}{\theta_b} \tag{3-57}$$

此外，为提升数值计算的稳定性，将相对饱水度做了如下的对数处理：

$$S = e^p \tag{3-58}$$

综上所述，水热盐耦合迁移微分方程组可进一步改写为

$$C_t \frac{\partial \tilde{T}}{\partial t} - \nabla \cdot \lambda \nabla \tilde{T} - L\rho_i \frac{\theta_b}{T_f} \frac{\partial B(\tilde{T}, C, p)e^p}{\partial t} - \frac{L_c \rho_c}{T_f} \frac{\partial \theta_c}{\partial t} = 0 \tag{3-59}$$

$$\frac{e^p \partial p}{\partial t} + \frac{\rho_i}{\rho_w} \frac{\partial (B(\tilde{T}, C, p)e^p)}{\partial t} + \frac{\rho_c}{\rho_w} \frac{M_w}{M_c} \frac{\partial \theta_c}{\partial t} - \nabla \cdot k(\tilde{T}, C, p)(\psi(\tilde{T}, C, p) + 1) = 0 \tag{3-60}$$

$$\frac{\partial (C_i e^p)}{\partial t} - \nabla \cdot \nabla C \frac{D_{sh}(p)}{\theta_b} - \nabla \cdot Ck(\tilde{T}, C, p)(\psi(\tilde{T}, C, p) + 1) - \frac{\rho_c}{M_c} \frac{\partial \theta_c}{\partial t} = 0 \tag{3-61}$$

式中

$$B(\tilde{T}, C, p) = \begin{cases} \dfrac{\rho_w}{\rho_i}(\tilde{T}^b - 1) & \tilde{T} > 1 \\ 0 & \tilde{T} \leqslant 1 \end{cases} \tag{3-62}$$

2. 网格划分

基于上述封闭系统下单向冻结过程 Na_2SO_4 盐渍黄土水盐迁移试验的试样尺寸，数值计算模型的高度为10cm，直径为10cm。若忽略土体的各向异性，则可利用模型的轴对称特性，选取一个轴对称平面进行计算，如图3-24所示。数值计算网

格模型沿高度方向划分为 50 个计算单元，沿宽度方向划分为 25 个计算单元，计算单元从试样冷端到暖端的网格尺寸比为 1。计算步长设置为 0.1h，计算时间为 360h。

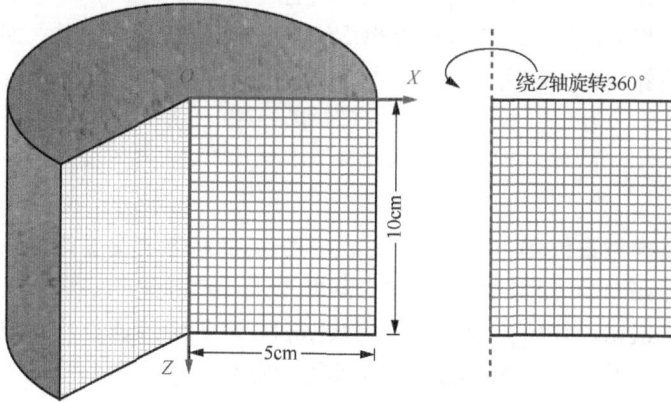

图 3-24　数值计算模型网格划分

3. 初始及边界条件

1）初始条件

数值计算初始条件为

$$\begin{cases} T(t=0,x,z) = 2℃ \\ \theta_u(t=0,x,z) = 0.29 \\ C(t=0,x,z) = 29.26\text{mol/m}^3 \end{cases} \qquad (3\text{-}63)$$

温度场的初始温度即为试验开始时的环境温度 2℃；水分场初始含水量为 20%，其对应的含水量（体积分数）为 0.29；盐分场初始含盐量为 0.6%，其对应的溶液浓度为 29.26mol/m³。

2）边界条件

温度场边界条件为

$$\begin{cases} T(t,x,z=0) = \{-5℃, -10℃, -20℃\} \\ T(t,x,z=0.1) = 2℃ \\ \dfrac{\partial T(t,x=0,z)}{\partial n} = 0 \\ \dfrac{\partial T(t,x=0.05,z)}{\partial n} = 0 \end{cases} \qquad (3\text{-}64)$$

温度场在上下边界满足 Dirichlet（狄利克雷）边界条件。上边界为冷端温度，数值计算三种不同冷端温度工况，即上边界冷端温度分别为-5℃、-10℃、-20℃；下边界为暖端温度；左右边界满足 Neumann（诺伊曼）边界条件，即为绝热边界。

水分场在各边界均满足 Neumann 边界条件，即为不透水边界。水分场边界条件方程为

$$n \cdot [k\nabla(\psi + z)] = 0 \qquad (3\text{-}65)$$

与水分场相似，盐分场在各边界也均满足 Neumann 边界条件，即为不透盐边界。盐分场边界条件方程为

$$n \cdot (D_{sh}\nabla C + qC) = 0 \qquad (3\text{-}66)$$

4. 参数取值

为将上述模型数值化，基于 Galerkin（伽辽金）方法及虚位移原理，将二阶水热盐耦合迁移微分方程组系统转化为其弱形式，然后进一步组装成总系数矩阵来进行求解。根据以往研究资料、试验数据和合理的经验假设，对数值计算参数进行合理取值。温度场、水分场和盐分场的计算参数如表 3-4 所示。

表 3-4　数值计算参数取值

参数	单位	取值	来源
α		0.5	Lu et al.[224]
m		0.23	Lu et al.[224]
a_1		2.61×10^{-4}	任长江等[225]
b_1		10	任长江等[225]
D_0	m²/h	0.305	任长江等[225]
ρ_s	kg/m³	2.700×10^3	徐学祖等[220]
ρ_d	kg/m³	1.450×10^3	徐学祖等[220]
ρ_w	kg/m³	1.000×10^3	徐学祖等[220]
ρ_i	kg/m³	0.980×10^3	徐学祖等[220]
ρ_c	kg/m³	2.680×10^3	徐学祖等[220]
C_s	J/（kg·℃）	2.160×10^3	徐学祖等[220]
C_w	J/（kg·℃）	4.180×10^3	徐学祖等[220]
C_i	J/（kg·℃）	1.874×10^3	徐学祖等[220]
L_i	J/kg	3.346×10^5	徐学祖等[220]
L_c	J/kg	2.1×10^5	黄保军等[226]
k_0	m/h	2.257×10^{-6}	试验数据
θ_b		0.42	试验数据
θ_r		0	经验假设

5. 求解方法

下面以温度场控制方程为例，叙述其数值求解过程。温度场控制方程为强非线性偏微分方程，该方程要求场变量处处连续，并且要具有与方程阶数相同的连

续偏导数。上述条件为强约束，大多数情况下无法给出其解析解。基于此，在等式两边乘以权重函数 ϕ，并在整个域上进行积分：

$$\int_\Omega C_t \phi \frac{\partial T}{\partial t} \mathrm{d}V - \int_\Omega L_i \rho_i \phi \frac{\partial \theta_i}{\partial t} \mathrm{d}V - \int_\Omega L_c \rho_c \phi \frac{\partial \theta_c}{\partial t} \mathrm{d}V$$

$$= \int_\Omega \phi \nabla \lambda \cdot \nabla T \mathrm{d}V + \int_\Omega \phi \lambda \nabla^2 T \mathrm{d}V \tag{3-67}$$

式（3-67）右侧二阶导数项利用高斯散度定理可得

$$\int_\Omega C_t \phi \frac{\partial T}{\partial t} \mathrm{d}V - \int_\Omega L_i \rho_i \phi \frac{\partial \theta_i}{\partial t} \mathrm{d}V - \int_\Omega L_c \rho_c \phi \frac{\partial \theta_c}{\partial t} \mathrm{d}V = \int_\Omega \phi \nabla \lambda \cdot \nabla T \mathrm{d}V$$

$$+ \int_\Omega \phi \lambda \nabla T \mathrm{d}S \tag{3-68}$$

式（3-68）即为温度场控制方程的弱形式。通过利用权重函数、区域积分与边界条件，将二阶导数项等效弱化。与强形式偏微分方程相比，其弱形式对函数满足的约束条件限制相对较弱，亦即函数可以不连续，但是可积分。采用拉格朗日基元，使用基本多项式作为基底函数，可设温度场方程的近似解为

$$u_1(y) = \sum_{i=1}^N M_i(y) T_i = M_1(y) T_1 + M_2(y) T_2 + \cdots + M_N(y) T_N \tag{3-69}$$

式中：T_i 为未知量；$M_i(y)$ 为插值基函数，仅与网格划分方式有关，可表示为

$$M_i(y) = \prod_{j=1, j \neq i}^N \frac{x - x_j}{x_i - x_j} = \frac{(x - x_1) \cdots (x - x_{j-1})(x - x_{j+1}) \cdots (x - x_N)}{(x_i - x_1) \cdots (x_i - x_{j-1})(x_i - x_{j+1}) \cdots (x_i - x_N)} \tag{3-70}$$

考虑到温度场与水分场、盐分场的耦合效应，假设水分场、盐分场的近似解分别为

$$u_2(y) = \sum_{i=1}^N M_i(y) S_i = M_1(y) S_1 + M_2(y) S_2 + \cdots + M_N(y) S_N \tag{3-71}$$

$$u_3(y) = \sum_{i=1}^N M_i(y) C_i = M_1(y) C_1 + M_2(y) C_2 + \cdots + M_N(y) C_N \tag{3-72}$$

考虑到权重函数的任意性，Galerkin 方法假设权重函数与未知变量近似解相同，建立基元方程：

$$\int_\Omega C_t \sum M_i T_i \frac{\partial\left(\sum M_j T_j\right)}{\partial t} \mathrm{d}y - \int_\Omega L_i \rho_i \sum M_i T_i \frac{\partial \theta_i}{\partial t} \mathrm{d}y - \int_\Omega L_c \rho_c \sum M_i T_i \frac{\partial \theta_c}{\partial t} \mathrm{d}y$$

$$= \int_\Omega \sum M_i T_i \nabla \lambda \cdot \nabla\left(\sum M_j T_j\right) \mathrm{d}y + \left[\sum M_i T_i \lambda \nabla \sum M_j T_j\right]_0^h \tag{3-73}$$

但由于是近似解，式（3-73）左右并不相等，实际上给出了近似解的误差，将误差记为 R_T。同理可得到水分场、盐分场误差表达式：

$$\begin{cases} \left|R_T(\boldsymbol{T}, \boldsymbol{S}, \boldsymbol{C})\right| < \varepsilon \\ \left|R_S(\boldsymbol{T}, \boldsymbol{S}, \boldsymbol{C})\right| < \varepsilon \\ \left|R_C(\boldsymbol{T}, \boldsymbol{S}, \boldsymbol{C})\right| < \varepsilon \end{cases} \tag{3-74}$$

为了使误差项 R_T 最小，应对 $\boldsymbol{T}$、$\boldsymbol{S}$、$\boldsymbol{C}$ 分别求偏导，并令每个导数都为 0。在将误差最小化的过程中会求出温度场刚度矩阵 $\boldsymbol{K}$。多场耦合刚度矩阵求解工作量很大，化简、矩阵化并合并，得到温度场控制方程矩阵形式为

$$[\boldsymbol{K}(\boldsymbol{T})]\{\boldsymbol{T}\} = \{\boldsymbol{F}\} \tag{3-75}$$

不难发现，刚度矩阵中的导热系数项是因变量的函数，故式（3-75）温度场控制方程具有较强的非线性。式（3-75）的数值求解方法很多，这里采用不动点迭代法求解，利用线性求解器反复进行迭代，直到满足收敛要求。即以初始值代入方程系数项：

$$\{\boldsymbol{T}_1\} = \left[\boldsymbol{K}(\boldsymbol{T}_0)\right]^{-1}\{\boldsymbol{F}\} \tag{3-76}$$

再将式（3-76）得到的结果代入系数项，如此反复，迭代 n 次，直至满足精度要求：

$$\begin{aligned}\{\boldsymbol{T}_2\} &= \left[\boldsymbol{K}(\boldsymbol{T}_1)\right]^{-1}\{\boldsymbol{F}\}\\\{\boldsymbol{T}_n\} &= \left[\boldsymbol{K}(\boldsymbol{T}_{n-1})\right]^{-1}\{\boldsymbol{F}\}\end{aligned} \tag{3-77}$$

同理可得水分场、盐分场迭代精度的表达式：

$$\begin{cases}\left|\boldsymbol{T}_n - \boldsymbol{T}_{n-1}\right| \leqslant \xi\\\left|\boldsymbol{S}_n - \boldsymbol{S}_{n-1}\right| \leqslant \xi\\\left|\boldsymbol{C}_n - \boldsymbol{C}_{n-1}\right| \leqslant \xi\end{cases} \tag{3-78}$$

水分场和盐分场控制方程的数值求解同理。通过将二阶水热盐耦合的强形式偏微分方程组系统转化为其弱形式，然后组装成总系数矩阵组进行计算，能够实现模型的数值化，最终达到求解水热盐耦合控制方程组的目的。

6. 数值计算流程

数值计算流程具体如图 3-25 所示，主要包括以下 7 个步骤。

（1）输入温度场、水分场及盐分场的初始条件。

（2）选取计算步长，初始步长设置为 0.1h。

（3）设置求解迭代次数，初始迭代次数为 1 次。

（4）将边界条件以及相关变量代入水热盐耦合计算模型，形成系统微分方程组系数矩阵。

（5）判断不动点迭代法求解结果是否收敛。如果收敛，则继续进行下一步；如果不收敛，则令 $i=i+1$。

（6）判断模型求解误差是否满足精度要求。如果满足，则继续下一步；如果不满足，则返回至第二步。

（7）判断计算过程是否到达预设时长。如果未达到 $t_{\max}$，则令 $t_0 = t_0 + \Delta t$，返回到第一步继续计算；如果达到 $t_{\max}$，则计算结束。

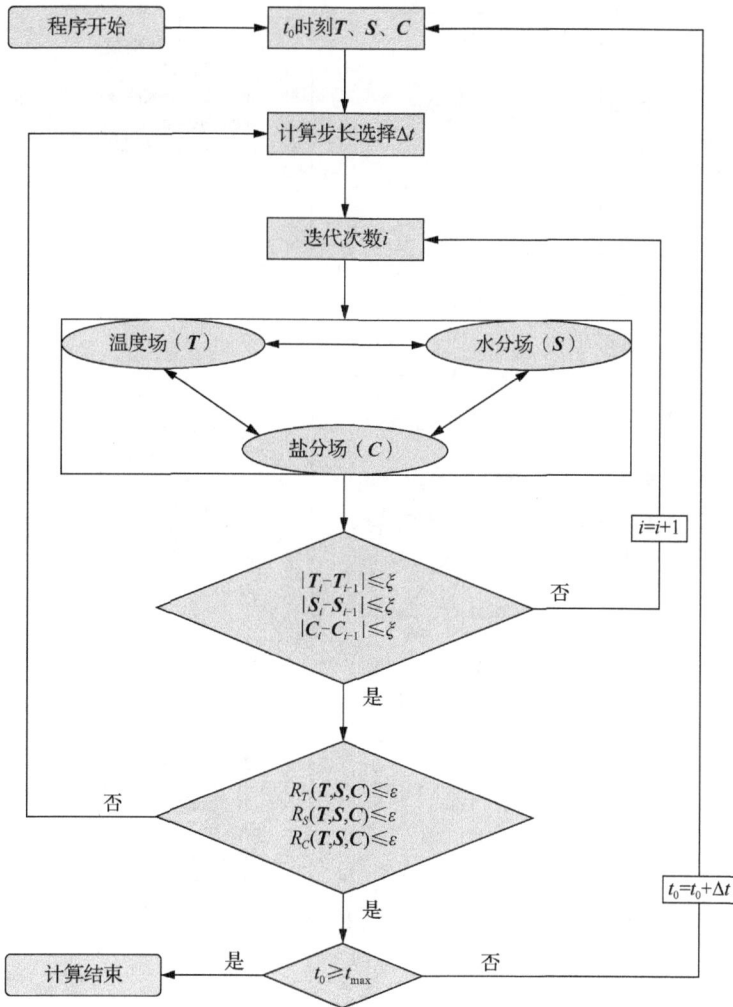

图 3-25　数值计算流程图

3.5.3　模型验证

图 3-26 所示为温度场数值计算结果与试验结果的对比。由图 3-26 可知，温度场数值计算结果与试验值的变化规律基本一致，且数值相差不大；随着温度下降，温度场计算结果曲线最终趋于稳定的近似线性的温度梯度分布，与试验结果具有很好的吻合性。由此表明，该模型温度场的数值计算结果是可靠的，可以很好地揭示降温过程中 Na₂SO₄ 盐渍黄土试样内部温度场的非线性时空演化特征。

（a）冷端温度-5℃

（b）冷端温度-10℃

（c）冷端温度-20℃

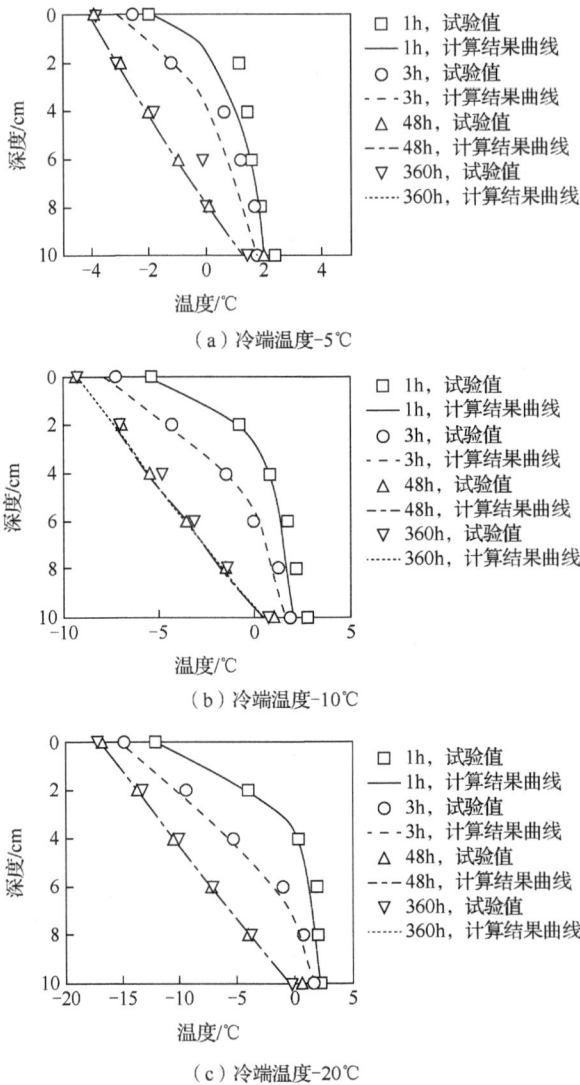

图 3-26　温度场数值计算结果与试验结果的对比

　　图 3-27 所示为水分场数值计算结果与试验结果的对比。从图 3-27 中可以看出，数值计算结果曲线与试验值基本一致，表明该模型水分场的计算结果是合理的，可以很好地反映降温过程试样内部含水量峰值大小以及位置的瞬态变化规律。分析其原因，传统烘干法测定含水量的取样位置及数量有限，因而无法准确揭示试样冻结锋面附近区域含水量在短时间内的骤然变化。基于前述分析，上述水热盐耦合迁移数值计算模型具有强非线性特征，其计算结果可以很好地反映降温过程试样内部含水量的动态变化规律。

（a）冷端温度-5℃

（b）冷端温度-10℃

（c）冷端温度-20℃

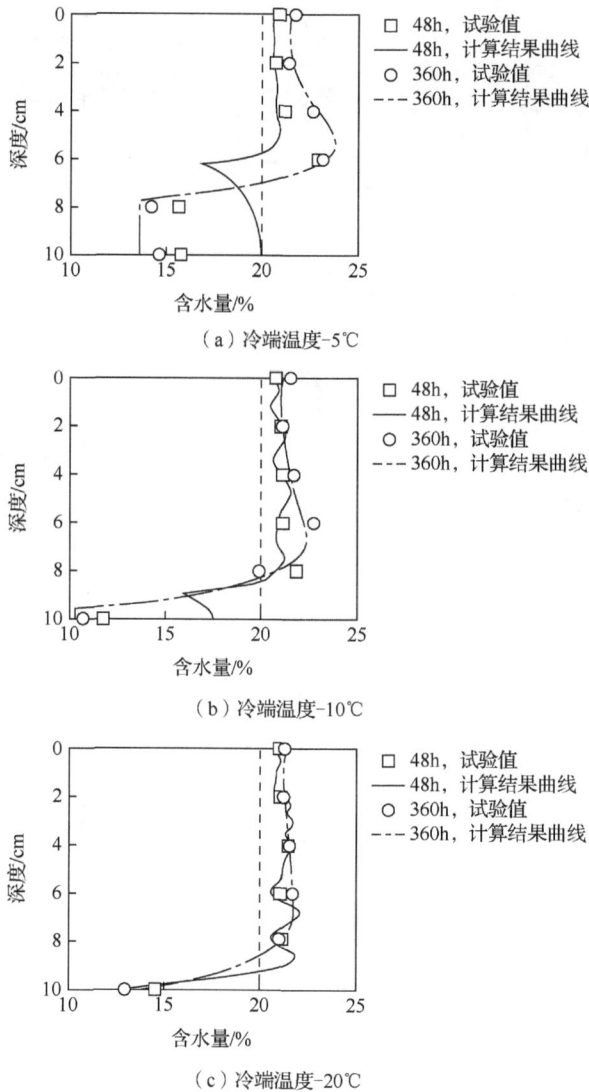

图 3-27　水分场数值计算结果与试验结果的对比

　　图 3-28 所示为盐分场数值计算结果与试验结果的对比。从图 3-28 中可以看出，盐分场数值计算结果与试验结果表现出很好的一致性，即盐分场的数值计算结果是合理的。此外，盐分场与上述水分场的数值计算结果曲线基本一致，表明盐分随水分迁移的对流作用是盐分迁移的一个主要诱导因素。值得注意的是，由于盐分控制方程的强非线性特征，降温 48h 后的含盐量计算结果曲线表现出小幅度波动变化的规律。

（a）冷端温度-5℃

（b）冷端温度-10℃

（c）冷端温度-20℃

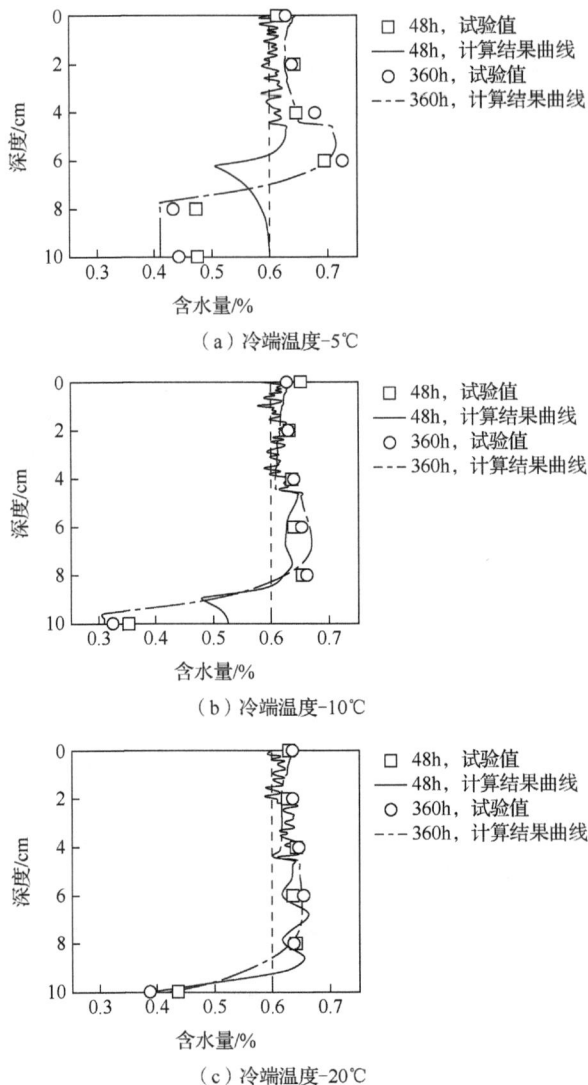

图 3-28　盐分场数值计算结果与试验结果的对比

3.5.4　数值计算结果分析

1.　冻结深度及速率

单向冻结条件下 Na_2SO_4 盐渍黄土试样冻结深度及速率的变化规律如图 3-29 所示。由图 3-29 可见，不同冷端温度条件下冻结深度的变化规律基本一致。冻结初期 60h 内，冻结锋面迅速向下移动；随冻结时间推移，冻结深度增幅变缓；冻结后期,冻结深度逐渐趋于稳定数值。从图 3-29 中还可以看出,随冷端温度降低,冻结深度不断增加。冻结 360h 后,-5℃、-10℃和-20℃冷端温度条件下所对应的冻结深度分别为 6.1cm、7.8cm、8.4cm。

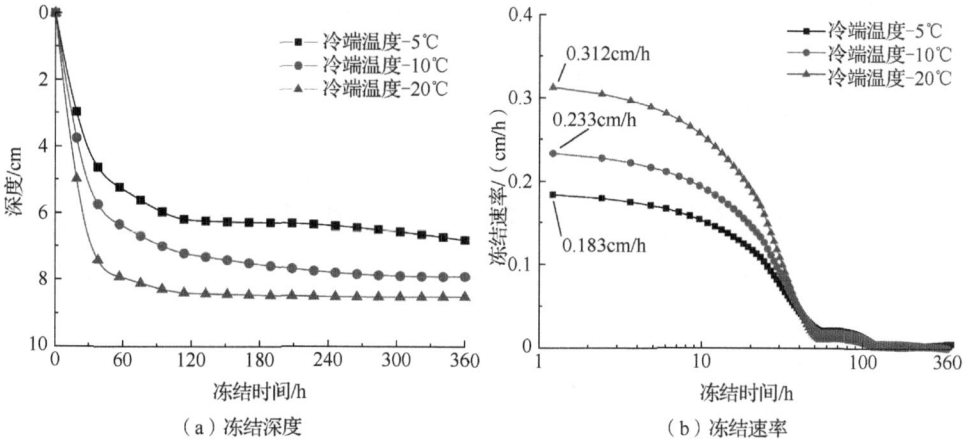

（a）冻结深度　　　　　　　　　　　（b）冻结速率

图 3-29　冻结深度及速率的变化规律

分析单向降温过程冻结速率的变化规律,不难发现,降温初期阶段冻结速率快速从 0 增大至一个峰值,而后冻结速率快速降低。冷端温度越低,所对应的冻结速率峰值也越高。-5℃、-10℃和-20℃冷端温度所对应的峰值冻结速率分别为 0.183cm/h、0.233cm/h、0.312cm/h。当试样内部温度场趋于稳定后,三种冷端温度条件下的冻结速率相差不大,介于 $0\sim0.1\times10^{-4}$cm/s 之间。

综合上述分析,冷端温度越低,冻结深度越大,初始阶段冻结速率也越大。分析其原因,冷端温度越低,试样内部温度梯度越大,冻结锋面下移速度越快,因而冻结速率相应增大。当冻结速率越大时,相同时间内的冻结深度也就越大。

2. 未冻水含量

图 3-30 所示为不同冷端温度条件下未冻水含量的数值计算结果。从图 3-30 中可以看出,不同冷端温度条件下未冻水含量的变化规律基本一致,均表现为冷端未冻水含量相对较低,暖端未冻水含量相对较高,未冻水含量变化曲线存在一个明显的拐点。此外,基于前述温度场的数值计算结果,未冻水含量变化拐点与冻结缘位置基本一致。值得注意的是,冷端温度-20℃条件下,由于试样未冻区范围很小,因而未冻水含量变化曲线的拐点不明显。上述变化规律与试验的实际现象也相符,反映出水热盐耦合迁移计算模型的合理性。

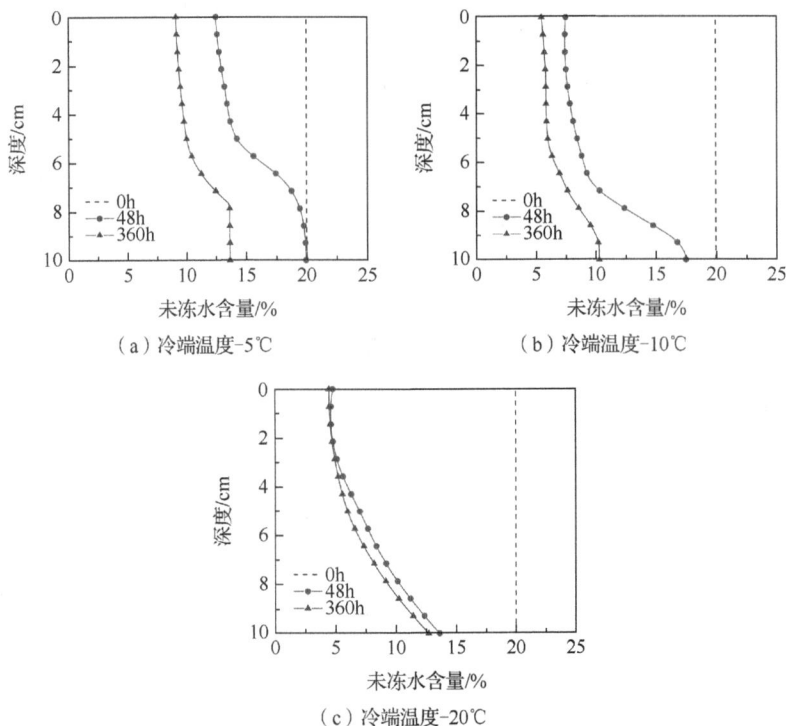

（a）冷端温度-5℃

（b）冷端温度-10℃

（c）冷端温度-20℃

图 3-30　不同冷端温度条件下未冻水含量的数值计算结果

3. 盐分结晶量

与未冻结区概念类似，这里提出未结晶区概念，即盐分结晶量为 0.0%的区域，用以表征冻结过程中盐分对水盐耦合迁移的影响。图 3-31 所示为不同冷端温度条件下盐分结晶量的变化规律。由图 3-31 可见，由于 Na_2SO_4 的溶解度对温度的高敏感性，试样冻结区 Na_2SO_4 盐分的结晶量迅速累积增加，该部分结晶盐不参与水盐耦合迁移过程。由此，计算过程若不考虑盐分结晶量的影响，会产生较大误差。从图 3-31 中还可以看出，随冷端温度降低，未结晶区的分布范围不断减小，这与实际变化规律是相符的。

（a）冷端温度-5℃　　　　　　（b）冷端温度-10℃

（c）冷端温度-20℃

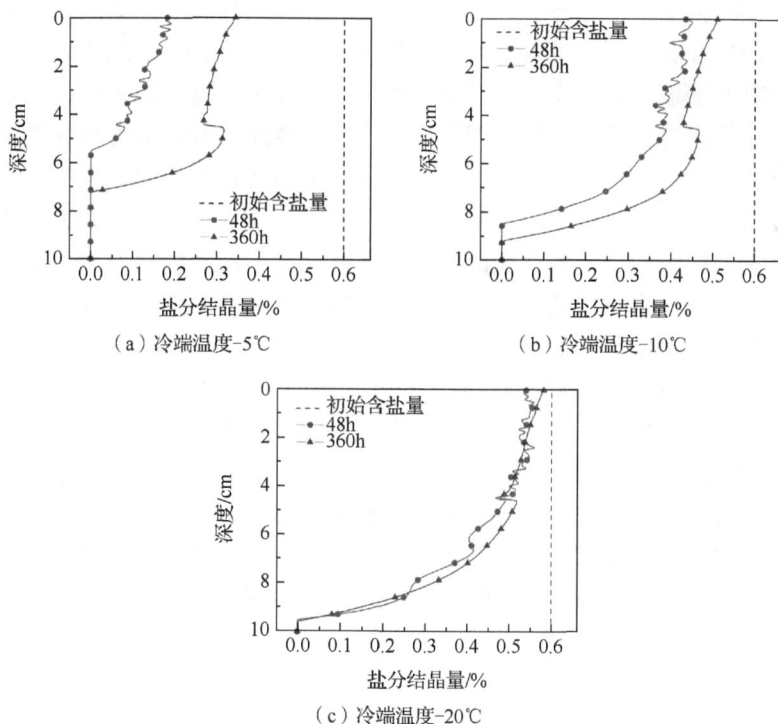

图 3-31　不同冷端温度条件下盐分结晶量的变化规律

3.6　小　　结

本章通过室内水热盐耦合迁移参数试验，单向冻结过程 Na₂SO₄ 盐渍黄土水热盐耦合迁移试验以及构建相应的水热盐耦合迁移数值计算模型，得到了以下结论和成果。

（1）不同温度下试样的导热系数随含盐量增加均逐渐减小，且衰减速率近似表现出线性或加速变化特征；导热系数随温度变化表现出阶段性的复杂变化特征；进一步建立了导热系数随温度和含盐量的函数变化关系式。

（2）低含盐量试样降温曲线呈现一次跳跃性特征，高含盐量试样降温曲线产生两次明显的跳跃；冻结温度随着含盐量增大近似表现出线性减小的变化规律；构建了冻结温度与含盐量的函数关系式。

（3）基质吸力随含水量降低急剧升高，渗透吸力随含盐量升高显著增大，建立了总吸力与含水量和含盐量的数学表达式。

　　（4）试样冻结区产生显著的不规则裂缝，随着冷端温度降低，裂缝宽度及数量均有所减少且裂缝集中发育位置在不断下移。降温初期试样内部温度变化较大，随着冻结时间推移，温度变化幅度逐渐减小，最终趋于稳定的温度梯度分布。试样上部冻结区的含水量与含盐量增加，稳定冻结锋面附近含水量和含盐量达到峰值，下部未冻区的含水量和含盐量相应减小；冻结区含水量和含盐量峰值位置随冷端温度的降低呈下移趋势；冻结区峰值含水量和含盐量随冷端温度的降低逐渐减小。单向冻结条件下温度梯度的变化引起水分迁移，水分迁移又会引起盐分随水分的对流扩散，同时水盐的迁移又会引起温度场发生变化，温度分布与水盐迁移是一个相互耦合作用的过程。

　　（5）建立了考虑冻结温度及盐分结晶量变化的 Na_2SO_4 盐渍黄土多物理场耦合迁移模型，数值计算与试验结果基本吻合，验证了该计算模型的合理性。

　　（6）冷端温度越低，初始阶段冻结速率越大，冻结深度也越大。不同冷端温度条件下试样冷端未冻水含量相对较低，暖端未冻水含量相对较高，未冻水含量变化曲线存在一个明显的拐点，未冻水含量变化拐点与冻结缘位置基本一致。试样冻结区 Na_2SO_4 盐分的结晶量迅速累积增加，未结晶区的分布范围随冷端温度降低不断减小。

第 4 章　Na₂SO₄ 盐渍原状黄土冻融过程强度劣化特性试验研究

冻融循环导致盐渍黄土强度衰减的过程是一个比较复杂的问题，前人已经对冻融循环作用对含盐遗址土及盐渍土物理力学性质的影响进行了初步研究，然而关于冻融循环作用对盐渍原状黄土劣化影响的研究鲜有报道。含盐量、冻融循环次数及其耦合效应导致土体强度衰减程度的定量化关系尚不明确。基于此，本章选取西安原状 Q_3 黄土，采用自行设计的浸润法制备不同 Na₂SO₄ 含量的盐渍原状 Q_3 黄土试样，通过冻融循环条件下的三轴剪切试验、扫描电镜试验、CT 扫描试验及核磁共振试验，研究 Na₂SO₄ 盐渍原状 Q_3 黄土冻融过程盐蚀劣化规律及微细观结构损伤演化机制。研究成果对探究冻融循环作用下黄土盐蚀型崩塌灾害的成灾机理具有重要的参考意义。

4.1　试验材料与试样制备

4.1.1　试验材料

本试验所用原状 Q_3 黄土与第 3 章试验用土一致，在此不再赘述。

4.1.2　浸润法制样及效果验证

用于三轴剪切试验和 CT 扫描试验的试样尺寸相同，均削制成直径为 39.1mm、高度为 80mm 的标准圆柱试样。采用自行设计的浸润法向原状 Q_3 黄土样中浸入不同浓度的 Na₂SO₄ 盐水来制备含水量为 20%，Na₂SO₄ 含量分别为 0.0%、0.5%、1.0%、1.5% 的盐渍原状 Q_3 黄土试样，如图 4-1 所示。具体制作流程如下：人工制作孔间距为 8mm、孔径为 2mm 的均匀带孔薄膜，其宽度为土样高度的 1.5 倍，包裹于标准原状土样的侧面，保持薄膜两侧超出试样的长度相近，薄膜搭接长度不小于 5mm；剪裁中密海绵，其宽度为原状土样高度的 2 倍，并将其用不同浓度的 Na₂SO₄ 盐水浸润，然后包裹于带孔薄膜的外侧；在海绵外侧再放一层薄膜，以固定海绵的位置；静置几分钟，待盐水均匀渗入原状试样后，取出试样称重，当重量接近目标值时，用滴管滴加同浓度盐水至目标值，避免浸入的盐水超标。将制备好的试样用薄膜包裹，防止水分散失。为减小试验误差，需要反复试验，严格控制土样浸润时间，以保证试验结果的准确性。

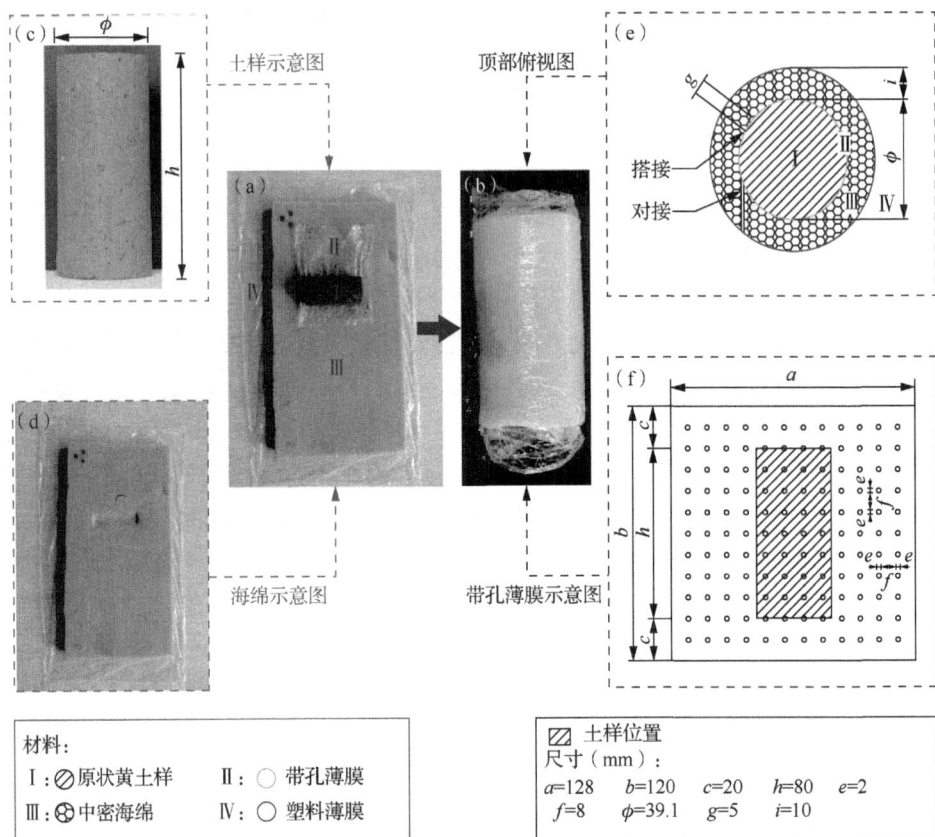

图 4-1　浸润法制样示意图

浸润法制样效果验证。

选取含水量为 20%，含盐量分别为 0.5%、1.0%、1.5%的三个标准三轴剪切试验试样（ϕ=39.1mm，h=80mm），将其依次编号为 T-1（w=20%，η=0.5%）、T-2（w=20%，η=1.0%）、T-3（w=20%，η=1.5%）。将每一个标准三轴剪切试验试样沿水平方向均分成 4 块高为 2cm 的小圆柱体，从上向下依次编号为 1、2、3、4，先从每一小块土样中取出 20g 测定含水量，用于检验土样含水量是否接近目标含水量，剩下的土样用于测定易溶盐含量。依据《土工试验方法标准》（GB/T 50123—2019）对土样进行含水量及易溶盐含量测定。

用于测定易溶盐含量的土样待其自然风干后，取出 4～5g 测定风干含水量。将剩余部分土样碾碎并过 2mm 筛，称重后，置于广口瓶中，按土水比 1∶5 加入

体积为 V_w 的纯水，搅匀，在振荡器上振荡 3min 后抽气过滤，所得的透明滤液即为试样浸出液；用移液管吸取试样浸出液 50～100mL，吸取的浸出液体积记为 V_s；注入已知质量的蒸发皿中，盖上表面皿，放在水浴锅上蒸干；当蒸干残渣呈现黄褐色时，加入 15%过氧化氢 1～2mL，继续在水浴锅上蒸干，反复处理至黄褐色消失。将蒸发皿放入烘箱中，在 105℃温度下烘干 4～8h，取出后放入干燥器中冷却，称蒸发皿和试样的总质量；再烘干 2～4h，于干燥器中冷却后再称蒸发皿和试样的总质量，反复进行直至相邻两次质量差值不大于 0.0001g，每块试样含盐量按下式计算：

$$W = \frac{(m_2 - m_1)\dfrac{V_w}{V_s}(1 + 0.01w_{风})}{m_s} \times 100 \qquad (4\text{-}1)$$

式中：W 为易溶盐总量；V_w 为浸出液用纯水体积；V_s 为吸取浸出液体积；m_s 为风干试样质量；$w_{风}$ 为风干试样含水量；m_2 为蒸发皿和烘干残渣质量；m_1 为蒸发皿质量。

图 4-2 所示为标准土试样不同部位含水量及含盐量的变化规律。由图 4-2 可见，试样不同部位含水量变化曲线平缓，近似趋于一条直线，即含水量基本保持一致，由此认为采用浸润法制备的标准试样各部分的含水量分布均匀。试样不同部位易溶盐总量及易溶盐浸入量基本相同，且盐分总量基本变化不大，由此认为浸润法制样效果较好。

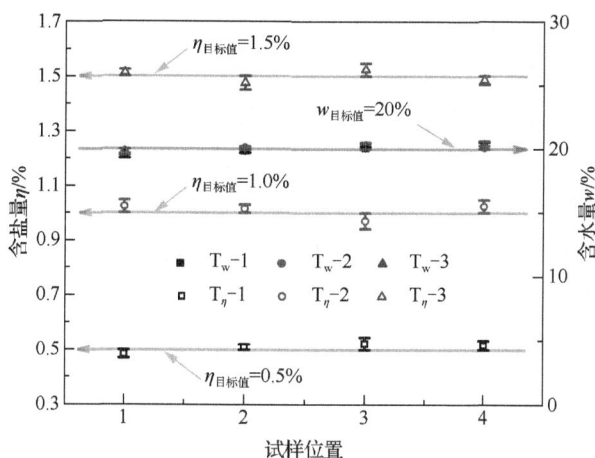

图 4-2　标准土试样不同部位含水量及含盐量的变化规律

4.2　试　验　方　案

4.2.1　冻融循环试验

　　冻融循环试验采用高低温试验箱进行，该试验箱恒温范围为-60～+100℃，恒温波动为±0.5℃。冻融试验通过控制不同温度来模拟自然环境下的温度变化，以实现冻融循环作用下试样盐蚀劣化的目的。试验所用仪器可以用来控制冻融循环过程中的不同温度并保温一定时间。

　　冻融循环作用对盐渍原状 Q_3 黄土的劣化作用主要与冻融循环次数、含盐量等因素有关。冻结环境条件下盐渍土体的冻胀和盐胀作用使其密度和结构发生变化，因而经历冻融循环作用后试样强度会劣化。综上考虑，选取盐渍原状 Q_3 黄土试样，采用前述的浸润法制备不同 Na_2SO_4 盐含量的标准三轴剪切试验试样（$\phi=3.91cm$，$h=8cm$），然后进行冻融循环试验。为了探究含盐量对冻融循环作用下盐渍原状 Q_3 黄土的劣化规律及机制，选用 4 种不同 Na_2SO_4 盐含量（0.0%、0.5%、1.0%、1.5%）的盐渍原状土样。

　　试验时，利用保鲜膜将制备好的盐渍原状土样包裹（土样制备完成后，将其放入保湿缸中，保湿 48h），构成一个不补（散）水的密封环境，随后放入冻融箱内进行冻融循环试验。由于三轴剪切试验试样尺寸较小，土样端部和侧面换热条件虽有所差异，但影响不大。因此本次冻融循环试验为封闭系统下的多向快速冻融循环试验，以保证冻融时试样水分迁移较少。图 4-3（a）所示为陕北榆林和延安地区 2008～2017 年月平均最低气温变化曲线。从中可以看出，自然环境温度变化范围为-20℃～20℃，因此以当地最低气温（约-20℃）为冻结温度，最高气温（约 20℃）为融化温度，进行冻融循环试验，如图 4-3（b）所示。冻融循环试验方案如下：低温-20℃条件下冻结 12h，高温 20℃条件下融化 12h，即一个冻融循环周期为 24h；冻融循环次数分别为 0 次、1 次、2 次、5 次、10 次。冻融循环一个周期 24h 具体确定标准如下：目前冻融循环试验的时间没有相关的规范标准，一般根据试验仪器或者实际需要来确定。对于封闭系统来说，由于没有水源补给，所以在冻融循环作用下试样高度变化会逐渐趋于稳定，故冻融循环时间的确定可以根据试样变形是否稳定作为判断标准。经过位移传感器测量，在-20℃时经过 12h 冻融变形基本稳定，在 20℃时融化 12h 亦可以稳定。因此，为保证试样充分冻融，试验采用冻结 12h，然后融化 12h，即一个冻融循环为 24h。

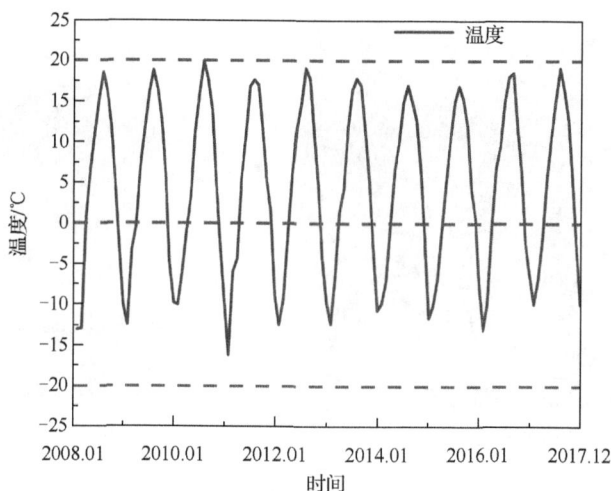

（a）陕北榆林和延安地区2008～2017年月平均最低气温变化

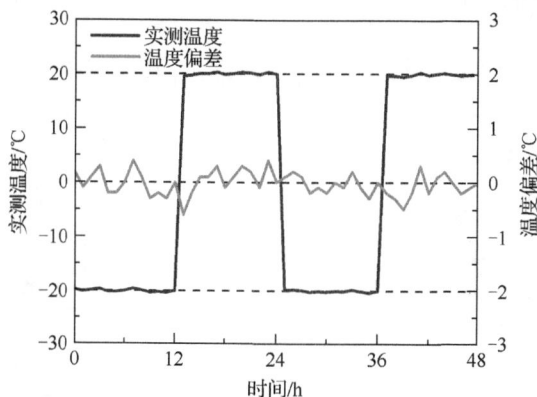

（b）冻融试验箱温度变化

图 4-3　冻融循环温度变化曲线

4.2.2　三轴剪切试验

考虑到含盐原状 Q$_3$黄土经历冻融循环后，存在冻融与盐蚀耦合效应引起的强度劣化。因此，为了避免排水固结对冻融损伤后试样结构状态的扰动，采用应变控制式三轴剪切仪（图4-4）进行不固结不排水三轴剪切试验。试验过程中剪切速率设定为 0.4mm/min。考虑到盐渍原状 Q$_3$黄土试样浅层分布特点，其侧向压力相对较小，因而三轴剪切试验采用较低围压，分别为 50kPa、100kPa、150kPa、200kPa。剪切过程中若应力-应变关系表现为有峰值的软化型曲线，当峰值后轴向应变达到3%～5%时，结束试验；反之，若应力-应变关系表现为应变硬化型曲线，则以轴向应变达到 15%作为剪切终止条件。

（a）三轴剪切仪实拍图　　　　　　　（b）三轴剪切仪压力室

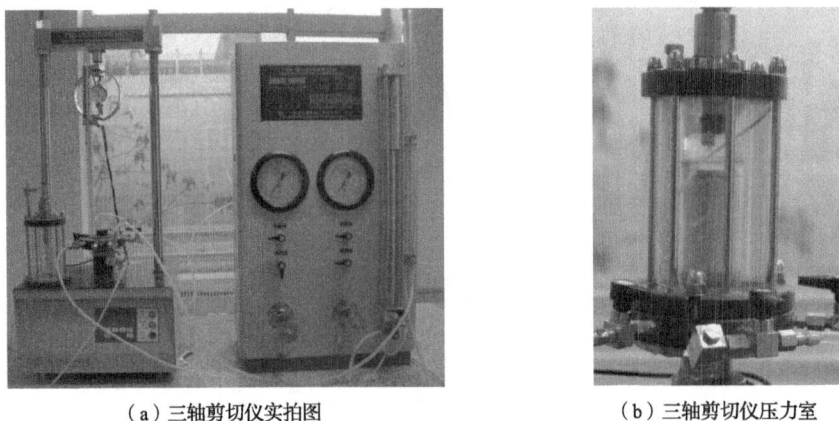

图 4-4　三轴剪切仪

4.2.3　扫描电镜试验

扫描电镜试验流程包括制样、干燥、喷金、扫描等步骤，如图 4-5 所示。

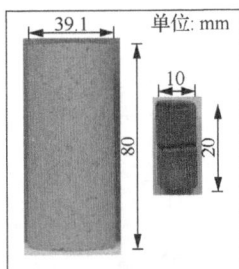

（a）制样　　　　　　　　　（b）干燥（FD-2型真空冷冻干燥机）

（c）喷金处理（离子溅射仪日立MC1000）　　（d）钨丝灯扫描电子显微镜扫描（日立SU3500）

图 4-5　扫描电镜试验流程

（1）制样。将浸润法制备的试样沿竖直方向削成长条状（1cm×1cm×2cm），沿长边方向中间刻出 1mm 宽的长槽，为扫描电镜试验提供新鲜试样面。

（2）干燥。在扫描电镜试验前，对于经受不同冻融循环试验次数的试样，先用液氮将试验样品瞬间冷冻，再利用真空冷冻干燥机进行干燥，可保证在不破坏土体原始结构的情况下，除去土体中的水分，保留土体的原始结构。

（3）喷金。将上述制备的长方体试样轻微地掰成高度不高于 0.5cm 的小试样，在此过程中尽量保持土样的结构不被扰动，同时尽量保持试样新鲜面的平整性，以保证扫描电镜图像不会产生角度和图像阴影的差异而对图像的分析带来较大的误差，然后进行喷金处理，以增强试样的导电性。

（4）电镜扫描。将喷金后的试样用导电性的胶带将其粘贴在底座上，除去土体表面浮动的颗粒，防止浮动的颗粒对电镜扫描产生干扰。最后根据试样土颗粒的粗细，选择合适的放大倍数进行观察。

4.2.4　细观 CT 扫描试验

在试样宏观三轴剪切强度研究基础上，利用 CT 扫描试验机进一步分析冻融循环作用下 Na$_2$SO$_4$ 盐渍原状 Q$_3$ 黄土试样的细观结构演化机制。利用 CT 扫描技术，可一次性扫描多个断面，得到相应数据及扫描图像。CT 扫描技术具有较高的分辨率及较大的扫描面积；可对土样进行无损伤的内部结构扫描。根据扫描图像颜色深度的不同，可以清晰地发现材料内部结构密度分布情况及密度变化规律。CT 扫描图像对材料内部形态的反馈是通过不同灰度来实现的，其生成的图像灰度与该部位试样的密度成正比，低密度区即 X 射线低吸收区用黑色区域表示，高密度区即 X 射线高吸收区用白色区域表示。

CT 扫描试验（图 4-6）采用 Brilliance16 螺旋 CT 机，该设备的空间分辨率为 0.208mm，密度对比分辨率为 0.3%，CT 值范围为-1024～+3071。试验时分别将经受 0 次、1 次、2 次、5 次、10 次冻融循环后的试验土样标注扫描箭头，然后对其进行 CT 细观扫描；每次扫描 a、b、c 三个截面，每个截面之间均间隔 20mm。通过扫描得到试样的细观结构图像，根据 CT 扫描成像原理，基于物质吸收系数运算可以得到材料内部任意一点的 CT 数，经过统计分析可以获得图像任意一个区域的 CT 数均值 ME 和方差 SD。ME 值体现扫描断面内所有物质点的平均密度，密度越小则试样 CT 数 ME 值越小；SD 值反映扫描断面内所有物质点变量的离散程度，离散程度越大则试样 CT 数 SD 值越大。因此，CT 数值变化可以反映试样内部损伤扩展过程。

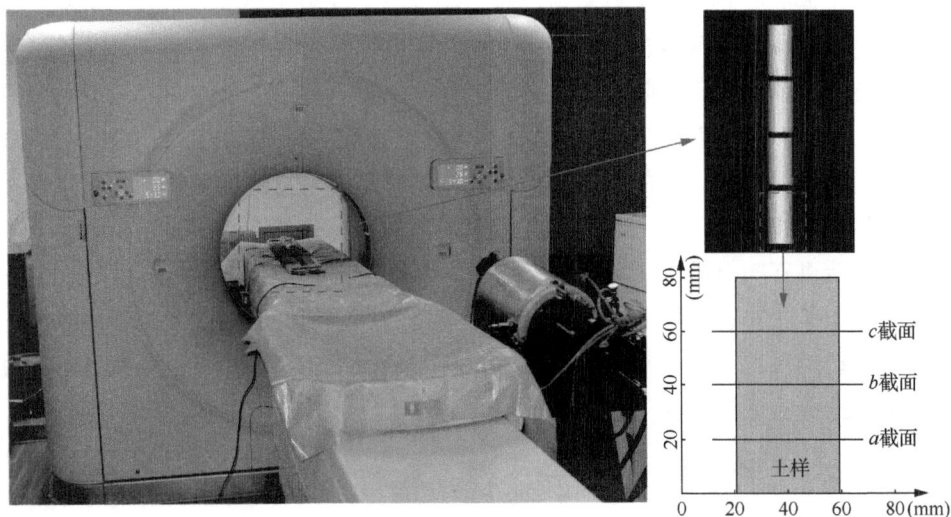

图 4-6　CT 扫描试验

4.2.5　核磁共振扫描试验

1. 测试系统及试验流程

图 4-7 所示为核磁共振扫描测试系统。核磁共振扫描试验采用苏州纽迈分析仪器股份有限公司生产的 MesoMR24-060H-I 中尺寸核磁共振成像系统进行样品核磁共振扫描。仪器基本参数如下：磁体类型为永磁体，磁场强度为 0.5T±0.05T，磁场均匀度为 2×10^{-5}（60mm×60mm×60mm），磁场稳定性<300Hz/h，射频发射功率峰值输出大于 300W，线性失真度小于 0.5%，探头线圈直径为 60mm，工作温度为 22～28℃，环境湿度为 30%～70%。

核磁共振扫描试验前将原状 Q_3 黄土用削土器制备成核磁共振扫描试验所要求的试样尺寸，即直径（ϕ）为 5cm，高度（h）为 5cm。试样的含水量设定为 20%，含盐量分别设定为 0.0%、0.5%、1.0%、1.5%。样品进行核磁共振扫描前，需进行真空饱和，土样在饱和前采用聚四氟乙烯材料制作的三瓣膜进行包裹，以消除金属三瓣膜对核磁共振信号的干扰，再利用真空饱和器进行抽真空饱和，饱和时间为 12h。核磁共振扫描试验设计在土样经过 0 次、1 次、2 次、5 次、10 次冻融循环后分别进行核磁共振扫描，测定其 T_2 曲线分布特征。

（a）真空饱和器　　　　　　　　　（b）试样进行核磁共振扫描前处理

（c）核磁共振测试分析系统

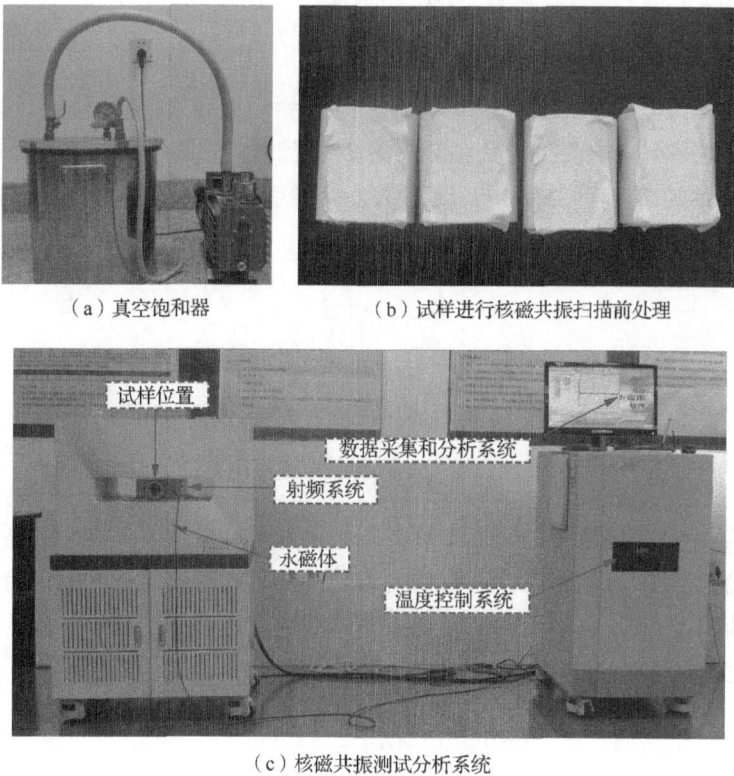

图 4-7　核磁共振扫描测试系统

2. 核磁共振原理介绍

核磁共振技术依据 H 核的磁性与外加磁场的相互作用特性。原子半数以上具有自旋，自旋的原子在静磁场中吸收射频而被极化，当射频终止后，被极化的原子吸收的射频脉冲会被释放出来，用特定的脉冲序列可以检测到一个磁化矢量的衰减信号，信号大小与 H 核的数量成正比，其中横向磁化矢量的衰减时间即为 T_2时间。

黄土作为一种多孔介质材料，其内部的孔隙结构、孔内分子的运动状态、反应过程等现象及现象之间的相互关系是多孔介质研究领域的重要课题。多孔介质物理信息（如孔隙度、孔径分布）都可以从核磁共振弛豫测量中获得，因此了解孔隙中流体的核磁共振弛豫特征是非常关键的。

土体孔隙中的流体有三种不同的弛豫机制，即表面流体的弛豫机制、分子自扩散弛豫机制、自由流体的弛豫机制。这三种作用同时存在，因此孔隙中流体的 T_2弛豫时间可用下式[227]表示：

$$\frac{1}{T_2} = \frac{1}{T_{2自由}} + \frac{1}{T_{2表面}} + \frac{1}{T_{2扩散}} \tag{4-2}$$

式中：T_2 为核磁共振横向弛豫时间；$T_{2自由}$ 为在一个足够大的容器（大到容器尺寸影响可以忽略不计）中测到的孔隙流体的 T_2 弛豫时间；$T_{2扩散}$ 为梯度磁场下扩散引起的孔隙流体的 T_2 弛豫时间；$T_{2表面}$ 为表面弛豫引起的孔隙流体 T_2 弛豫时间。

$T_{2表面}$ 可表示为

$$\frac{1}{T_{2表面}} = \rho_2 \left(\frac{S}{V}\right)_{孔隙} \tag{4-3}$$

式中：ρ_2 为 $T_{2表面}$ 弛豫强度，是随土性改变而发生变化的常数；$\left(\dfrac{S}{V}\right)_{孔隙}$ 为孔隙表面积与流体体积之比。

由于当孔隙中只饱和单向流体时，自由弛豫远远慢于表面弛豫，所以一般情况下自由弛豫贡献可以忽略；当磁场均匀且回波时间间隔足够短时，分析扩散弛豫贡献也很小，可以忽略不计。因此，流体的弛豫贡献主要来自土颗粒的表面弛豫，所以式（4-3）可近似地表示为下式[227]：

$$\frac{1}{T_2} = \rho_2 \left(\frac{S}{V}\right)_{孔隙} \tag{4-4}$$

由式（4-4）可知，表面弛豫与介质表面面积有关，介质比表面（多孔介质孔隙表面积 S 与孔隙体积 V 之比）越大，则弛豫越强，反之亦然。这是因为弛豫的速率取决于质子与表面碰撞的频繁程度，即取决于孔隙的表面积与体积之比 $\dfrac{S}{V}$。

当多孔介质材料确定，即 ρ_2 确定时，在小孔隙中，$\dfrac{S}{V}$ 值大，碰撞频繁，弛豫时间 T_2 较小；而在大的孔隙中，$\dfrac{S}{V}$ 值小，碰撞不频繁，弛豫时间 T_2 较大。

核磁共振孔隙率测量方法：首先采用核磁共振测量标定土样（孔隙率已经通过常规方法测得），根据标定土样核磁共振测量结果建立孔隙率 n 与核磁共振 T_2 谱总面积 S_{T_2} 之间的关系曲线（一般为线性关系）；再用核磁共振测量未知土样，将核磁共振 T_2 谱总面积 S_{T_2} 代入关系表达式，便可计算获得所需土样的核磁共振孔隙率 n。由于土体在进行核磁共振扫描之前需进行充分饱和，可看作土样中孔隙全部被水充满。

基于上述分析，土样孔隙率 n 可表示为

$$n = \frac{m_w}{V_s} \tag{4-5}$$

式中：m_w 为水的质量；V_s 为土样的体积。

使用不同质量的标准水样组合进行核磁共振扫描试验，可以得到水样质量 m_w 与核磁共振 T_2 谱总面积 S_{T_2} 的对应关系拟合曲线，如图 4-8 所示。通过拟合曲线可以得到下式：

$$S_{T_2} = d \cdot m_w \tag{4-6}$$

式中：d 为比例常数。

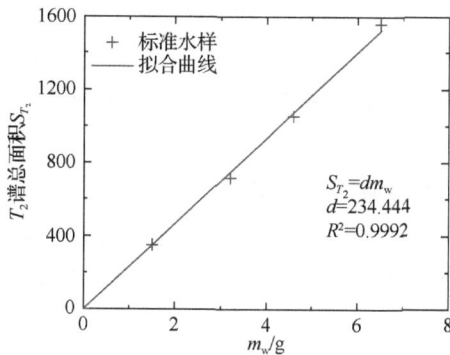

图 4-8　拟合曲线

将式（4-6）代入式（4-5）中，得到土样孔隙率 n 的计算公式：

$$n = \frac{S_{T_2}}{234.444 V_s} \tag{4-7}$$

由于 V_s 已知，通过式（4-7）可建立核磁共振 T_2 谱总面积 S_{T_2} 与土样孔隙率 n 的关系。

在式（4-3）中，根据经验取 $\rho_2 = 15\text{m/s}$；假设土样孔隙为理想球体，则可得到下式：

$$\frac{S}{V} = \frac{6}{R} \tag{4-8}$$

式中：R 为孔径直径。

将式（4-8）代入式（4-4）中，得

$$R = 90 T_2 \tag{4-9}$$

基于式（4-9），T_2 弛豫时间分布可转化为孔径分布，进而直观地分析各试样的孔径分布。

4.3　试验结果与分析

4.3.1　表观特征

为了更直观地描述冻融与盐蚀作用对盐渍原状 Q_3 黄土的宏观损伤特性，制作环刀盐渍原状 Q_3 黄土试样并使其经历不同冻融循环次数，观察其表观特征变化规律。最后，通过计算机处理技术对试样表面的裂隙分布演化规律进行定量化分析。定量化分析采用颗粒（孔隙）及裂隙图像识别与分析系统（particles (pores) and cracks analysis system，PCAS），该软件可以很好地定量识别试样冻融过程的裂隙发育特征，并对其进行二值化、去除杂点、骨架化等操作，最终得到试样裂隙率、裂隙分形维数等参数。

图 4-9 所示为 PCAS 软件定量化处理试样裂隙的过程。图 4-9（a）代表经历一定冻融循环次数的盐渍原状 Q_3 黄土试样表面；图 4-9（b）为二值化处理后的去杂点图像，黑色线条表示裂隙，白色区域表示土体；图 4-9（c）为裂隙骨架化处理后的图像；图 4-9（d）为裂隙网络识别图像。

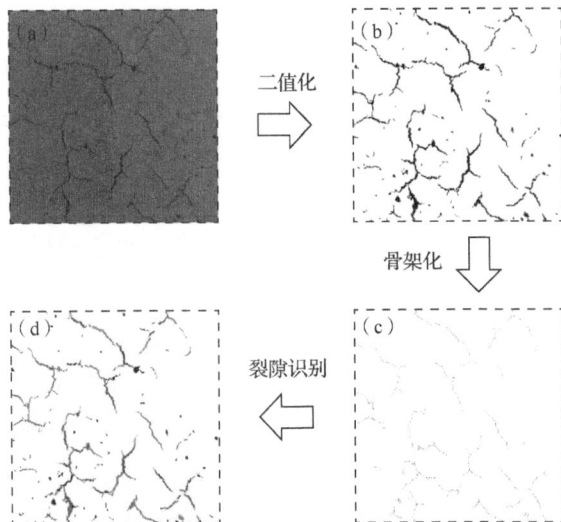

图 4-9　PCAS 软件定量化处理试样裂隙的过程

图 4-10 所示为冻融循环作用下 Na_2SO_4 盐渍原状 Q_3 黄土试样表观特征变化规律。由图 4-10 可见，随着冻融循环次数增加，试样表面裂缝数量不断增加且裂缝宽度逐渐增大；经历 10 次冻融循环作用后，试样表面出现轻微臌胀现象。从椭圆形框中可见，随着冻融循环次数增加，试样表面的初始孔洞逐渐发育成相贯通的裂隙；同时在初始微小孔洞较多处，试样更容易遭到破坏且演化为相贯通的裂隙，如矩形框内所示。从图 4-10 中还可以看出，随着含盐量增加，试样表面裂隙分布特征变化较为显著，不含盐试样（η=0.0%）及低含盐量试样（η=0.5%）表面主要分布初始微小孔洞，且裂隙数量较少，均为细小裂隙，如椭圆框中所示；高含盐量试样（η=1.0%、η=1.5%）表面裂隙数量显著增加且开度增大，如矩形框内所示。这主要是由于盐渍原状 Q_3 黄土冻融过程经受冻融与盐蚀耦合效应，形成的冰晶体和以 $Na_2SO_4 \cdot 10H_2O$ 为主的晶体使试样内部裂隙不断扩展。

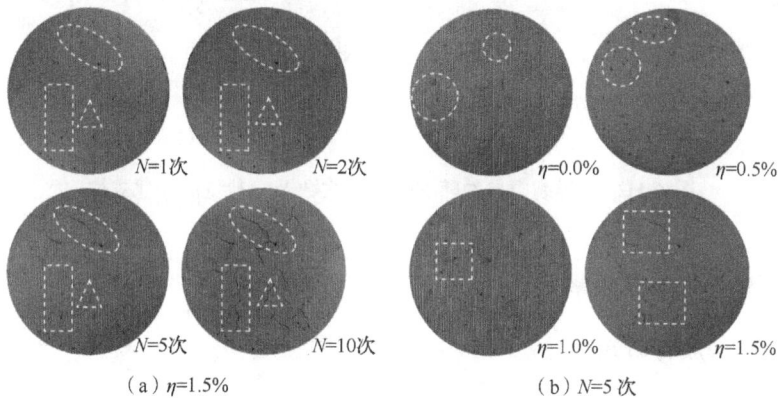

图 4-10　冻融循环作用下试样表观特征变化规律

图 4-11（a）所示为冻融循环作用下含盐量为 1.5% 的盐渍原状 Q_3 黄土试样的裂隙率、裂隙分形维数及二值化图像随冻融循环次数的变化规律。从图 4-11（a）中可以看出，随着冻融循环次数增加，裂隙率逐渐增大，前 5 次冻融循环裂隙率增幅为 168.3%，而后 5 次冻融循环裂隙率增幅为 37.3%，因此可知裂隙主要产生于冻融循环早期阶段。2 次冻融循环后裂隙分形维数的增量占整体增长的 60.2%，裂隙分形维数受裂隙宽度和长度两个因素的影响，说明试样在经历两次冻融循环后，裂隙宽度和长度均显著增大。从二值化图像中亦可看出，2 次冻融循环后试样表面产生较多裂隙，且原状 Q_3 黄土已有的初始微小孔洞也迅速扩展，表明试样冻融劣化程度显著增加。

　　图 4-11（b）所示为经历 5 次冻融循环后不同含盐量试样的裂隙率、裂隙分形维数及二值化图像随含盐量的变化规律。由图 4-11（b）可知，低含盐量试样（η=0.0%、η=0.5%）表面裂隙率无显著变化；高含盐量试样（η=1.0%、η=1.5%）裂隙数量及开度逐渐增大，裂隙率表现出线性增大特征。此外，冻融循环作用下裂隙分形维数随含盐量增加近似线性增大。

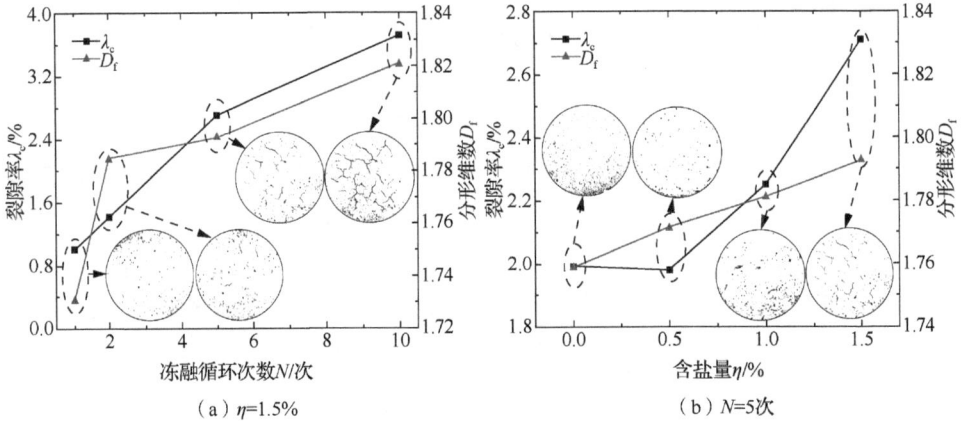

（a）η=1.5%　　　　　　　　　　　（b）N=5次

图 4-11　试样裂隙参数随冻融循环次数及含盐量的变化规律

4.3.2　三轴剪切试验结果分析

1. 应力-应变曲线

　　通过不固结不排水三轴剪切试验，得到土样应力-应变曲线，如图 4-12、图 4-13 所示。由图可见，应力-应变曲线主要分为两个阶段：第一阶段为快速上升阶段，表现为试样被逐渐压密，应力-应变曲线呈近似线性增加的变化特征；第二阶段为缓慢上升阶段，表现为试样出现破坏，应力-应变曲线趋于水平状态。应力-应变曲线峰值随冻融循环次数的增加不断降低，且降幅主要集中在前 5 次冻融循环。冻融循环过程对原状 Q_3 黄土试样应力-应变曲线的类型及特征无明显影响，冻融循环前后均表现为应变硬化型。此外，相同冻融循环次数条件下，含盐量变化对应力-应变曲线的变化特征亦无显著影响，亦均表现为硬化型的变化趋势。

（a）σ_3=50kPa, η=0.0%

（b）σ_3=100kPa, η=0.0%

（c）σ_3=150kPa, η=0.0%

（d）σ_3=200kPa, η=0.0%

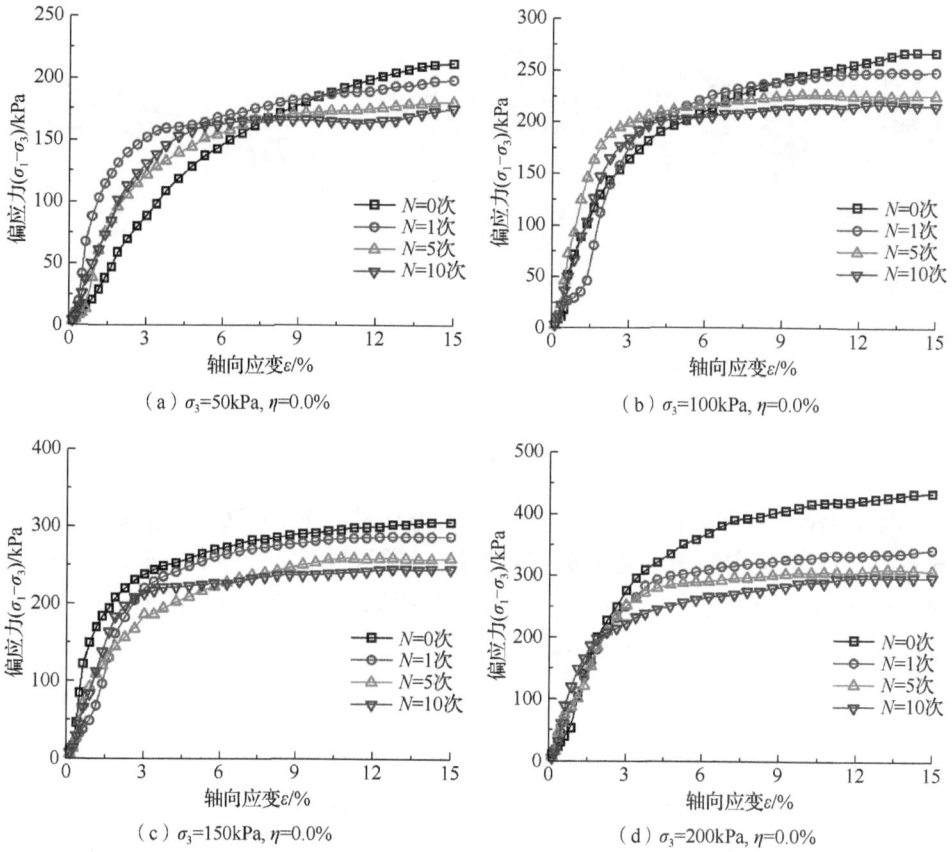

图 4-12　不同冻融循环次数条件下应力-应变曲线

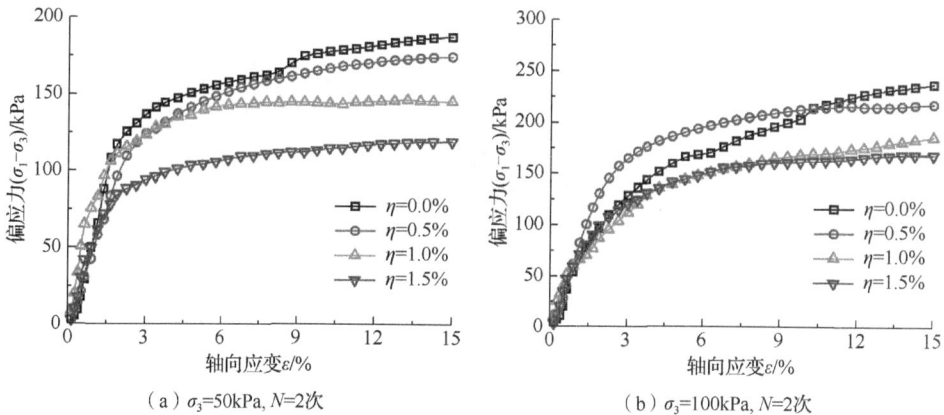

（a）σ_3=50kPa, N=2次

（b）σ_3=100kPa, N=2次

图 4-13　不同含盐量条件下应力-应变曲线

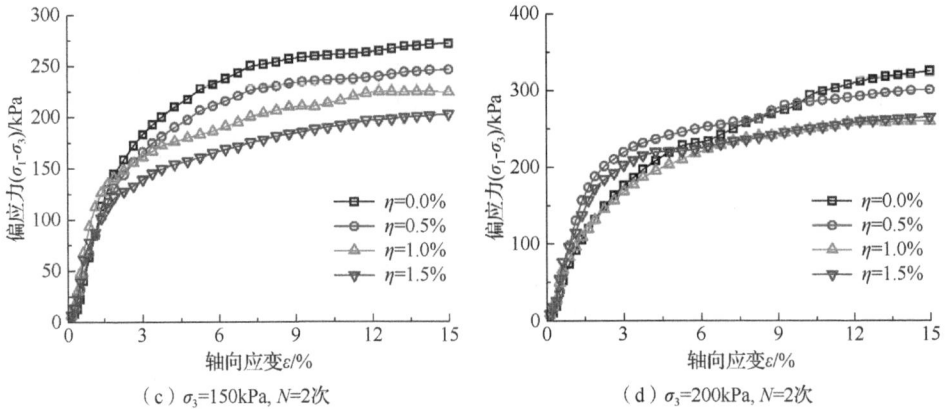

（c）$\sigma_3=150$kPa, $N=2$次　　　　　　（d）$\sigma_3=200$kPa, $N=2$次

图 4-13（续）

基于上述应力-应变曲线分析可知，冻融循环条件下 Na_2SO_4 盐渍原状 Q_3 黄土试样的应力-应变曲线表现为应变硬化型变化特征。由此，采用 Duncan-Chang（邓肯-张）双曲线模型［式（4-10）］可较好地模拟原状 Q_3 黄土试样的变形行为和硬化特性，拟合结果如图 4-14 所示。

$$\sigma_1-\sigma_3=\frac{\varepsilon_1}{p+q\varepsilon_1} \tag{4-10}$$

式中：p、q 均为拟合常数，由三轴试验确定。

由图 4-14 发现，应力-应变试验曲线与拟合曲线的变化规律基本一致，拟合计算值与试验值的偏差相对较小，因而 Duncan-Chang 双曲线模型可较好地描述盐渍原状 Q_3 黄土试样冻融过程的应力-应变曲线应变硬化变化特征。

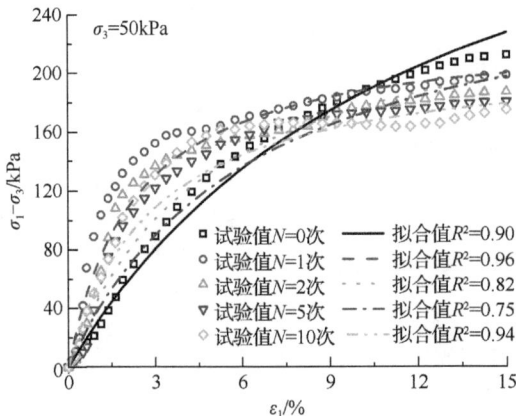

（a）不同冻融循环次数条件下

图 4-14　Duncan-Chang 双曲线模型拟合结果

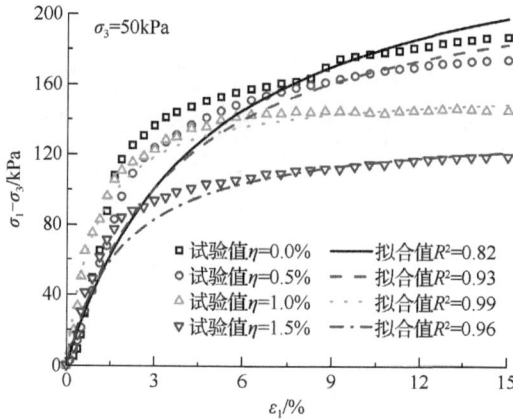

（b）不同含盐量条件下

图 4-14（续）

2. 破坏偏应力

为深入揭示冻融条件下 Na$_2$SO$_4$盐渍原状 Q$_3$黄土强度劣化特性，取轴向应变 ε_1 为 15%时的偏应力作为破坏偏应力$(\sigma_1-\sigma_3)_f$，亦即试样的强度值，如图 4-15 所示。基于图 4-15（a），可以计算得到冻融循环前试样平均破坏偏应力为 200.93kPa；经历 2 次冻融循环后，试样破坏偏应力平均降幅为 22.87%，占破坏偏应力总衰减幅值的百分比为 69.98%；2～5 次冻融循环过程中，试样破坏偏应力平均降幅为 9.72%，占破坏偏应力总衰减幅值的百分比为 22.77%；6～10 次冻融循环过程中，试样破坏偏应力平均降幅为 2.48%，占破坏偏应力总衰减幅值的百分比为 7.24%；10 次冻融循环后，破坏偏应力平均降幅为 63.33kPa，占破坏偏应力总衰减幅值的百分比为 31.97%。通过上述分析可以看出，破坏偏应力随冻融循环次数的变化分为三个阶段：前 2 次冻融循环为陡降段、2～5 次冻融循环后为缓降段、5 次冻融循环后为平稳段。由此可知，冻融循环对强度产生明显的劣化效应，破坏偏应力随着冻融循环次数增加逐渐减小，且降低速率逐渐减小，表现出显著的减速劣化特征。

基于图 4-15（b），可以计算得到含盐量每增加 0.5%时，试样破坏偏应力平均降幅百分比分别为 5.53%、14.38%、15.48%，其占破坏偏应力总衰减幅值的百分比分别为 18.81%、40.33%、40.86%。通过分析可以看出，冻融条件下 Na$_2$SO$_4$含量对强度产生显著的盐蚀劣化效应，破坏偏应力随着含盐量增加逐渐减小，且呈现显著的线性或加速劣化特征。

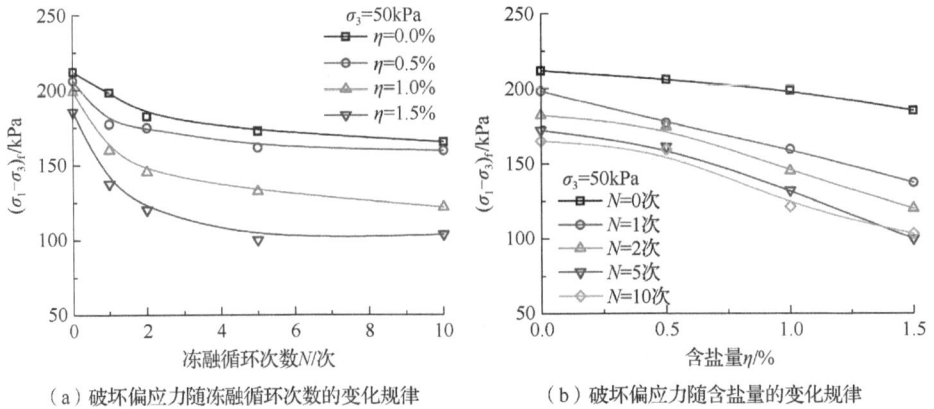

（a）破坏偏应力随冻融循环次数的变化规律　　　（b）破坏偏应力随含盐量的变化规律

图 4-15　破坏偏应力变化规律

冻融循环作用下盐渍原状 Q_3 黄土的劣化损伤，主要是由于冻融循环和盐蚀的耦合效应引起的。在土体材料的损伤研究过程中，常使用损伤变量对土体损伤程度进行分析。通过前述三轴剪切试验的应力-应变关系曲线可以看出，在冻融循环和盐蚀耦合作用下土体材料的力学性能显著劣化。笔者认为选用破坏偏应力的衰减变化可以较好地反映土体材料的损伤过程。损伤变量的表达式如下：

$$D = 1 - \frac{(\sigma_1 - \sigma_3)_{f_0}}{(\sigma_1 - \sigma_3)_{f_{i-j}}} \tag{4-11}$$

式中：D 为损伤变量，$D=0$ 表示材料无损伤或初始状态，$D=1$ 表示材料达到完全损伤状态；$(\sigma_1 - \sigma_3)_{f_0}$ 为初始状态的破坏偏应力；$(\sigma_1 - \sigma_3)_{f_{i-j}}$ 为 i 次冻融循环后，含盐量为 j %时的破坏偏应力。

从盐渍原状 Q_3 黄土试样三轴剪切试验应力-应变曲线变化特征可知，破坏偏应力对冻融循环次数及含盐量的变化较为敏感。因此，为了分析不同损伤因素对土体损伤的影响程度，根据损伤变量的表达式，提出相对破坏偏应力损伤率 ΔP_i 为

$$\Delta P_i = \left(\frac{(\sigma_1 - \sigma_3)_{f_0} - (\sigma_1 - \sigma_3)_{f_{i-j}}}{(\sigma_1 - \sigma_3)_{f_0}} \right) \times 100\% = \left(1 - \frac{(\sigma_1 - \sigma_3)_{f_{i-j}}}{(\sigma_1 - \sigma_3)_{f_0}} \right) \times 100\% \tag{4-12}$$

式中：ΔP_i 为冻融循环后的相对破坏偏应力损伤率。

根据相对破坏偏应力损伤率的定义，对不同损伤因素（冻融循环次数、含盐量）所引起的相对破坏偏应力损伤率进行比较分析，如图 4-16 所示。从图 4-16 中可以看出，相对破坏偏应力损伤率随冻融循环次数增加，先迅速增大而后趋于平缓；2 次冻融循环以后，相对破坏偏应力损伤率均超过 40%；5 次冻融循环以后，相对破坏偏应力损伤率逐渐趋于稳定，其平均损伤率在 35% 左右。上述变化规律表明冻融循环对土颗粒的排列和黏结的破坏作用显著，2 次冻融循环以后土体内

部破坏率迅速增大；冻融循环损伤效应一直持续到 5 次冻融循环，之后土体的破坏则临近极限破坏状态。从图 4-16 中还可以看出，相对破坏偏应力损伤率随含盐量增加近似线性增大。分析其原因，冻结条件下 Na_2SO_4 溶解度显著降低，从而逐渐结晶析出生成 $Na_2SO_4 \cdot 10H_2O$ 为主的晶体；随着含盐量增加，结晶析出的晶体颗粒越多，对土体内部结构的劣化作用也就越显著。

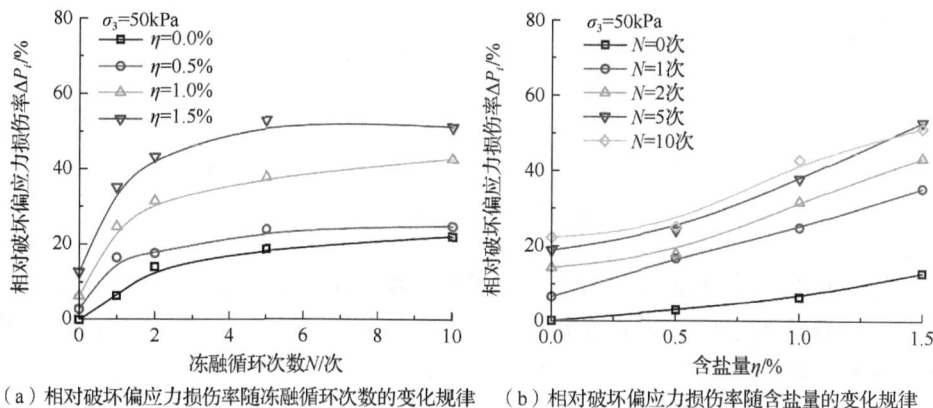

（a）相对破坏偏应力损伤率随冻融循环次数的变化规律　　（b）相对破坏偏应力损伤率随含盐量的变化规律

图 4-16　相对破坏偏应力损伤率变化规律

3. 强度指标

图 4-17（a）所示为 Na_2SO_4 盐渍原状 Q_3 黄土试样黏聚力随冻融循环次数的变化规律曲线。由图可见，随着冻融循环次数增加，Na_2SO_4 盐渍原状 Q_3 黄土试样黏聚力逐渐减小，但衰减主要集中在前 5 次冻融循环，之后逐渐趋于稳定，表现出减速劣化特征。分析其原因，冻融循环作用下孔隙水相态变化对土颗粒产生挤压力，破坏了土颗粒之间的原生结构强度，导致黏聚力降低。多次冻融循环作用下土颗粒排列趋于平衡状态，颗粒联结强度达到稳定残余强度，黏聚力趋于稳定。

Na_2SO_4 盐渍原状 Q_3 黄土试样黏聚力随含盐量变化规律曲线如图 4-17（b）所示。从图 4-17（b）中可以看出，除了未经受冻融循环（$N=0$ 次）原状 Q_3 黄土试样的黏聚力随含盐量增加无明显变化外，其他试样的黏聚力均随含盐量的增加逐渐减小，且衰减幅度逐渐增大，表现出加速劣化特征。分析其原因，冻融循环作用下原状 Q_3 黄土试样内部 Na_2SO_4 可溶盐的结晶—溶解—重结晶过程的反复盐蚀作用使得原状 Q_3 黄土体结构受到破坏并变得较为松散，强度显著降低。未经受冻融循环作用的原状 Q_3 黄土试样内部的 Na_2SO_4 无相态变化即无法表现出盐蚀作用，因而其黏聚力无明显变化。

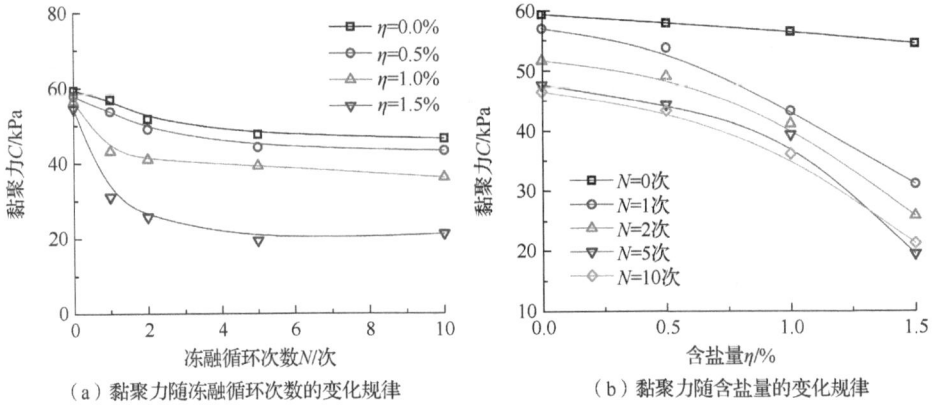

（a）黏聚力随冻融循环次数的变化规律　　　　　　（b）黏聚力随含盐量的变化规律

图 4-17　黏聚力变化规律曲线

图 4-18 所示为冻融循环作用下 Na_2SO_4 盐渍原状 Q_3 黄土试样的内摩擦角随冻融循环次数及 Na_2SO_4 含量的变化规律。由图 4-18 可见，部分试样的内摩擦角随冻融循环次数增加逐渐减小，部分试样的内摩擦角表现出波动变化特征，但整体变化幅值均较小；试样的内摩擦角随含盐量增加大体上表现出先减小后增大的变化规律，但变化幅值很小，可以认为内摩擦角随含盐量增大无显著变化。总体而言，笔者分析认为冻融循环作用下 Na_2SO_4 盐渍原状 Q_3 黄土试样内摩擦角变化幅值较小且无显著变化规律。这是由于内摩擦角大小主要取决于土颗粒间的摩阻力和咬合作用，而冻融循环和盐蚀作用对上述因素并无显著影响。

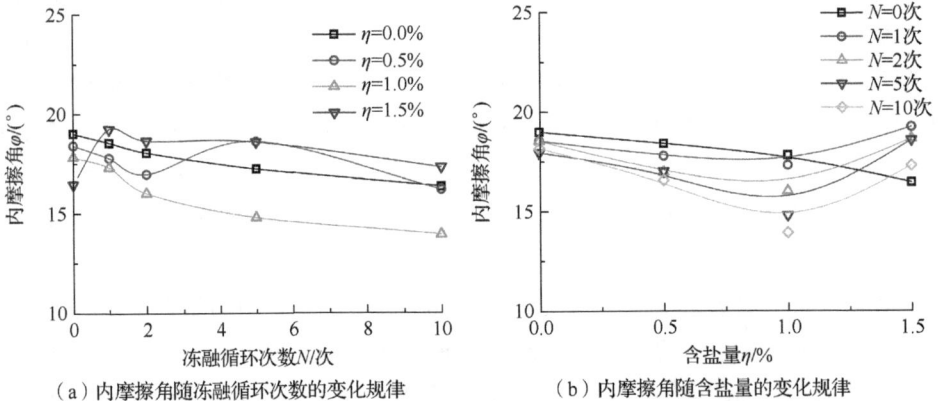

（a）内摩擦角随冻融循环次数的变化规律　　　　　（b）内摩擦角随含盐量的变化规律

图 4-18　内摩擦角变化规律曲线

4. 冻融与盐蚀劣化作用解耦分析

冻融循环作用下 Na_2SO_4 盐渍原状 Q_3 黄土不仅受到孔隙水相变引起的冻融劣

化影响，而且受到 Na₂SO₄ 易溶盐相态改变引起的盐蚀劣化影响。为定量分析冻融与盐蚀劣化规律及相互关系，以下基于冻融循环条件下黏聚力变化规律，对冻融与盐蚀劣化作用进行解耦分析。

图 4-19 所示为 Na₂SO₄ 盐渍原状 Q₃ 黄土冻融与盐蚀劣化作用解耦路径。图 4-19 中路径 a~b 表示在 5 次冻融循环后仅冻融循环作用引起的劣化值；路径 b~c 表示 5 次冻融循环后，含盐量 0.5%时仅盐蚀作用引起的劣化值；路径 b~d 表示 5 次冻融循环后，含盐量 1.0%时仅盐蚀作用引起的劣化值；路径 b~e 表示 5 次冻融循环后，含盐量 1.5%时仅盐蚀作用引起的劣化值。

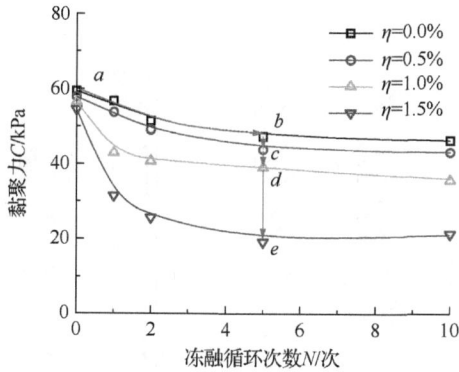

图 4-19　Na₂SO₄ 盐渍原状 Q₃ 黄土冻融与盐蚀劣化作用解耦路径

为定量化分析任意损伤过程中冻融与盐蚀劣化作用的贡献，采用归一化处理方法分别定义冻融与盐蚀劣化因子，可通过下式计算：

$$D_1 = \frac{C_0 - C_{i-0}}{C_0 - C_{i-j}} \tag{4-13}$$

$$D_2 = \frac{C_{i-0} - C_{i-j}}{C_0 - C_{i-j}} \tag{4-14}$$

式中：D_1 为冻融劣化因子，即冻融损伤占比；D_2 为盐蚀劣化因子，即盐蚀损伤占比；C_0 为初始状态试样黏聚力；C_{i-0} 为冻融循环次数为 i、含盐量为 0.0%时的黏聚力；C_{i-j} 为冻融循环次数为 i、含盐量为 j%时的黏聚力，其中 i 取 1、2、5、10，j 取 0.5、1、1.5。

由式（4-13）、式（4-14），进一步可推得以下关系式：

$$D_1 + D_2 = 1 \tag{4-15}$$

图 4-20 所示为冻融与盐蚀损伤占比变化规律。由图 4-20 可见，随着含盐量增加，冻融损伤占比逐渐减小。随着含盐量增加，盐蚀损伤占比逐渐增大，2 次冻融循环后，低含盐量（η=0.0%、η=0.5%）试样的盐蚀损伤占比始终低于冻融损伤占比；当含盐量大于 0.5%后，盐蚀损伤占比超过 50%，即盐蚀劣化作用强于冻融劣化作用。分析其原因，Na_2SO_4 盐渍原状 Q_3 黄土试样中的 Na_2SO_4 主要以 $Na_2SO_4 \cdot 10H_2O$ 晶体和 Na_2SO_4 溶液的形式存在。随着 Na_2SO_4 含量的增加，土中 Na_2SO_4 结合水分子生成 $Na_2SO_4 \cdot 10H_2O$ 晶体的含量增加，$Na_2SO_4 \cdot 10H_2O$ 的固相体积增大至 Na_2SO_4 的 4.18 倍，产生较大的体积膨胀，从而导致土体结构劣化破坏，盐蚀损伤占比相应增大，且含盐量越高，这一效应越明显。

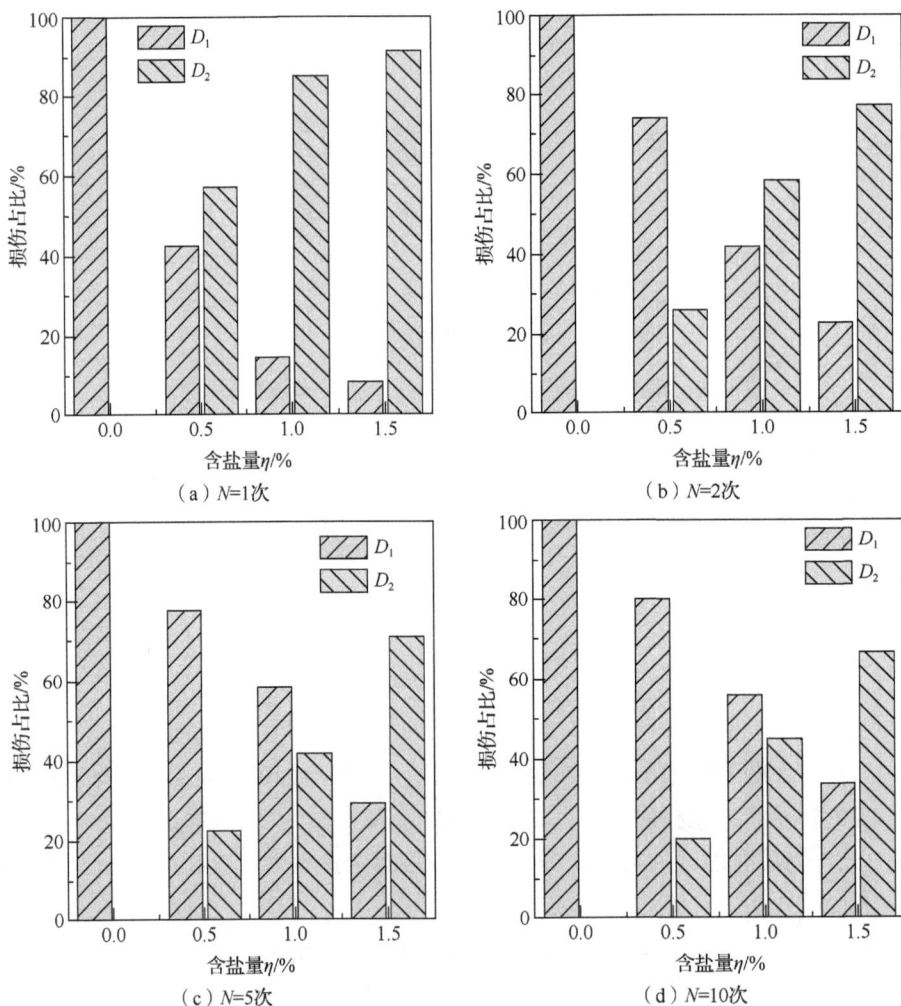

图 4-20　冻融与盐蚀损伤占比变化规律

图 4-21 所示为冻融与盐蚀劣化因子的变化规律曲线。图 4-22 所示为冻融与盐蚀劣化因子三维曲面图。由图可见，冻融劣化因子随冻融循环次数增加逐渐增大，但增幅逐渐减小；冻融劣化因子随含盐量增大逐渐减小，且近似表现出线性衰减变化规律。从图 4-21、图 4-22 中还可以看出，盐蚀劣化因子随冻融循环次数增加逐渐减小，但衰减速率逐渐减小；盐蚀劣化因子随含盐量增加逐渐增大，且近似表现出线性变化规律。进一步分析可以发现，冻融与盐蚀耦合效应引起的强度劣化主要集中在冻融循环初始阶段，随后逐渐趋于稳定。分析其原因，冻融循环早期阶段受冰水相变和 Na₂SO₄ 结晶双重相变的影响，土颗粒间的黏结作用减弱，使土骨架迅速发生破坏，冻融与盐蚀引起的强度劣化均发生在此过程中；随着冻融循环作用的持续，冻融与盐蚀引起的损伤劣化效应逐渐减弱，达到一个稳定的残余强度。

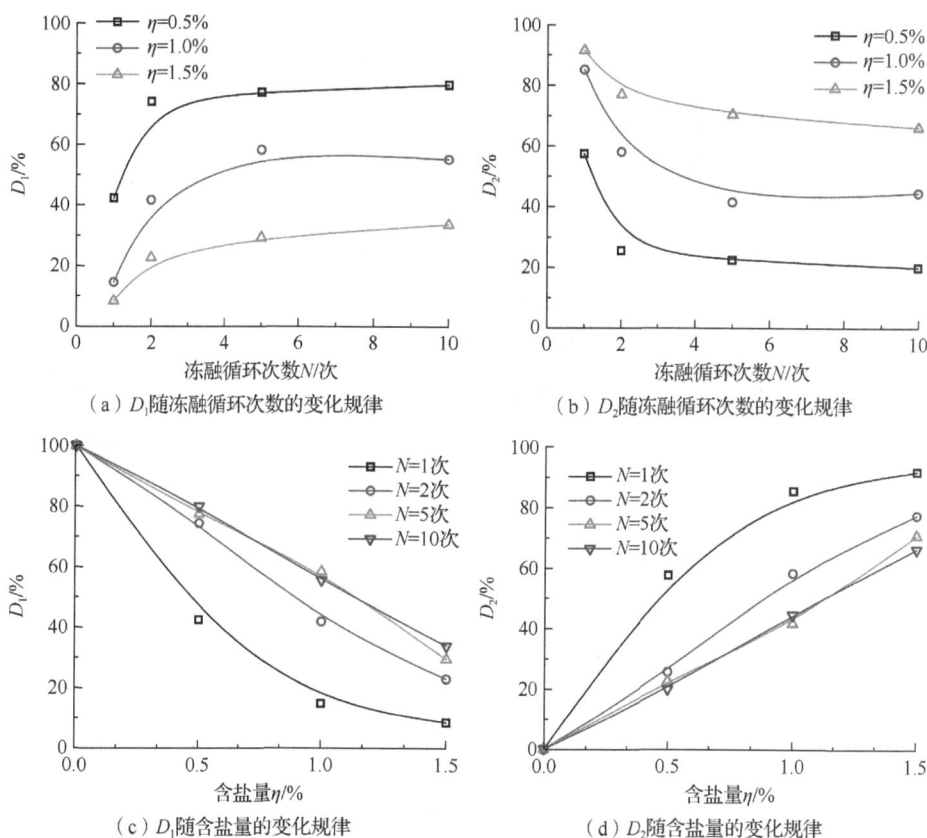

（a）D_1随冻融循环次数的变化规律

（b）D_2冻融循环次数的变化规律

（c）D_1随含盐量的变化规律

（d）D_2随含盐量的变化规律

图 4-21　冻融与盐蚀劣化因子的变化规律曲线

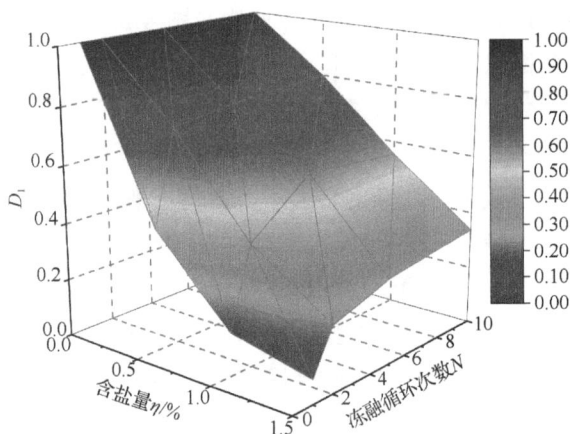

（a）冻融劣化因子D_1

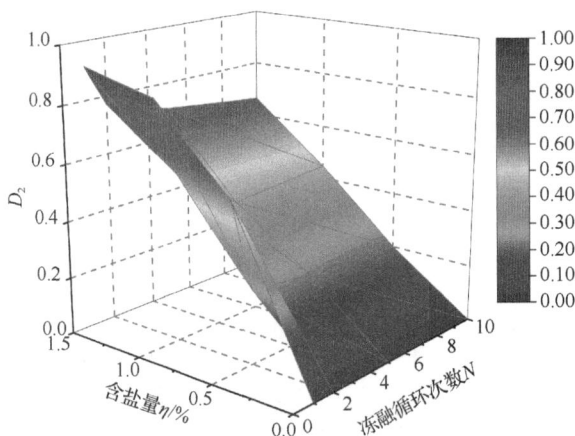

（b）盐蚀劣化因子D_2

彩图 4-22

图 4-22　冻融与盐蚀劣化因子三维曲面图

　　图 4-23（a）所示为冻融与盐蚀劣化因子的比值随冻融循环次数的变化规律。从图 4-23（a）中可以看出，冻融与盐蚀劣化因子的比值随冻融循环次数增加逐渐增大，即冻融循环作用对试样强度劣化的影响逐渐增强；但随着冻融循环次数持续增大，其增速逐渐减小，趋于一个稳定数值。值得注意的是，冻融循环作用下含盐量较高（$\eta=1.5\%$）试样冻融与盐蚀劣化因子的比值始终小于 1，即冻融劣化效应弱于盐蚀劣化效应。分析其原因，由盐蚀劣化因子 D_2 的计算式（4-14）可知，对于含盐量较高的试样，其计算值显著增大，从而导致冻融与盐蚀劣化因子的比值急剧减小。

　　冻融与盐蚀劣化因子的比值随含盐量的变化规律如图 4-23（b）所示。由图 4-23（b）可见，冻融与盐蚀劣化因子的比值随含盐量增大逐渐减小，即盐蚀作用对试样强度劣化的影响逐渐增强；随着含盐量增大，其衰减速率逐渐减小，趋于一个较小数值。此外，仅冻融循环 1 次作用时，冻融劣化因子与盐蚀劣化因子的比值始终小于 1，即冻融劣化效应弱于盐蚀劣化效应。分析其原因，由冻融劣化因子 D_1 的计算式（4-13）可知，对于仅冻融循环 1 次试样，其计算值显著减小，从而导致冻融与盐蚀劣化因子的比值显著减小。

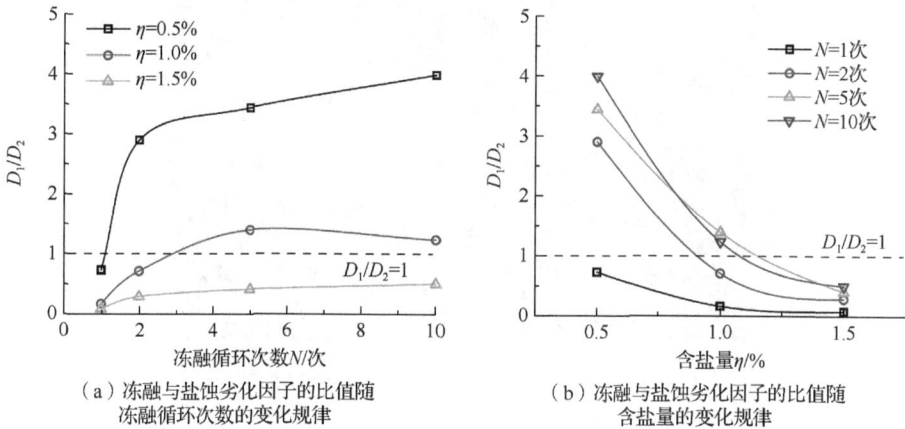

（a）冻融与盐蚀劣化因子的比值随
冻融循环次数的变化规律

（b）冻融与盐蚀劣化因子的比值随
含盐量的变化规律

图 4-23　冻融与盐蚀劣化因子比值的变化规律曲线

4.3.3　SEM 微观结构分析

　　土体微观结构可通过颗粒形态（土颗粒形状、大小）、颗粒连接形式、颗粒排列形式、孔隙特征（孔隙大小、孔隙轮廓、孔隙贯通）等特性来描述。图 4-24 所示为试样不同冻融循环次数时放大 2000 倍的 SEM 微观图像。从图 4-24 中可以看出，经历 1 次冻融循环作用后，试样骨架颗粒以较大单体颗粒（部分为片状）和胶结而成的集粒组成，颗粒之间主要以点接触和面接触为主，且颗粒之间包裹着集粒的黏土膜，骨架颗粒间排列较为紧密；试样初始孔隙发育，连通性好，包括架空孔隙和粒间孔隙。经历 2 次冻融循环作用后，受冰水相变作用影响，部分单体颗粒表面产生黏土膜；部分胶结的集粒发生溶解，颗粒之间的胶结作用减弱，颗粒间连接强度降低；骨架颗粒间接触仍以点接触和面接触为主，颗粒排列开始变得松散，土体孔隙较为发育，以粒间孔隙为主。经历 5 次冻融循环作用后，胶结的集粒产生微小孔隙且进一步溶解；部分脱离的小颗粒在冻结过程中随水分迁移至微小孔隙中，较大的孔隙则作为冻融循环过程中的水分迁移通道。10 次冻融循环后，骨架颗粒以块状或片状单体颗粒为主，部分单体颗粒镶嵌于土体中，单体颗粒棱角趋于光滑；胶结的块状集粒数量明显减少，颗粒之间的接触方式以面接触为主，颗粒间排列松散。冻结条件下试样内部冰晶生长及冷生结构形成导致试样孔隙率显著增大，引起骨架颗粒变形；融化时，骨架颗粒在重力作用下产生融沉且再次发生相互作用，导致土体结构性减弱，从而对试样强度产生劣化作用。

图 4-24　试样不同冻融循环次数时放大 2000 倍的 SEM 微观图像（η=0.0%）

图 4-25 所示为 1 次冻融循环作用时不同含盐量试样放大 2000 倍的 SEM 微观图像。从图 4-25 中可以看出，不含盐原状 Q_3 黄土试样的骨架颗粒以较大单体颗粒和胶结集粒为主，颗粒之间主要为面接触，且颗粒之间包裹着集粒的黏土膜，骨架颗粒间排列较为紧密；初始状态下试样孔隙发育，且连通性好。随着含盐量增大，碎屑状颗粒数量增加，颗粒之间镶嵌有黏土片和盐晶体薄膜；骨架颗粒排列比较疏松，土体中的孔隙以中小孔隙为主。含盐量为 1.0%试样的单体颗粒镶嵌于集粒与易溶盐形成的胶结结构中，颗粒表面被较厚的黏土膜和盐晶膜覆盖，孔隙由中小孔隙逐渐发育为大中孔隙。含盐量为 1.5%试样的颗粒排列松散，部分颗粒之间的连接遭到破坏，骨架颗粒以支架接触为主，孔隙发育，大孔隙较多且分布均匀，孔隙之间有贯通之势。分析其原因，冻融循环作用下试样中的 Na_2SO_4 由于降温结晶生成以 $Na_2SO_4 \cdot 10H_2O$ 为主的晶体，Na_2SO_4 在结晶生成 $Na_2SO_4 \cdot 10H_2O$ 的过程中体积会增大 3.18 倍；随着试样 Na_2SO_4 含量的增加，其盐晶体体积膨胀作用愈加明显；融化条件下冰晶体融化和 $Na_2SO_4 \cdot 10H_2O$ 等晶体溶解，会引起骨架颗粒结构形态以及排列形式的改变，进而影响孔隙大小及分布状态，导致土体结构性减弱，土体强度相应降低。

图 4-25　不同含盐量试样的 SEM 微观图像（N=1 次）

进一步采用 PCAS 软件对放大倍数为 1000 倍的 SEM 微观图像进行定量化处理。该软件能够通过多颜色分割和去杂等操作获得二值化图像，并通过改进的种子算法来封闭特定直径的孔隙，自动分割和识别不同的孔隙和颗粒，测量出孔隙和颗粒各种几何参数和统计参数。由于土体微观结构定量化指标较多，因此选取面孔隙率、分形维数分别来描述颗粒（孔隙）在数量和形状复杂度的变化。孔隙的走向α为孔隙最大费雷特直径的方向[228]，取值范围为 0°～180°。面孔隙率λ为统计区域内孔隙面积与总面积的比值。D_f用来描述区块和轮廓的自相似性[217, 229]，反映不同测量尺度下（如不同面积）长度（如周长）的变化速率，即复杂度随其面积的变化规律[230-231]；通过采用面积-周长法分形维数 D_f 来反映颗粒（孔隙）复杂度随其面积的变化规律；孔隙分形维数 D_f 表征了土体中孔隙结构分布的复杂性，分形维数 D_f 越大反映出土体孔隙结构越复杂，土颗粒分布越分散，土颗粒团粒化程度越弱。

为探究不同影响因素下含盐原状 Q$_3$ 黄土微观结构的差异，选取不同条件下的 SEM 图像进行定量分析。通过 PCAS 分析得到的孔隙面积以像素为单位，需要通过图像分辨率将其转化为实际值。实际面积 S' 和实际长度 C' 由像素面积 S 和像素长度 C 转换得到，即

$$S'=S / P^2 \tag{4-16}$$

$$C' = C / P \tag{4-17}$$

式中：P 为图像分辨率。

为了分析孔隙在不同方向上的分布状况，将孔隙走向从 0°～180° 等分成 18 个区间，统计出不同区间内孔隙的数量，并以孔隙数量为半径，将不同角度范围内

的孔隙数量绘于图中，如图 4-26 所示。从图 4-26 中可以看出，冻融循环早期阶段试样内孔隙分布不规则，且方向性较弱；5 次冻融循环后，试样孔隙定向性逐渐增强；10 次冻融循环后，孔隙在 110°～130°区间内表现出较大的定向性。这是由于在冻融初始阶段，孔隙以微孔隙为主，大孔隙数量较少，因此其定向性改变不明显；随着冻融循环次数增加，试样内部大中孔隙数量增加，并且初始大孔隙的宽度和长度随之扩大，因而孔隙表现出一定的定向性。从图 4-26 中还可以看出，随着含盐量增加，孔隙定向性分布特征逐渐增强；含盐量为 1.5%试样的孔隙在110°～130°区间范围内表现出较强的定向性分布特征。上述变化特征表明随着含盐量增加，孔隙逐渐发育且孔隙长度和宽度均有扩大的趋势。

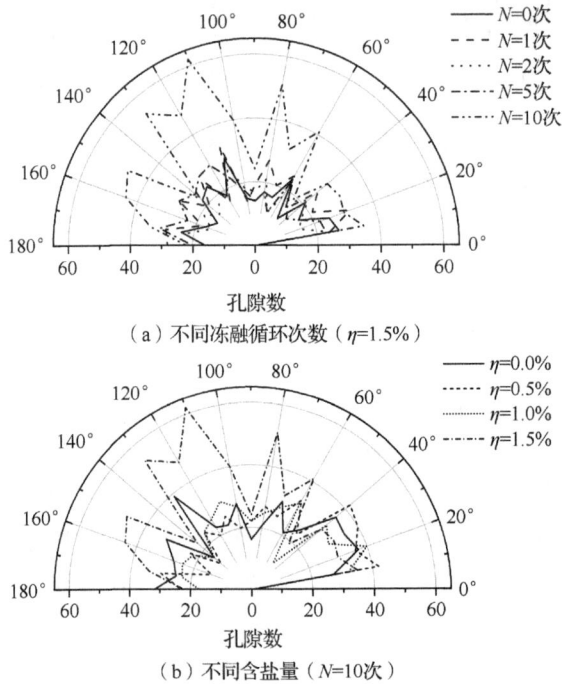

（a）不同冻融循环次数（η=1.5%）

（b）不同含盐量（N=10次）

图 4-26　试样孔隙走向数量分布玫瑰图

图 4-27 所示为孔隙面积分布规律。图 4-27（a）、图 4-27（b）中横坐标采用对数坐标，反映孔隙面积；纵坐标为特定孔隙面积范围内孔隙数量。图 4-27（c）、图 4-27（d）中横坐标采用对数坐标，反映孔隙面积；纵坐标为孔隙面积累计百分比。从图 4-27（a）、图 4-27（c）中可以看出，孔隙面积主要集中在 1～10μm^2，说明试样以中小孔隙为主，并且存在部分孔隙面积为 10～30μm^2 的大孔隙，这一部分孔隙对原状 Q_3 黄土性质具有较大影响。此外，随着冻融循环次数增加，孔隙面积在 1～3μm^2 之间的孔隙数量也随之增加；10 次冻融循环后，该区间内的孔隙

数量增加近 1 倍。从图 4-27（b）、图 4-27（d）中可以看出，随着含盐量增加，孔隙面积在 $1\sim3\mu m^2$ 之间的孔隙数量也呈现增加的趋势；由于受土样的离散性以及软件处理过程中阈值选取的影响，含盐量从 0.0%增加到 0.5%的过程中并未表现出明显的变化规律。但随着含盐量进一步增加，孔隙面积在 $0.6\sim1\mu m^2$ 之间的微小孔隙以及 $1\sim10\mu m^2$ 之间的中小孔隙数量显著增长。上述变化规律表明盐分对土体的劣化具有累积效应，含盐量越高对土体的劣化作用越明显。

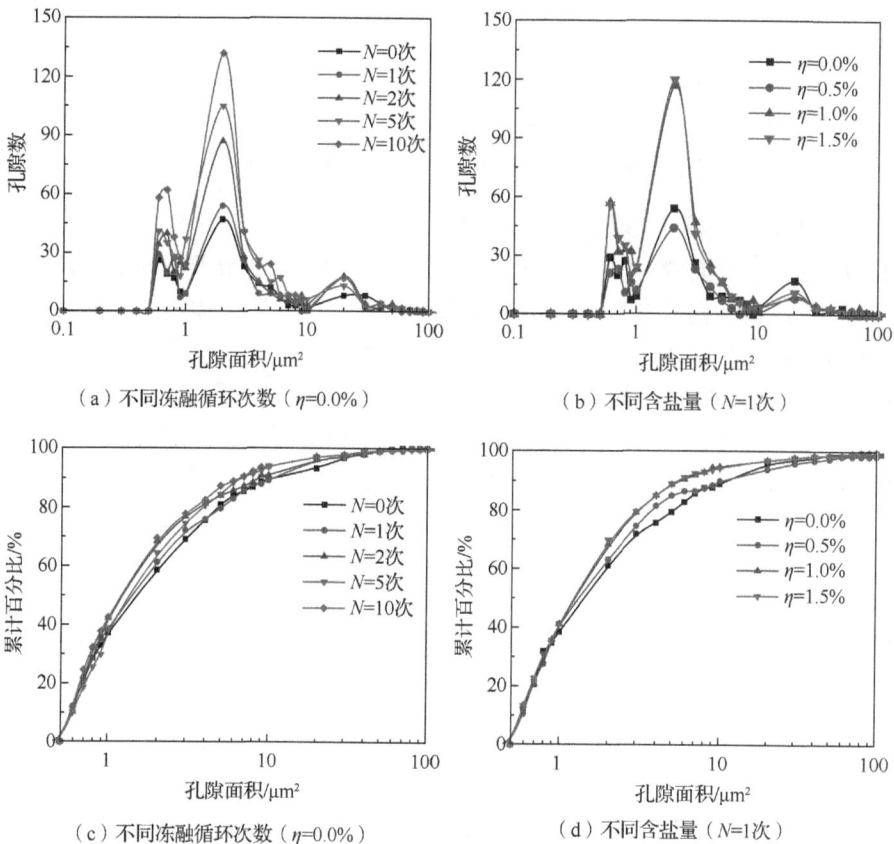

（a）不同冻融循环次数（η=0.0%）　（b）不同含盐量（N=1次）

（c）不同冻融循环次数（η=0.0%）　（d）不同含盐量（N=1次）

图 4-27　试样孔隙面积分布规律

　　图 4-28 所示为不同冻融循环次数和不同含盐量下试样面孔隙率的变化规律。从图 4-28 中可以看出，随着冻融循环次数增加，面孔隙率表现出指数增大特征。冻融循环初始阶段试样的面孔隙率增速较快，之后增速减缓。由此可知，土体冻融劣化作用在早期阶段较为显著。面孔隙率随含盐量增大近似表现出线性增大的特征。

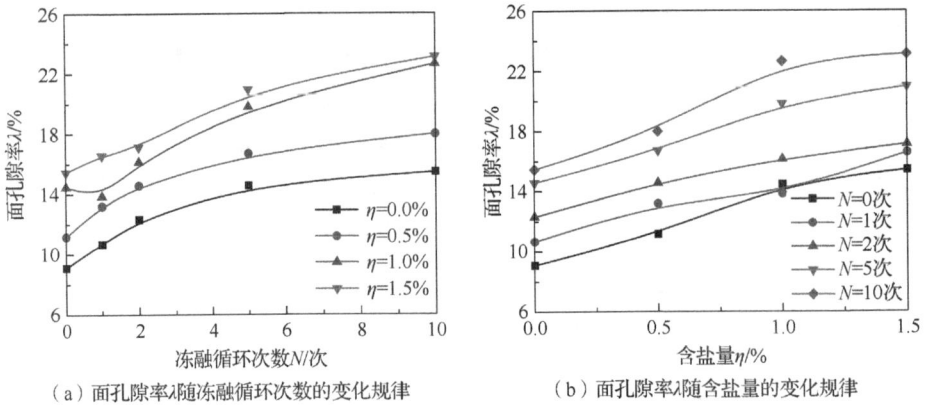

（a）面孔隙率λ随冻融循环次数的变化规律　　　　（b）面孔隙率λ随含盐量的变化规律

图4-28　不同冻融循环次数和不同含盐量下试样面孔隙率的变化规律

图 4-29 所示为不同冻融循环次数和不同含盐量下分形维数的变化规律。由图 4-29 可见，分形维数的变化规律与面孔隙率相似。这是由于在冻融循环和盐蚀耦合效应下，试样孔隙在数量和形态上都逐渐发育，导致土体结构完整性变差，孔隙的分形维数相应增大。此外，部分分形维数的变化特征与实际规律相悖，这是由于试样 SEM 的相关参数是通过二维技术分析得到的，而实际原状 Q_3 黄土体为三维状态，土骨架颗粒本身较不规则，因此处理结果存在一定的差异。但所有 SEM 图像都是在相同技术手段下处理得到的，因此其仍可反映相关的变化规律。

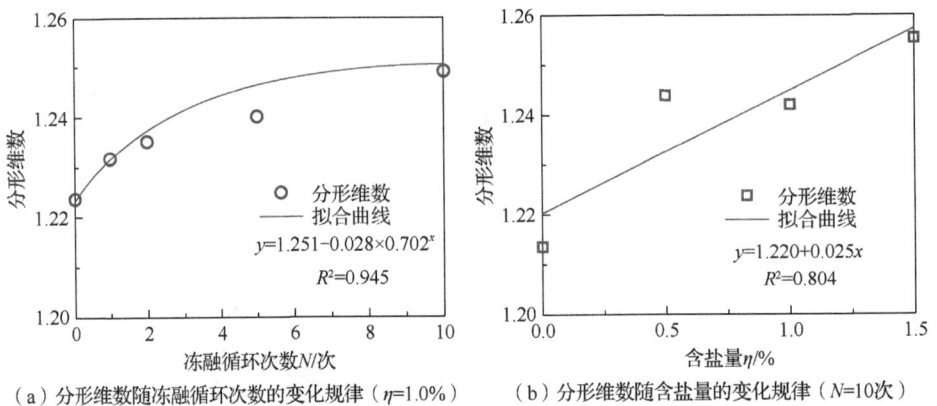

（a）分形维数随冻融循环次数的变化规律（η=1.0%）　　（b）分形维数随含盐量的变化规律（N=10次）

图4-29　不同冻融循环次数和不同含盐量下试样分形维数的变化规律

4.3.4　CT 扫描试验结果分析

1. 冻融循环次数对细观结构的影响规律

图 4-30 所示为 Na_2SO_4 含量 1.0%盐渍原状 Q_3 黄土试样冻融过程中 a、b、c

截面的 CT 细观结构扫描图像。图中白色区域代表试样密度较大处,黑色区域代表试样中孔洞、裂隙发育的位置。从图 4-30 中可以看出,冻融循环作用时不同扫描断面的细观结构损伤表现出相似的变化规律:冻融前试样内部存在一定的孔洞及微裂纹且无序分布,从而导致试样产生一定的初始损伤效应。随着冻融循环次数增加,受冰水相变的影响,微小孔洞逐渐扩大,且有互相贯通的趋势;初始微裂纹逐渐发展成裂隙,其长度及宽度均有不同程度的扩展。

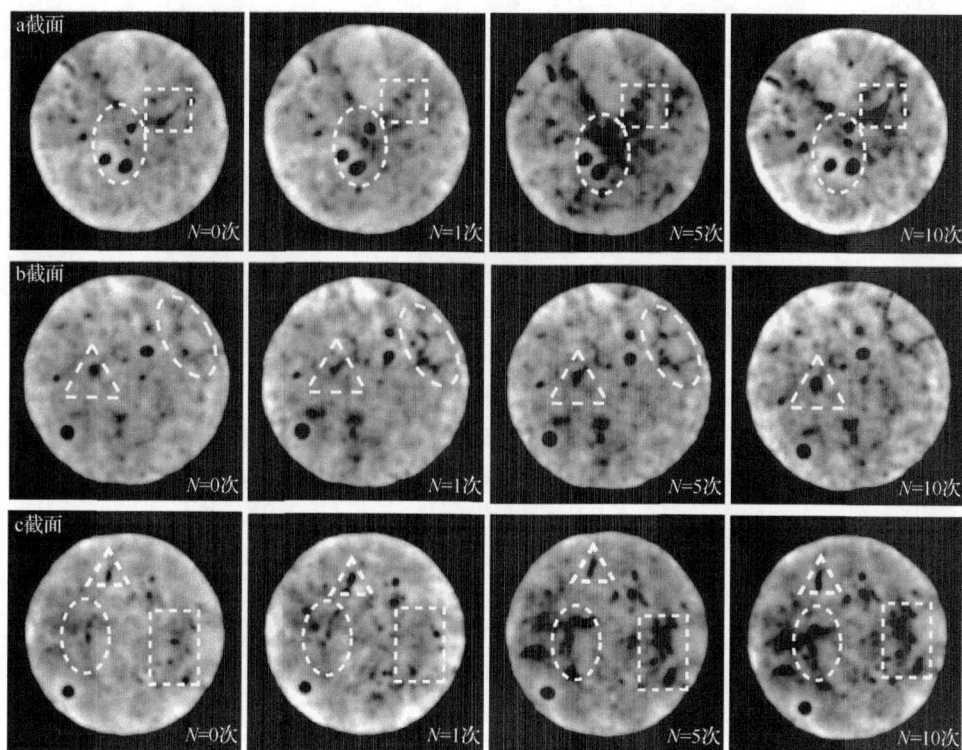

图 4-30　不同冻融循环次数下 CT 细观结构扫描图像

图 4-31 所示为盐渍原状 Q₃黄土 CT 数 ME 值及 CT 数方差 SD 值随冻融循环次数的变化规律关系曲线。由图 4-31 可见,冻融初期阶段试样的 CT 数 ME 值衰减幅度较大,随着冻融循环次数持续增加,CT 数 ME 值逐渐趋于稳定,表现出减速衰减特征;相应的 CT 数 SD 值随冻融循环次数的增加,先迅速增加,而后逐渐趋于平缓。上述变化规律反映出冻融初始阶段试样细观结构损伤演化速率较大,即试样内部微裂隙增长较快;多次冻融循环后,试样细观结构损伤劣化作用减弱。这很好地解释了前述三轴剪切破坏偏应力和黏聚力随冻融循环次数的变化关系。

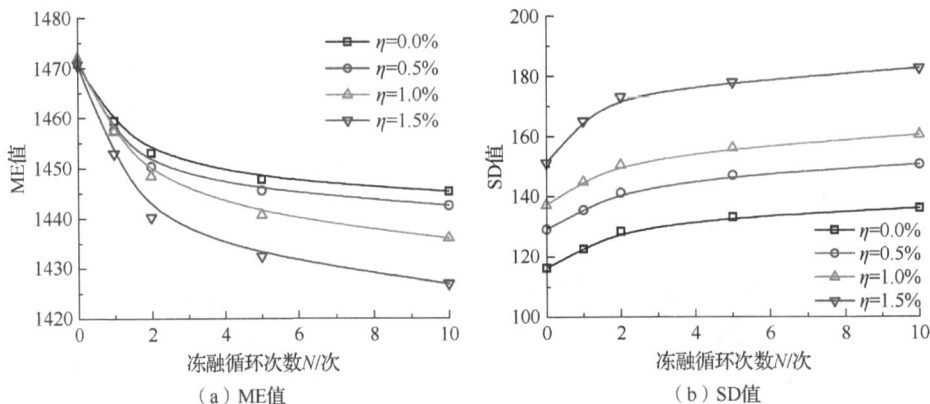

（a）ME值　　　　　　　　　　　　　（b）SD值

图 4-31　CT 数 ME 值与 SD 值随冻融循环次数的变化规律关系曲线

2. Na$_2$SO$_4$含量对细观结构的影响规律

图 4-32 所示为冻融循环 5 次条件下不同 Na$_2$SO$_4$含量盐渍原状 Q$_3$黄土试样 c 截面的 CT 细观结构扫描图像。由图 4-32 可见，冻融循环作用下不含盐试样内部大孔隙或裂隙发育相对较少。随着含盐量增加，CT 图像灰度有一定程度的加深，特别是图像下部裂隙有一定的扩展和发育，出现新的细小孔隙及裂隙，盐蚀劣化程度较不含盐试样显著增大；含盐量 1.5%试样裂缝扩展程度较大，且中部产生较大孔隙。

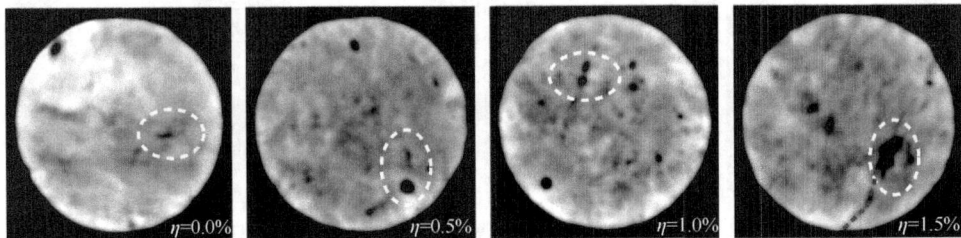

图 4-32　不同含盐量下原状 Q$_3$黄土试样 c 截面的 CT 细观结构扫描图像（N=5 次）

图 4-33 所示为 CT 数 ME 值和 SD 值随含盐量的变化关系曲线。由图 4-33 可见，冻融条件下 CT 数 ME 值和 SD 值随含盐量增大均呈现出近似线性的变化规律。CT 数 ME 值随含盐量增大表现出加速线性衰减特征，CT 数 SD 值表现出线性增加的特征。上述变化规律反映出冻融条件下试样细观结构损伤演化速率随含盐量增大有增大的趋势，即试样内部微裂缝扩展速率逐渐增大，盐蚀劣化作用增强。这很好地解释了前述三轴剪切破坏偏应力和黏聚力随含盐量的变化规律。值得注意的是，未经受冻融循环（N=0 次）作用原状 Q$_3$黄土试样的 CT 数 ME 值随含盐

量增加无显著变化，这是由于未冻融条件下试样内部 Na$_2$SO$_4$ 易溶盐无相态变化，盐蚀劣化作用无法产生，因而 CT 数 ME 值无明显变化。

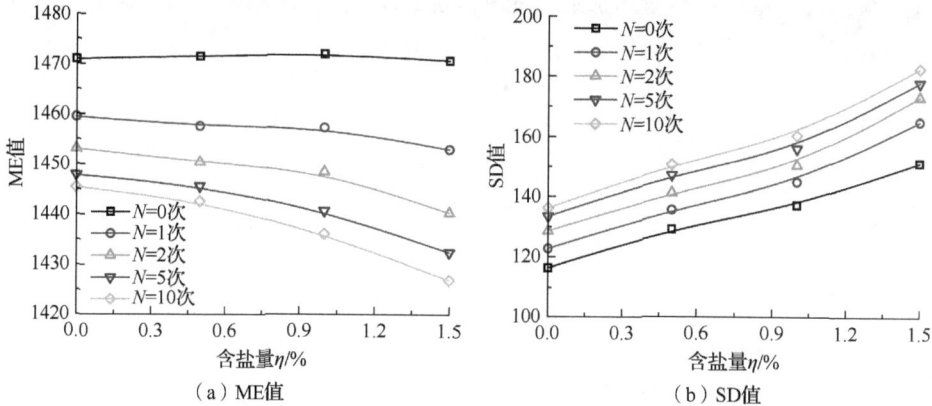

（a）ME值　　　　　　　　　　　（b）SD值

图 4-33　CT 数 ME 值与 SD 值随含盐量的变化关系曲线

3. CT 数损伤变量 D_{ME}

根据 CT 原理[232]可以得到：

$$\rho = \rho_0 (1000 + H) / (1000 + H_0) \tag{4-18}$$

式中：ρ 为试样的密度；ρ_0 为初始状态下试样的密度；H、H_0 分别为与 ρ 和 ρ_0 所对应的试样 CT 数 ME 值。

令

$$\Delta\rho = \rho - \rho_0 \tag{4-19}$$

将式（4-18）代入式（4-19），则有

$$\Delta\rho = \left(\frac{1000 + H}{1000 + H_0} - 1 \right) \times \rho_0 \tag{4-20}$$

根据密度损伤变量公式[233]，可以得到 CT 细观结构损伤变量 D_{ME} 的表达式如下：

$$D_{ME} = -\frac{1}{m_0^2} \frac{\Delta\rho}{\rho_0} \tag{4-21}$$

式中：m_0 为 CT 机空间分辨率。

将式（4-20）代入式（4-21），得到基于 CT 数 ME 值的损伤变量 D_{ME} 表达式：

$$D_{ME} = \frac{1}{m_0^2} \times \left(\frac{H_0 - H}{1000 + H_0} \right) \tag{4-22}$$

式中：D_{ME} 数值越大表示试样损伤幅值越大，$D_{ME}=0$ 代表试样初始状态。

图 4-34 所示为 CT 细观损伤变量 D_{ME} 变化规律曲线。从图 4-34 中可以看出，细观损伤变量随冻融循环次数增加逐渐增大，但增幅逐渐减缓，表现出减速劣化特性；细观损伤变量随含盐量增加近似线性或加速增大，表现出等速或加速劣化特性。

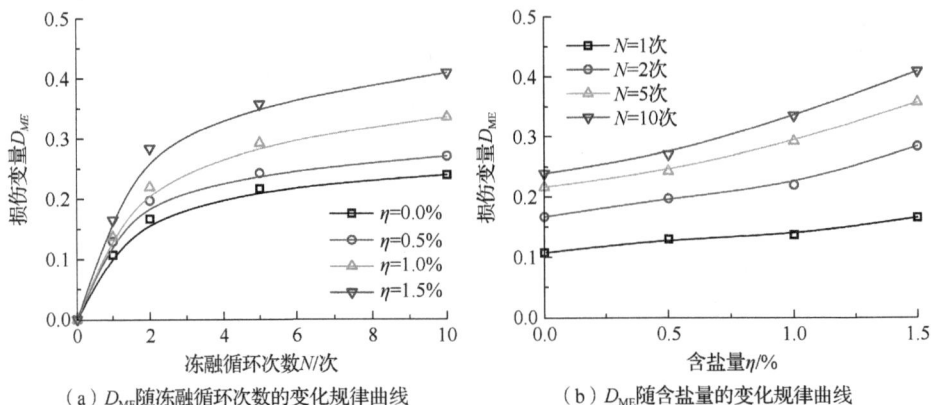

（a）D_{ME} 随冻融循环次数的变化规律曲线　　（b）D_{ME} 随含盐量的变化规律曲线

图 4-34　CT 细观损伤变量 D_{ME} 变化规律曲线

根据细观损伤变量 D_{ME} 随冻融循环次数的变化曲线，进一步发现损伤变量 D_{ME} 与冻融循环次数 N 具有如下关系：

$$D_{ME}(N) = \frac{N}{a + bN} \tag{4-23}$$

式中：N 为冻融循环次数；a、b 均为拟合参数。

将损伤变量 D_{ME} 随冻融循环次数变化结果按 N/D_{ME}-N 的关系进行拟合分析，结果如图 4-35（a）所示。从图 4-35（a）中可以看出，二者近似呈线性关系，其中拟合参数 a 为直线的截距，b 为直线的斜率。

对式（4-23）进一步求导可得

$$\frac{\mathrm{d}(D_{ME})}{\mathrm{d}N} = \frac{a}{(a + bN)^2} \tag{4-24}$$

在曲线的起始点，$N=0$，则式（4-24）可表示为

$$I_{D_{ME}} = \frac{1}{a} \tag{4-25}$$

式中：$I_{D_{ME}}$ 为损伤变量 D_{ME} 的初始斜率。

当 $N \to \infty$ 时，从式（4-23）中可得

$$(D_{ME})_{ult} = \frac{1}{b} \tag{4-26}$$

式中：$(D_{ME})_{ult}$ 为损伤变量 D_{ME} 的极限值，表示试样达到冻融破坏极限时损伤变量的峰值。

由此可以看出，a 为损伤变量 D_{ME} 的初始斜率 $I_{D_{ME}}$ 的倒数；b 为损伤变量 D_{ME} 极限值$(D_{ME})_{ult}$ 的倒数。

图 4-35（b）所示为拟合参数-含盐量关系曲线。从图 4-35（b）中可以看出，拟合参数 a、b 随含盐量变化可近似表示为线性变化关系。因此，进一步考虑含盐量的影响，建立拟合参数 a、b 与含盐量的关系式：

$$\begin{cases} a = \alpha\eta + a_0 \\ b = \beta\eta + b_0 \end{cases} \tag{4-27}$$

式中：η 为试样含盐量；a_0、b_0 和 α、β 分别为图中直线的截距与斜率。

将式（4-27）代入式（4-23）中，可得到细观损伤变量 D_{ME} 在不同冻融循环次数及含盐量下的多变量演化方程：

$$D_{ME}(N,\eta) = \frac{N}{(\alpha\eta + a_0) + (\beta\eta + b_0)N} \tag{4-28}$$

式中：所有参数均通过试验结果拟合得到，a_0=4.941，b_0=3.715，$\alpha = -0.915$，$\beta = -1.087$。

图 4-35（c）所示为含盐量分别为 0.0%、0.5%、1.0%、1.5% 下的损伤变量试验值与计算值对比图。从图 4-35（c）中可以看出，损伤变量试验值与计算值均匀分布于直线 $y=x$ 两侧，拟合相关性较好，表明该模型可较好预测 Na₂SO₄ 盐渍原状黄土冻融过程细观结构损伤演化规律。

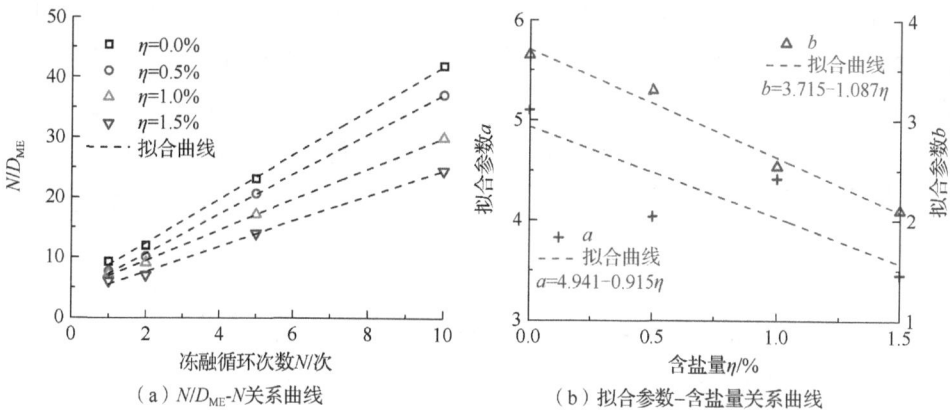

（a）N/D_{ME}-N关系曲线　　　　（b）拟合参数-含盐量关系曲线

图 4-35　细观损伤变量 D_{ME} 拟合分析

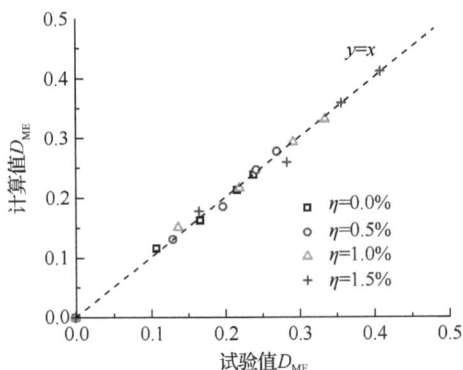

（c）不同含盐量条件下的损伤变量计算值与试验值比较

图 4-35（续）

4.3.5　核磁共振试验结果分析

1. 核磁共振 T_2 谱分布曲线

核磁共振 T_2 谱分布与孔隙尺寸相关。T_2 值越小，代表的孔隙越小；相反，T_2 值越大，代表的孔隙越大。因此，T_2 谱分布反映了孔隙的分布情况。峰的位置与孔径大小有关，峰面积的大小与对应孔径的孔隙数量有关。

图 4-36 所示为冻融条件下 Na_2SO_4 盐渍原状 Q_3 黄土试样的 T_2 谱分布曲线。从图 4-36 中可以看出，随着冻融循环次数的增加，T_2 谱形态上发生了右移，即向大孔隙的 T_2 谱方向偏移，大孔隙 T_2 谱的核磁共振信号强度增大。上述变化规律反映了冻融循环作用下试样内部的微孔隙在逐渐扩展演化。此外，随着冻融循环次数的增加，第一个峰和第二个峰的幅度明显增大，表明在试样中产生了新的微孔隙且水分进入了新的微孔隙，从而导致核磁共振信号强度增大。值得注意的是，随着冻融循环次数的增加，右侧第三个峰所对应的较大尺寸微孔隙的变化并不明显，表明在试样内部尚未出现明显的裂纹扩展以及孔隙尺寸大幅增大的现象。经过 10 次冻融循环后，试样的 T_2 谱分布主要表现为 3 个峰图。

图 4-37 所示为不同含盐量下 Na_2SO_4 盐渍原状 Q_3 黄土试样的 T_2 谱分布曲线。基于图 4-37 的分析，可以看出含盐量不同原状 Q_3 黄土试样的 T_2 谱分布主要表现为 3 个峰图，部分为 4 个峰图。随着含盐量增加，T_2 谱形态上表现出右移的变化趋势，即向大孔隙的 T_2 谱方向偏移，大孔隙 T_2 谱的核磁共振信号强度相应增强。此外，第一个峰和第二个峰的幅度随含盐量增加显著增大，表明在试样中产生了新的微孔隙且水分进入了新的微孔隙，因而核磁共振信号强度增强。值得注意的是，右侧第三个峰所对应的较大尺寸微孔隙随含盐量增加的变化规律并不显著，

表明在试样内部尚未出现明显的裂纹扩展及孔隙尺寸大幅度增大的现象。

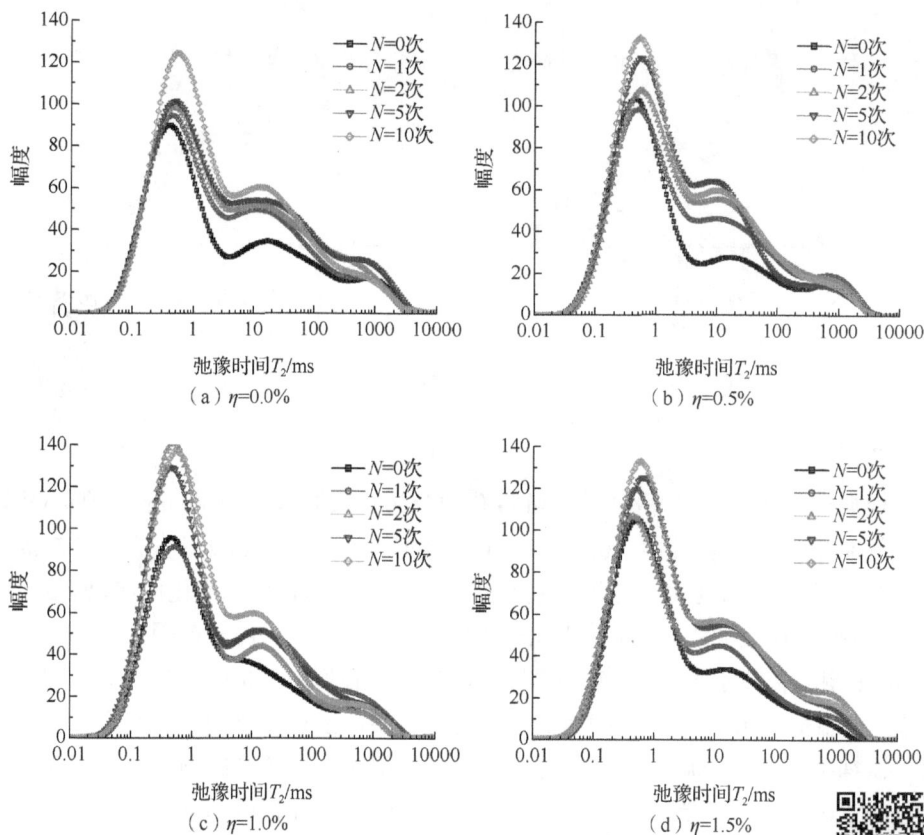

（a）η=0.0%　　（b）η=0.5%

（c）η=1.0%　　（d）η=1.5%

图 4-36　不同冻融循环次数下 T_2 谱分布曲线

彩图 4-36

（a）N=1次　　（b）N=2次

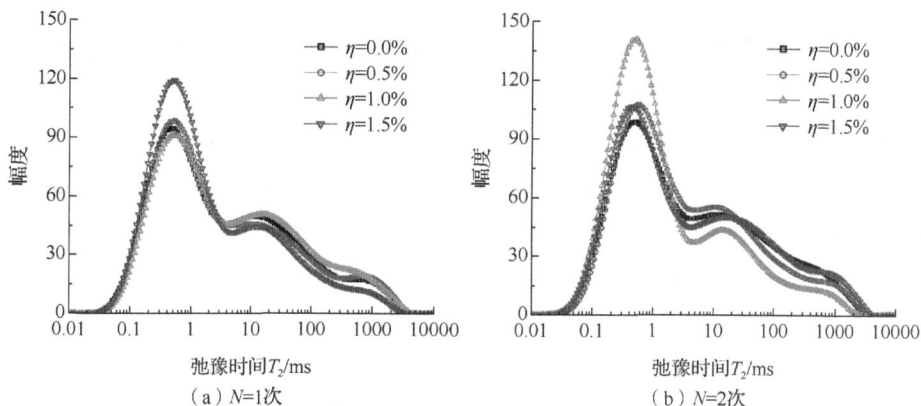

图 4-37　不同含盐量下 T_2 谱分布曲线

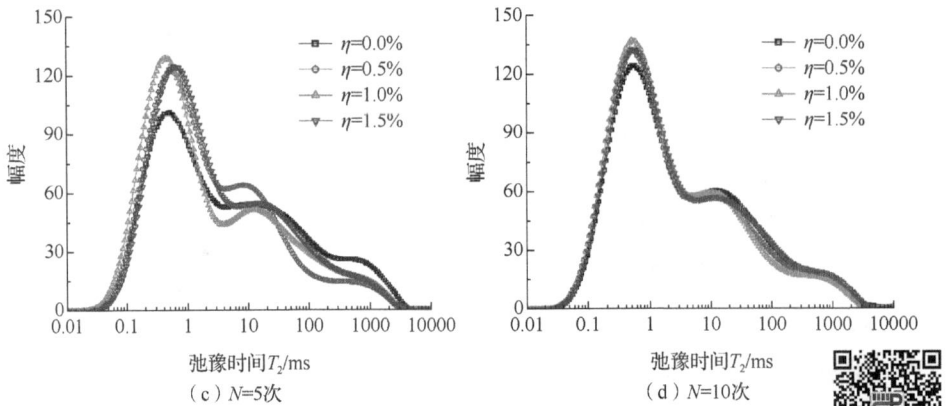

（c）N=5次　　　　　　　　　　　（d）N=10次

图 4-37（续）

2. 孔径分布

根据一般孔隙分类标准[234]，可将孔隙分为粗大孔隙（>1000μm）、细小孔隙（10～1000μm）、细微孔隙（0.1～10μm）、超微孔隙（<0.1μm）。基于前述 T_2 谱分布曲线，可得出试样冻融过程不同孔径对应的孔隙体积百分比变化曲线，如图 4-38 所示。由图 4-38 可见，冻融前试样孔径主要集中在 0.01～0.1μm 范围，孔径在 0.1～10μm 范围的孔隙相对较少；冻融循环 1 次后孔径在 0.01～0.1μm 范围的孔隙显著减少，而孔径在 0.1～10μm 范围的孔隙显著增多。上述变化规律表明土体在经历第一次冻融循环作用后，孔隙水的冻融循环作用对土体结构影响较大，试样内部孔径在 0.01～0.1μm 范围的超微孔隙发育为 0.1～10μm 范围的细微孔隙。随着冻融循环次数的持续增加，孔径在 0.01～0.1μm 范围的超微孔隙有继续减少的趋势，孔径在 0.1～10μm 与 10～1000μm 范围的孔隙有增加的趋势。由此，反复冻融循环作用下试样内部孔隙持续增大，孔径在 0.01～0.1μm 范围的超微孔隙逐渐发育为 0.1～10μm 范围的细微孔隙与 10～1000μm 范围的细小孔隙。经历 10 次冻融循环作用后，孔径在 0.01～0.1μm 范围的孔隙有增多的趋势，这表明随着冻融循环的进行，试样内部又有新的超微孔隙产生。值得注意的是，冻融循环作用时 0.01～0.1μm 与 0.1～10μm 范围内孔隙体积所占百分比最大，两者之和约占总孔隙的 70%。由此可见，Na_2SO_4 盐渍原状 Q_3 黄土试样冻融过程中内部孔隙以微孔隙为主。

图 4-39 所示为不同含盐量下 Na_2SO_4 盐渍原状 Q_3 黄土孔径分布特征。由图 4-39 可见，不同含盐量下的孔隙体积百分比呈"三峰"分布特征，试样孔径主要分布在 0.01～0.1μm 范围，说明试样以超微孔隙为主，并且随着含盐量增加，超微孔隙占比呈增大趋势。含盐量较高（含盐量为 1.0% 和 1.5%）试样，超微孔隙所占体积百分比最大。当孔径大于 0.1μm 后，随着含盐量增加，试样孔隙体积百分比

变化规律并不显著，表明 Na$_2$SO$_4$ 盐渍原状 Q$_3$ 黄土试样在盐蚀作用下未表现出显著的裂隙扩展和孔隙直径增加现象。

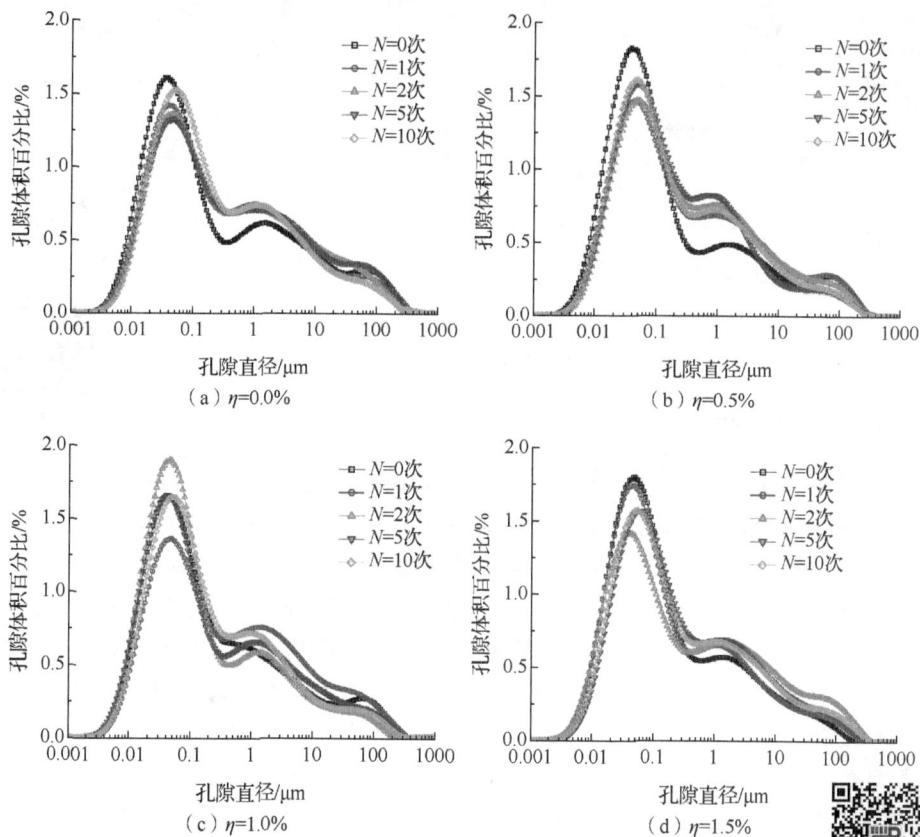

图 4-38　不同冻融循环次数下孔径分布特征

彩图 4-38

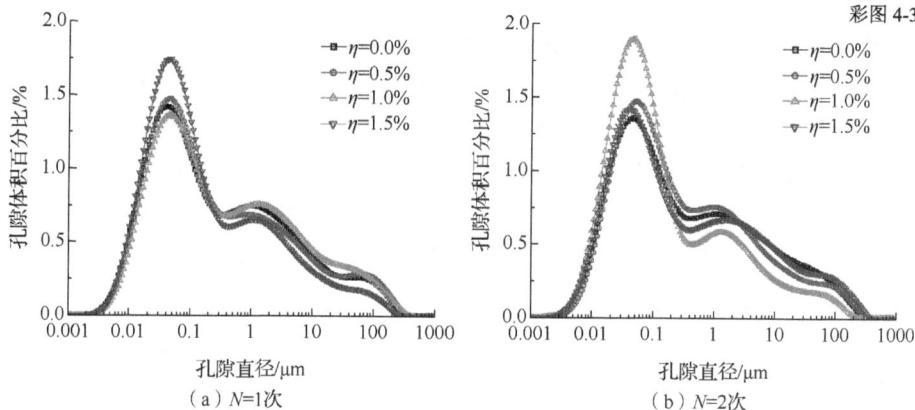

图 4-39　不同含盐量下孔径分布特征

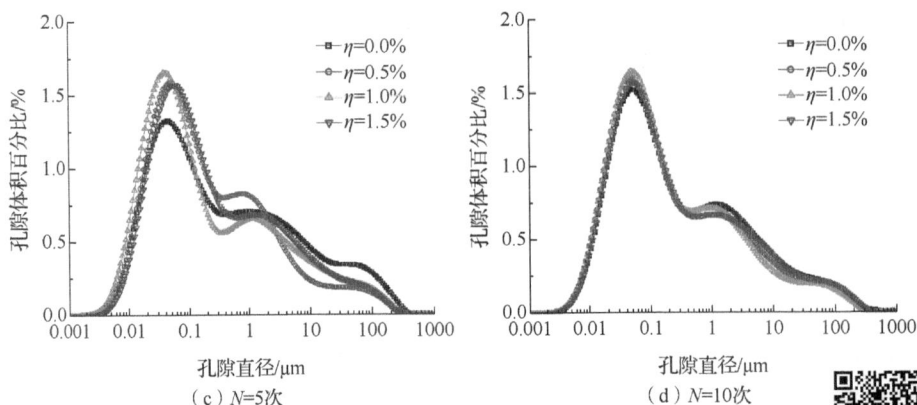

图 4-39（续）

3. 孔隙率分析

基于核磁共振 T_2 谱总面积 S_{T_2} 与土样孔隙率 n 的函数关系，可将前述 T_2 谱分布曲线转化为孔隙率变化规律曲线，如图 4-40 所示。从图 4-40 中可以看出，不同含盐量试样的初始孔隙率存在一定差异。随着冻融循环的进行，孔隙率逐渐增大，且前两次冻融循环条件下孔隙率增幅较大；随着冻融循环次数的进一步增加，孔隙率增幅逐渐减缓，最终趋于一个稳定数值。分析其原因，试样内部孔隙中的水分在低温环境下冻结，孔隙水冻结成冰后体积增大，对土颗粒结构形成的挤压作用使土颗粒间的联结作用发生破坏，致使土体内部的孔隙逐渐发育。反复的冻融循环使孔隙中的水分多次冻结与融化，土体的结构性逐渐弱化，土体内部的小孔隙发展成较大孔隙，同时孔隙数量也逐渐增多，因此孔隙率逐渐增大。冻融循环前试样的初始结构较为密实，土颗粒间空间较小，因此前两次冻融循环时冻融循环作用产生的挤压作用对土颗粒结构的劣化效应较为显著，表现为前两次冻融循环时孔隙率增幅较大；随着冻融循环的进行，试样内部孔隙逐渐增大，因而冻融循环作用对土颗粒结构的影响逐渐变小，土体结构逐渐达到一个动态平衡状态，从而导致土体孔隙率的增幅越来越小。从图 4-40 中还可以看出，随着含盐量增大，孔隙率近似线性增大，但增幅相对较小。分析其原因，试样内部孔隙水中的 Na_2SO_4 在低温条件下吸水结晶析出，体积膨胀，这种盐胀作用会对土颗粒结构造成挤压，破坏土颗粒间的联结作用，致使土体内部的孔隙发育。反复冻融循环作用下，孔隙水中的 Na_2SO_4 多次析出与溶解，使土体的结构性逐渐弱化，土体内部的小孔隙逐渐发展成较大孔隙，因此孔隙率逐渐增大。随着含盐量增大，盐胀作用引起的体积膨胀越显著，对土颗粒结构的挤压破坏作用也越大，因此孔隙率随含盐量增大近似表现出线性变化规律。

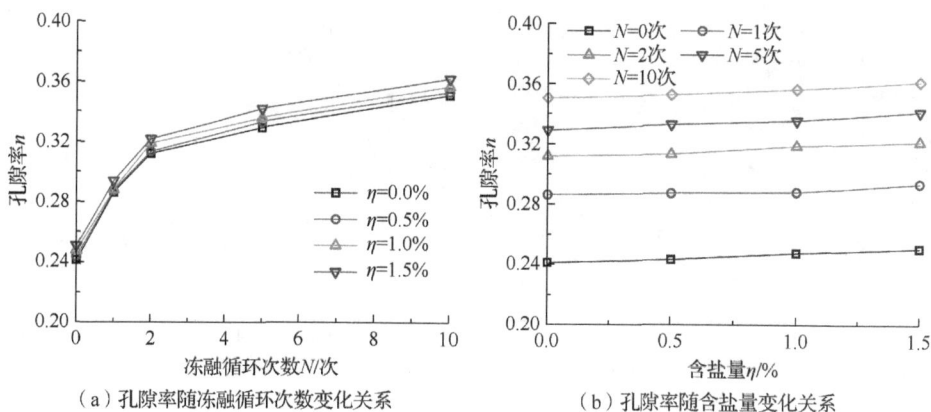

（a）孔隙率随冻融循环次数变化关系　　　　（b）孔隙率随含盐量变化关系

图 4-40　基于核磁共振的孔隙率变化规律曲线

4. 孔隙率演化方程

基于前述核磁共振孔隙率测定分析结果，发现孔隙率 n 与冻融循环次数 N 有着明显的相关性，因而可得到试样孔隙率 n 与冻融循环次数 N 的拟合关系，如图 4-41 所示。由图 4-41 可见，孔隙率 n 与冻融循环次数 N 拟合曲线的相关系数 R^2 都在 0.96 以上，因此建立孔隙率 n 与冻融循环次数 N 的拟合关系式是有依据且可以用于孔隙率预测的。

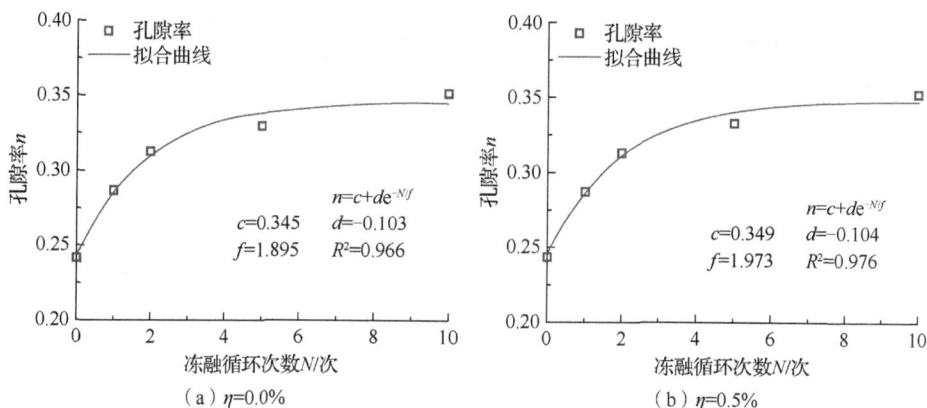

（a）η=0.0%　　　　　　　（b）η=0.5%

图 4-41　孔隙率拟合曲线

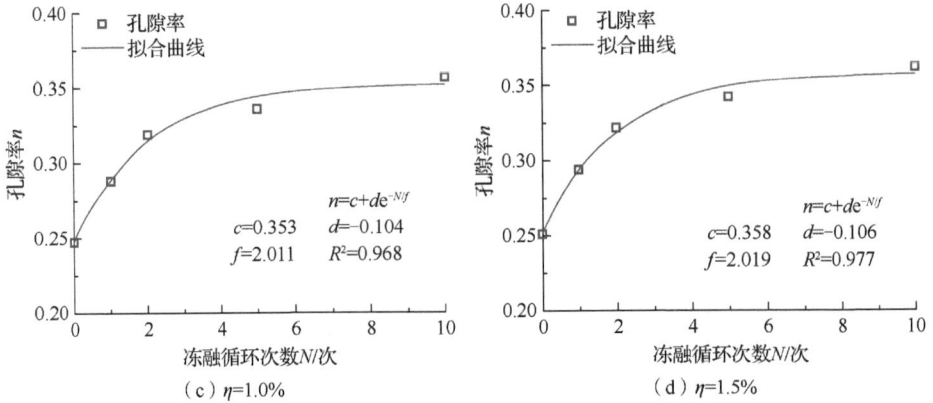

图 4-41（续）

基于所有样品孔隙率 n 与冻融循环次数 N 关系的拟合观察，孔隙率 n 与冻融循环次数 N 的关系式可表示为

$$n = c + de^{-N/f} \tag{4-29}$$

式中：n 为土样孔隙率；N 为冻融循环次数；c、d、f 均为拟合参数。

表 4-1 所示为不同含盐量下的拟合参数及相关系数值。从表中可以看到，参数 c、d、f 均随着含盐量的变化而变化。

表 4-1　不同含盐量下的拟合参数及相关系数值

参数及相关系数	拟合参数及相关系数值			
	$\eta=0.0\%$	$\eta=0.5\%$	$\eta=1.0\%$	$\eta=1.5\%$
c	0.345	0.349	0.353	0.358
d	−0.103	−0.104	−0.104	−0.106
f	1.895	1.973	2.011	2.019
R^2	0.966	0.976	0.968	0.977

进一步考虑含盐量的影响，表 4-1 中的参数为已知值，对其进行拟合分析。拟合结果如图 4-42 所示。

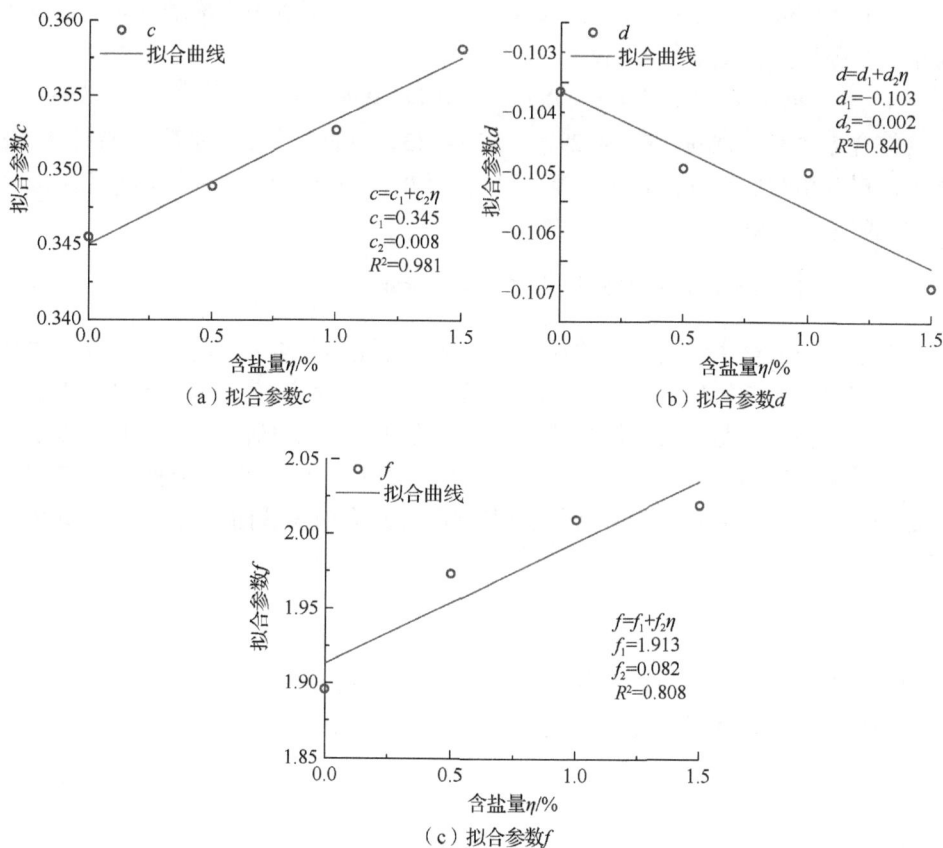

(a) 拟合参数 c

(b) 拟合参数 d

(c) 拟合参数 f

图 4-42　参数 c、d、f 的拟合分析

拟合结果可表示为

$$c = c_1 + c_2\eta \tag{4-30}$$

$$d = d_1 + d_2\eta \tag{4-31}$$

$$f = f_1 + f_2\eta \tag{4-32}$$

表 4-2　参数 c、d、f 的拟合结果及相关系数值

	c_1	c_2	R^2
c	0.345	0.008	0.981
	d_1	d_2	R^2
d	−0.103	−0.002	0.840
	f_1	f_2	R^2
f	1.913	0.082	0.808

将式（4-30）~式（4-32）代入式（4-29）中，可得到考虑冻融循环次数及含盐量的孔隙率多变量演化方程：

$$n(N,\eta) = (0.345 + 0.008\eta) + (-0.103 - 0.002\eta)\mathrm{e}^{-N/(1.913+0.082\eta)} \qquad （4-33）$$

综合上述推导过程，式（4-29）~式（4-33）中的拟合相关系数 R^2 总体在 0.8 以上，拟合相关性较好，表明该模型可较好预测该 Na_2SO_4 盐渍原状 Q_3 黄土冻融过程孔隙率演化规律。

5. 基于核磁共振孔隙率的损伤变量演化方程

连续损伤力学中结构材料的损伤形态是遵循连续介质力学的概念，通过"代表性体积单元"分析确定。"代表性体积单元"比原状 Q_3 黄土构件尺寸小得多，但不是微结构，只是包含足够多的微结构，可以在单元内研究非连续物理量的平均行为和响应。利用"代表性体积单元"可以将二维损伤分析推广到三维。Kachanov[235]认为材料劣化的主要机制是缺陷导致有效承载面积的减少，据此提出连续度 φ 的概念：

$$\varphi = \frac{\tilde{A}}{A} \qquad （4-34）$$

式中：A 为无损状态的有效承载面积；$\tilde{A}$ 为损伤后有效承载面积。

利用"代表性体积单元"的概念可以将它推广到三维损伤情形，即

$$\varphi = \frac{\tilde{V}}{V} \qquad （4-35）$$

式中：V 为无损状态的有效体积；$\tilde{V}$ 为损伤后有效体积。

Rabotnov[236]引入连续度 φ 的一个相补参量，即损伤变量 D：

$$D = 1 - \varphi \qquad （4-36）$$

式中：D 为标量，$D=0$ 为无损状态，$D=1$ 为理论上的极限损伤状态，即完全损伤。实际材料在损伤度达到 1 之前已经破坏。

冻融循环作用前盐渍原状 Q_3 黄土的初始状态视为无损状态，据此可得到基于核磁共振孔隙率的原状 Q_3 黄土三维损伤变量 D_n：

$$D_n = \frac{V - \tilde{V}}{V} = \frac{n - n_0}{1 - n_0} \qquad （4-37）$$

式中：n_0 为试样初始孔隙率；n 为试样损伤后的孔隙率。

将式（4-33）代入式（4-37）中，可得到考虑冻融循环次数及含盐量的损伤变量演化方程：

$$D_n(N,\eta) = \frac{(0.345 + 0.008\eta) + (-0.103 - 0.002\eta)\mathrm{e}^{-N/(1.913+0.082\eta)} - n_0}{1 - n_0} \qquad （4-38）$$

4.4　讨　　论

4.4.1　黏聚力损伤变量 λ_C 与 CT 数损伤变量 D_{ME}

Na₂SO₄ 盐渍原状 Q₃ 黄土宏观损伤特征表现为强度的劣化，劣化过程中必然伴随着试样内部细观裂隙的产生和发展，CT 扫描试验可以定量化研究试样细观结构损伤演化规律。基于此，分别定义基于黏聚力的宏观损伤变量 λ_C 和 CT 数 ME 值的细观损伤变量 D_{ME}，以对比分析宏细观损伤演化规律的相互关系。CT 细观损伤变量 D_{ME} 已得到，黏聚力宏观损伤变量 λ_C 可通过下式计算：

$$\lambda_C = \frac{C_0 - C_{i-j}}{C_0} \tag{4-39}$$

式中：λ_C 数值越大表示试样损伤幅值越大，$\lambda_C=0$ 代表试样初始状态，$\lambda_C=1$ 代表完全损伤状态；C_0、C_{i-j} 的含义同式（4-14）。

宏观损伤变量 λ_C 和细观损伤变量 D_{ME} 变化规律如图 4-43 所示。从图 4-43 中可以看出，宏细观损伤变量表现出相似的变化规律：冻融初始阶段宏细观损伤变量均增幅较大，随着冻融循环次数持续增加，逐渐趋于稳定，表明冻融循环作用会导致试样的减速劣化效应。此外，宏细观损伤变量随含盐量增加其增幅均逐渐增大，表明盐蚀作用会导致试样的加速劣化效应。综上，宏细观损伤变量表现出的一致变化规律表明试样 CT 细观结构损伤变量准确揭示了宏观三轴剪切力学强度指标的劣化机理。

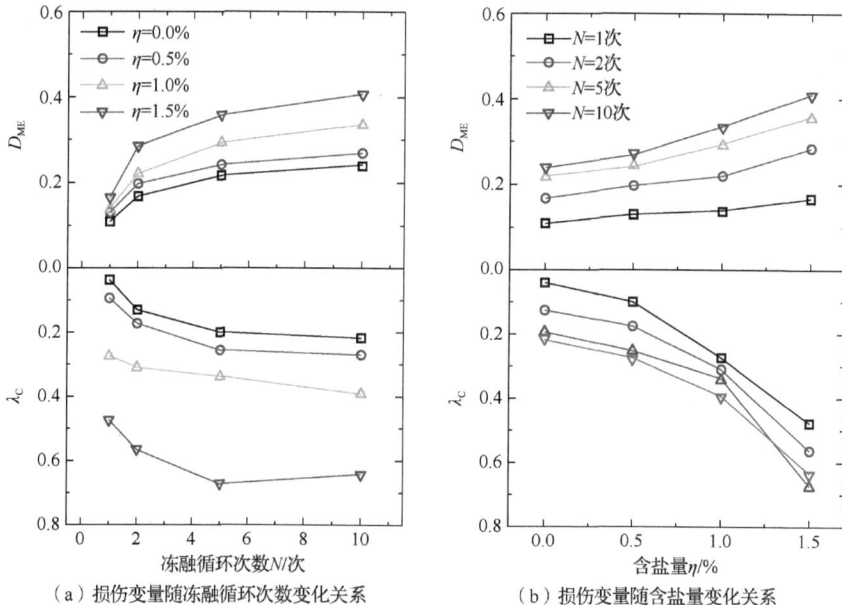

（a）损伤变量随冻融循环次数变化关系　　　　（b）损伤变量随含盐量变化关系

图 4-43　宏观损伤变量 λ_C 和细观损伤变量 D_{ME} 变化规律曲线

4.4.2　黏聚力损伤变量λ_C与孔隙率损伤变量D_n

盐渍原状 Q_3 黄土在宏观上的破坏表现为强度的损失，在破坏过程中，必然伴随着土体内部细观裂隙的产生和发展，而核磁共振扫描试验可以定量化揭示土体内部的孔隙发展情况。基于此，以下分析宏观黏聚力损伤变量 λ_C 和基于核磁共振试验孔隙率的细观损伤变量 D_n，以探究宏细观损伤破坏的一致性和差异性。

图 4-44 所示为黏聚力损伤变量 λ_C 和孔隙率损伤变量 D_n 随冻融循环次数和含盐量的变化规律曲线。从图 4-44 中可以看出，宏细观损伤变量随冻融循环次数表现出一致的变化规律，2 次冻融循环后 D_n、λ_C 平均增幅分别为 36.5%、35.5%；5 次冻融循环之后宏细观损伤变量的变化幅值均相对较小，最终趋于一个稳定的数值。从图 4-44 中还可以看出，宏观损伤变量随含盐量增大加速增大，揭示了加速劣化效应；细观损伤变量随含盐量增大表现出近似线性或加速增大的规律，反映了等速或加速劣化的规律。由此，宏细观损伤变量随含盐量的变化规律是基本一致的。

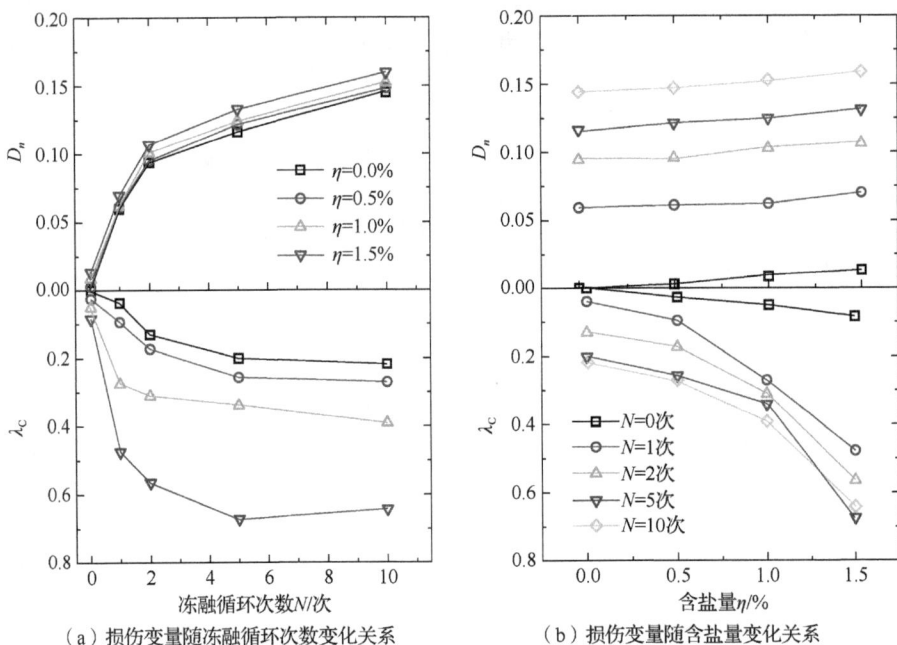

（a）损伤变量随冻融循环次数变化关系　　　（b）损伤变量随含盐量变化关系

图 4-44　黏聚力损伤变量λ_C与孔隙率损伤变量D_n变化规律曲线

4.5　小　　结

本章通过冻融条件下的室内三轴剪切试验、电镜扫描试验、CT 扫描试验及核磁共振扫描试验，对 Na_2SO_4 盐渍原状 Q_3 黄土的损伤劣化特性进行了系统和深入的研究，主要得到以下结论。

（1）Na_2SO_4 盐渍原状 Q_3 黄土试样表面的裂隙率及分形维数随冻融循环次数增大均逐渐增加，表现出显著的冻融和盐蚀劣化效应。

（2）冻融循环作用对应力-应变曲线的类型及特征无明显影响，均表现为应变硬化型。破坏偏应力随着冻融循环次数增加逐渐减小，但降低速率逐渐减小，表现出减速劣化特征；冻融条件下破坏偏应力随着含盐量增加逐渐减小，且表现出线性或加速劣化特征。黏聚力呈现与破坏偏应力相似的劣化特征；内摩擦角变化幅值较小，无显著变化规律。冻融与盐蚀劣化因子的比值随冻融循环次数增加逐渐增大但增速逐渐减小，随含盐量增大逐渐减小且衰减速率逐渐减小。

（3）冻融和盐蚀劣化作用导致土颗粒集合体形态和土颗粒排列及连接方式等特征的改变，进而影响试样孔隙大小及分布状态，导致土体结构性弱化。随着冻融循环次数增加，试样大中孔隙数量增加，孔隙表现出一定的定向性分布特征；孔隙分形维数与面孔隙率亦表现出相似的变化规律。

（4）CT 数 ME 值随冻融循环次数增加表现出减速衰减特征，冻融条件下 CT 数 ME 值随含盐量增大呈现出近似线性或加速衰减特征；构建了基于 CT 数 ME 值的细观损伤变量在不同冻融循环次数及含盐量下的多变量演化方程，可较好地预测试样冻融过程细观结构损伤演化规律。

（5）随着冻融循环次数的增加，T_2 谱形态发生了右移，向大孔隙的 T_2 谱方向偏移，大孔隙 T_2 谱的核磁共振信号强度增加；随着含盐量的增加，第一个峰和第二个峰的幅度显著增大，表明试样中产生了新的微孔隙；通过 T_2 谱分布曲线，建立核磁共振 T_2 谱总面积 S_{T_2} 与试样孔隙率 n 的函数关系；建立了基于核磁共振孔隙率的细观损伤变量在不同冻融循环次数及含盐量下的多变量演化方程，可较好地预测试样冻融过程细观结构的损伤演化规律。

第 5 章　冻融循环作用下 Na_2SO_4 盐渍原状黄土渗透特性试验研究

黄土是第四纪以来形成的一种多孔隙弱胶结的特殊沉积物，具有强烈的水敏性，遇水后湿陷和软化，水环境的变化极易诱发黄土灾害。黄土的水敏性是由于水的渗透浸润引起的，土体中含水量的增加会降低土体抗剪强度，因而渗透性直接影响着黄土体的工程力学特性，是一个非常重要的设计参数。然而我国西北黄土高原处于季节性冻土地区，气温周期性变化所诱发的冻融循环效应会对黄土的结构性产生显著的影响，从而导致其渗透特性发生显著变化。此外，由于黄土地区特殊的地质环境与自然条件，边坡表层富集 Na_2SO_4 等易溶盐，在冻融循环等条件下极易发生反复溶解和结晶的盐蚀作用，使被侵蚀黄土结构损伤扩展，劣化破坏，从而诱发边坡盐蚀型崩塌等灾害。因此，开展冻融循环效应下含盐黄土的渗透特性和盐蚀劣化等方面的研究具有重要意义。

冻融循环作用下 Na_2SO_4 盐渍原状 Q_3 黄土不仅受到冰水相变诱发的冻融劣化作用，还受到冻融过程中 Na_2SO_4 易溶盐相态变化诱发的盐蚀劣化作用（$Na_2SO_4 \cdot 10H_2O$ 晶体体积为 Na_2SO_4 的 4.18 倍）。鉴于此，本章选用西安原状 Q_3 黄土，采用自行设计的浸润法制备不同 Na_2SO_4 含量的盐渍原状 Q_3 黄土试样，模拟冻融循环过程，采用三轴渗透、CT 扫描试验并结合三维重构技术，探究冻融循环及盐蚀劣化耦合作用对盐渍原状 Q_3 黄土试样渗透系数的影响规律以及渗透系数与细观结构演化的相互关系。

5.1　试验材料与试样制备

本章试验黄土与前述第 3 章和第 4 章一致，浸润法试样制备方法与前述第 4 章一致，在此不再赘述。

5.2　试　验　方　案

5.2.1　冻融循环试验

本章采用的冻融循环试验方案与前述第 4 章冻融循环试验方案一致，在此不再赘述。

5.2.2　CT 扫描试验与三维重构

CT 扫描试验采用 YXLON Y.CT Modula 高分辨率工业 CT 系统（图 5-1）。该系统具体参数：最大测量截面尺寸（直径）为 100mm，最大测量高度为 200mm；最大放大倍数为 200，空间分辨率为 10μm；最大扫描电压为 225kV，最大功率为 320W。CT 扫描可一次性扫描多个断面，得到相应数据及扫描图像；同时具有较高的分辨率及较大的扫描面积；可对试样进行无损伤的内部结构扫描；通过扫描图像颜色灰度的不同，可以清晰地探究材料内部结构密度分布情况及密度变化规律。CT 图像对材料内部形态的反馈是通过不同灰度来实现的，对低密度区即 X 射线低吸收区用黑色区域表示，对高密度区即 X 射线高吸收区用白色区域表示。

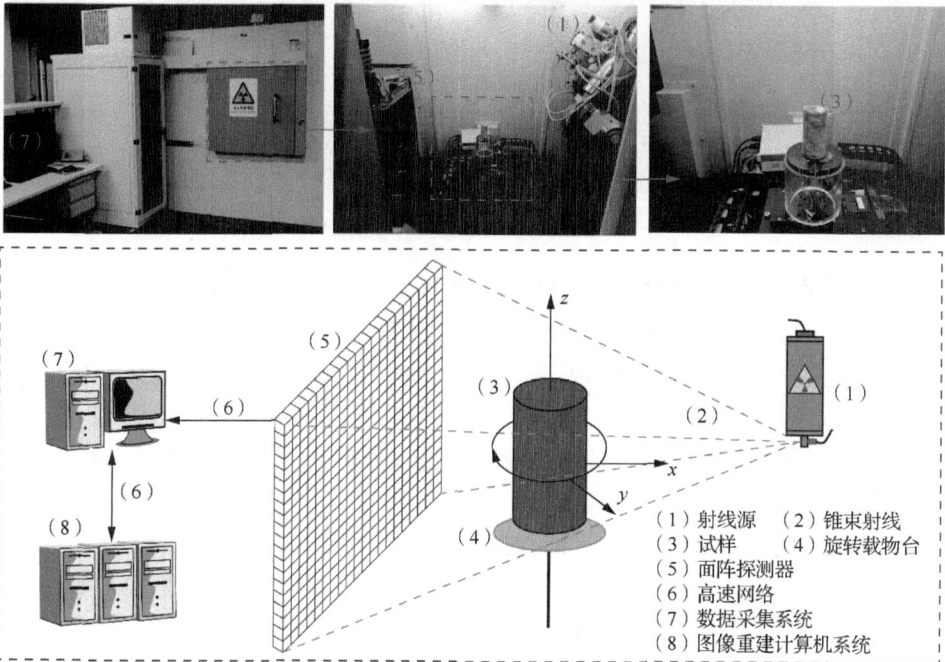

（1）射线源　（2）锥束射线
（3）试样　　（4）旋转载物台
（5）面阵探测器
（6）高速网络
（7）数据采集系统
（8）图像重建计算机系统

图 5-1　Micro-CT 试验机组成及测试流程

CT 扫描试验采用直径为 39.1mm、高度为 80mm 的标准三轴圆柱体试样。进一步采用自行设计的浸润法向试样中浸入不同浓度的 Na₂SO₄ 盐水来制备含水量 w 为 20%，含盐量 η 分别为 0.0%、0.5%、1.0%、1.5% 的盐渍原状 Q₃ 黄土试样。盐渍原状 Q₃ 黄土试样的 CT 扫描分别在干湿循环的 0 次、1 次、2 次、5 次、10 次后进行，从 x 轴、y 轴、z 轴三个方向对试样进行全身段旋转扫描。平板探测器接收包含试样内部结构信息的 X 射线，高速网络将数据传输到数据采集主机中并由图像重构机群将数据可视化为 x 轴、y 轴、z 轴三个方向的 CT 扫描二维图像（试

验土样横断面、纵断面等三个断面的像素图），扫描所得图像的软件界面如图 5-2
所示。

图 5-2　CT 扫描输出图像界面

选取试样扫描后所得的二维横断面 CT 图像，利用软件处理后获得 CT 数 ME
值及 SD 值。CT 数均值 ME 反映试样二维扫描断面内材料的平均密度；CT 数方
差 SD 值反映试样二维扫描断面内所有物质点的离散程度。因此，ME 值及 SD 值
的变化可以很好地揭示试样内部的损伤扩展演化规律。进一步将上述 CT 扫描得
到的细观结构图像结合三维图像重构算法进行处理，可获得试样的完整三维孔
（裂）隙等细观结构。

三维重构技术就是将二维平面数据经过一定处理形成三维数据并进行显示。
三维重构技术早期应用在医学领域。随着 CT 技术和图形处理技术的发展，三维
重构技术开始从医学界和工业界推广到岩土工程领域，形成了以几何描述为目的
的三维重构技术。本次三维重构试验采用 MATLAB 语言，利用改进的最大类间
方差法（OTSU 算法）[237]进行阈值划分，最后利用三维重构软件对扫描后的 CT
图像进行三维重构。

阈值分割是决定重构后的模型能否精确描述实际物理模型的关键一步。根据
CT 扫描环境及扫描试件的不同，会生成具有不同颜色特征的 CT 图像。本章针对
CT 图像的特征并结合扫描试样孔隙结构特点，采用了 OTSU 阈值选择算法。OTSU
算法的基本思想是利用图像的灰度，将图像中的目标与背景分为两部分，两者之
间的类间方差越大则构成图像的背景与目标两个部分的差别越大。根据这种关系，
选取类间方差最大时的灰度值来确定图像的最佳分割阈值。OTSU 算法被认为是

图像分割阈值选取的最佳算法，其计算简单，不受图像亮度和对比度的影响。通过快捷易用的图像处理和可视化软件，快速导入 CT 断层序列图像数据，对序列图像进行基于阈值和形态学算法的组织分割、执行面绘制为主的三维重构以及大规模数据的转换处理。考虑到试样孔隙及土颗粒分布的不均匀性，如果仅考虑单一阈值分割，会造成很大的误差。由此，最终采用分组重构方法，具体三维重构流程及验证如图 5-3 所示。首先对扫描的图像进行伪彩色处理，识别出土柱部分；对图像进行降噪，排除非土柱部分的干扰。然后利用最大类间方差法求出所有图片的最佳分割阈值，并按土柱高度方向对分割阈值分组。最后利用三维重构软件对 CT 图像进行分组多截面重构，并对模型进行优化。常用的逆向重构工程软件都具有数据查询及统计分析算法，这极大地方便了科研人员对三维数据的信息获取，通过统计分析算法获取孔隙及土颗粒体积从而最终确定其三维细观结构孔隙率。为进一步验证三维重构计算方法的准确性，利用原状 Q$_3$ 黄土试样已知的孔隙率，对上述重构模型进行验证，结果表明该方法重构效果较好。

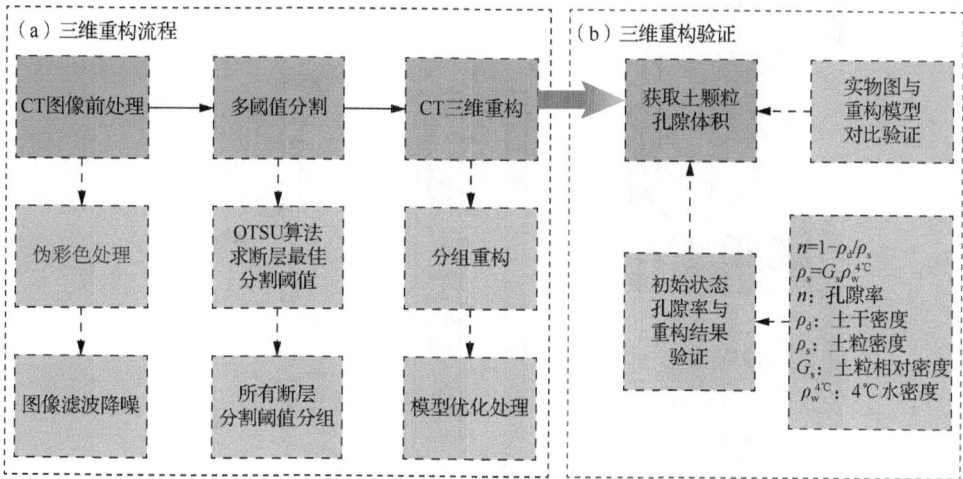

图 5-3 三维重构流程及验证

土颗粒及孔隙的初始体积可以通过下式求得：

$$V = \frac{1}{4}\pi d^2 h \tag{5-1}$$

式中：V 为土样体积；d 为土样直径；h 为土样高。

$$n = 1 - \frac{\rho_d}{\rho_s} \tag{5-2}$$

式中：n 为土样孔隙率；ρ_d 为土的干密度；ρ_s 为土粒密度。

$$\rho_s = G_s \rho_w^{4℃} \tag{5-3}$$

$$V_s = V(1-n) = V \frac{\rho_d}{G_s \rho_w^{4℃}} \qquad (5\text{-}4)$$

式中：V_s 为土粒体积；G_s 为土粒相对密度；$\rho_w^{4℃}$ 为 4℃时纯蒸馏水的密度。

5.2.3　渗透试验

为探究冻融循环作用下 Na_2SO_4 盐渍原状 Q_3 黄土土体渗透系数的变化规律，本次变水头三轴渗透试验设置 15kPa、50kPa、100kPa、150kPa 四级围压。试验采用的变水头三轴渗透试验装置如图 5-4 所示。该渗透装置主要由 TSS-1 型柔性壁三轴渗透控制器与三轴渗透压力室组成。该渗透装置密封性好、测试速度较快、精度较高，能更好地测定样品的渗透系数。渗透试验采用的试样含水量 w 为 20%，含盐量 η 分别为 0.0%、0.5%、1.0%、1.5%。冻融循环试验方案为低温-20℃下冻结 12h，高温 20℃下融化 12h。试样在冻融循环 0 次、1 次、2 次、5 次、10 次后取出，抽真空饱和，然后进行三轴围压渗透试验。每个试样在四级围压下分别读数，计算出其渗透系数。

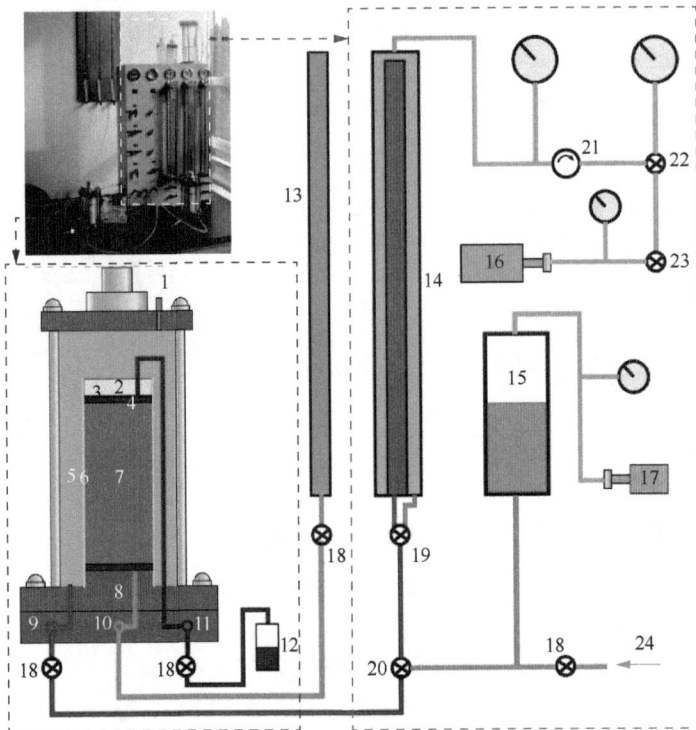

图 5-4　变水头三轴渗透试验装置

1	排气孔	7	土样	13	变水头管	19	量程选择阀
2	顶盖	8	底座	14	双量程量筒	20	围压控制阀
3	透水石	9	围压口	15	无气水供应器	21	围压调节阀
4	滤纸	10	进水口	16	空压机	22	三通阀
5	压力室	11	出水口	17	小气泵	23	限压阀
6	乳胶薄膜	12	出水收集器	18	单通阀	24	注水口

图 5-4（续）

渗透系数具体测定步骤如下。

1. 真空抽气过程

分别将经历 0 次、1 次、2 次、5 次、10 次冻融循环后的试样装入三瓣膜饱和器中，然后将装有试样的饱和器放入真空缸中抽气 1h，抽气过程中保持真空压力表读数不变；将除气水缓慢注入饱和缸中，待水位漫过饱和器后，停止抽气并缓慢打开饱和缸进气阀，确保饱和缸内气压缓慢升至大气压强，以使除气水缓慢浸入试样中，从而降低饱和过程对试样结构性的扰动；最后将试样在除气水中静置 12h。

2. 三轴渗透试验过程

（1）将真空抽气后的试样取出并用橡胶膜包裹后放入三轴渗透压力室中，用橡胶圈将橡胶模的两端分别与顶盖和底座套紧固定；待钢化玻璃罩盖上后，拧紧底座与钢化玻璃罩之间的固定螺母。

（2）通过压力室围压阀门接口将除气水注入压力室中，当压力室上端的排气口有水溢出后立即拧紧排气口塞并停止注水；将进水管、出水管和围压管分别与变水头管、集液瓶和压力室围压阀门连接后，关闭压力室进水口阀门；然后在变水头管中加入蒸馏水至 100cm 刻度处，打开围压控制阀门和出水口阀门，将围压调节至与水头压相同并打开压力室进水口阀门，使水流经试样内部；当出水口无气泡流出且进水量与出水量相同时，则说明试样已达到饱和状态。

（3）关闭压力室进水阀门和出水阀门，将围压调节至 15kPa，读取无气量管中的液面刻度；然后打开压力室出水阀门，待无气量管内的液面不再下降且出水口不再有液体排出时，则表明试样已经完全排水固结，此时记录无气量管中稳定后的液面刻度。

（4）重新在变水头管中加蒸馏水至 100cm 刻度处，随后打开进水阀门使蒸馏水流经试样；当出水口中有水流出时，开始记录变水头管中起始水头高度和起始时间；待一段时间后，关闭进水口阀门，记录结束水头高度和结束时间，并用温度计测记出水口的水温；最后基于上述测读数据，采用变水头渗透系数计算公式换算得到试样渗透系数。重复上述步骤 5~6 次，取其均值作为试样在当前围压下的渗透系数。

（5）缓慢转动围压调节阀，将围压依次调节到 50kPa、100kPa、150kPa，待试样完全排水固结后，按照上述步骤依次测定试样渗透系数。

试样的渗透系数按下式计算：

$$k = 2.3 \frac{aL}{A(t_2 - t_1)} \lg \frac{H_1}{H_2} \qquad (5-5)$$

式中：a 为变水头管的截面面积；2.3 为 ln 和 lg 的变换因数；L 为渗透路径，即原状试样高度；A 为试样面积；t_1 和 t_2 分别为测读水头的起始时间和终止时间；H_1 和 H_2 分别为起始水头和终止水头高度。

以水温 20℃为标准温度，标准温度下的渗透系数应按下式计算：

$$k_{20} = k_T \frac{\eta_T}{\eta_{20}} \qquad (5-6)$$

式中：k_{20} 为标准温度下的试样的渗透系数；η_T 为当前 T（℃）时水的动力黏滞系数；η_{20} 为水温 20℃时水的动力黏滞系数。

由《土工试验方法标准》（GB/T 50123—2019）得出水的动力黏滞系数比 η_T / η_{20} 随温度的变化规律曲线如图 5-5（a）所示。图 5-5（b）所示为实验室温度变化规律，从出水口处流出的液体温度变化范围为 19.9~25.2℃，平均值为 22.6℃，其对应的黏滞系数比为 0.94。

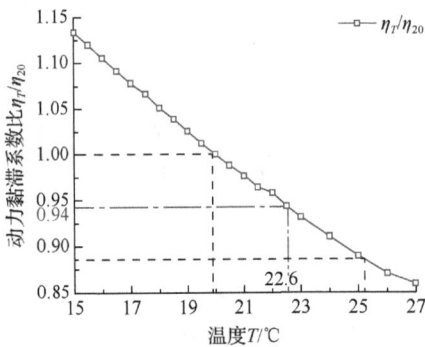

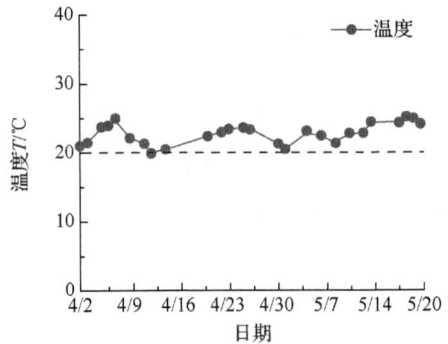

（a）水的动力黏滞系数比随温度的变化规律曲线　　　（b）实验室温度变化规律

图 5-5　水的动力黏滞系数比变化规律

5.3　试验结果与分析

图 5-6 所示为 Na_2SO_4 盐渍原状 Q_3 黄土试样在不同冻融循环次数下的 CT 细

观扫描图像。图中白色区域为试样密度较大处，黑色区域为试样中孔洞、裂隙发育的位置。由图 5-6 可见，试样细观结构破坏特征主要表现为微小孔洞直径扩展引起的破坏，孔洞与裂纹贯通引起的破坏以及初始裂纹长度和宽度增大引起的破坏。冻融循环前原状 Q_3 黄土试样存在较多小孔洞及微裂纹，存在一定的初始损伤效应。随着冻融循环次数增加，微小孔洞逐渐扩大，且有互相贯通的趋势，如图 5-6 中矩形框所示。微小孔洞在冻融过程中孔壁边缘受张拉应力影响，沿孔壁产生微裂缝，与同方向邻近的裂纹贯通，引起裂隙发育，如图 5-6 中椭圆形框所示。初始裂纹随着冻融循环次数增加逐渐演化成裂隙，其长度及宽度均有不同程度的扩展，如图 5-6 中三角形框所示。分析其原因，冻结条件下试样大中孔隙及裂隙中的水分相变成冰所诱发的冻胀力促使大孔隙扩展，因而孔壁部位出现应力集中，产生细小裂缝；融化条件下孔隙中冰晶融化为孔隙水，扩大的孔隙及产生的裂缝则保留下来，冻融过程具有不可逆性。

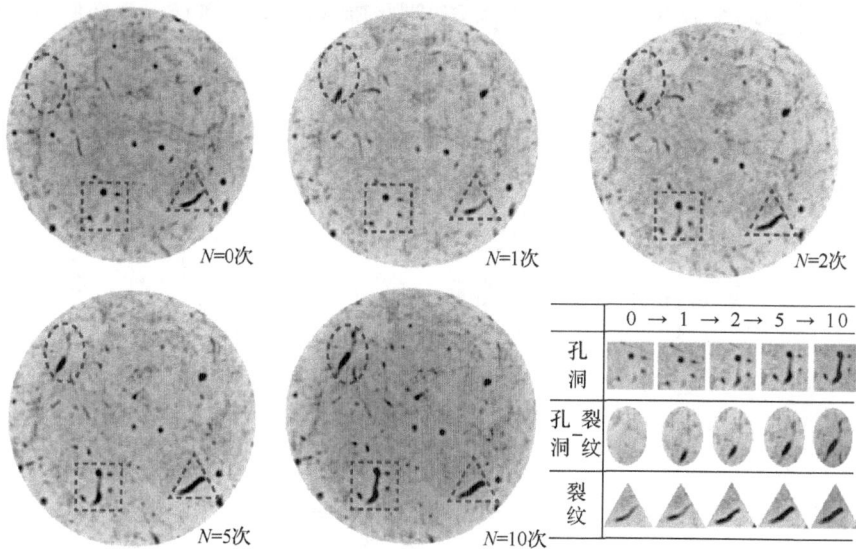

图 5-6　不同冻融循环次数下 CT 细观扫描图像（$\eta=1.0\%$）

图 5-7 所示为不同含盐量试样的 CT 细观扫描图像。从图 5-7 中可以看出，冻融条件下随着含盐量增加，图像灰度有一定程度的加深，裂隙开度增大，产生新的细小孔隙及裂隙；含盐量 1.5%试样的损伤程度显著增大且产生较大裂隙。从图 5-8 所示的 Na_2SO_4 相变曲线中可以看出，正温阶段随着温度降低，析出的晶体以 $Na_2SO_4 \cdot 10H_2O$ 为主，结晶 Na_2SO_4 的体积是无水 Na_2SO_4 体积的 4.18 倍，该阶段试样的破坏主要由盐胀作用引起；负温阶段随着温度降低，析出晶体以冰和结晶 Na_2SO_4 为主，该阶段试样的破坏主要由盐胀和冻胀作用引起。

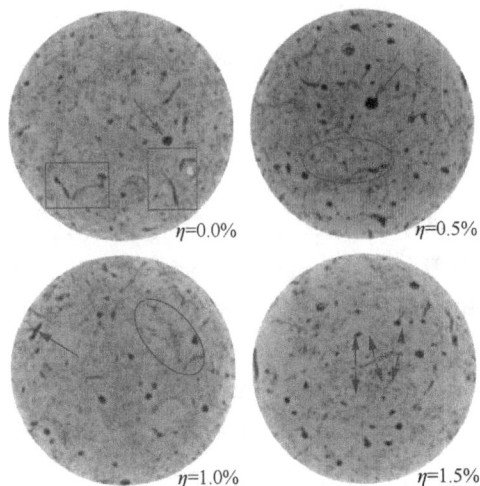

图 5-7　不同含盐量下 CT 细观扫描图像（N=5 次）

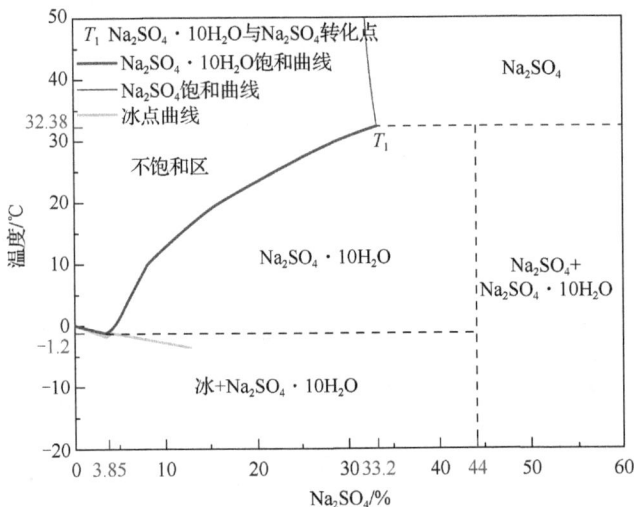

图 5-8　Na_2SO_4 相变曲线

5.3.1　CT 数分析

图 5-9 所示为 CT 数 ME 值和 SD 值随冻融循环次数的变化关系。由图 5-9 可见，随冻融循环次数增加，Na_2SO_4 盐渍原状 Q_3 黄土试样的 CT 数 ME 值表现出指数衰减特征，其降幅主要集中在前 5 次冻融循环，之后趋于平缓，表现出减速衰减规律；相应的 CT 数 SD 值随冻融循环次数的增加而增大，但增幅逐渐减小，最终趋于一个稳定数值。上述变化规律反映出冻融初始阶段试样细观结构损伤演化速率较大，试样内部微裂隙增长较快；多次冻融循环后，试样细观结构损伤劣化

作用减弱。这与前述第 4 章 CT 数 ME 值的变化规律是一致的。

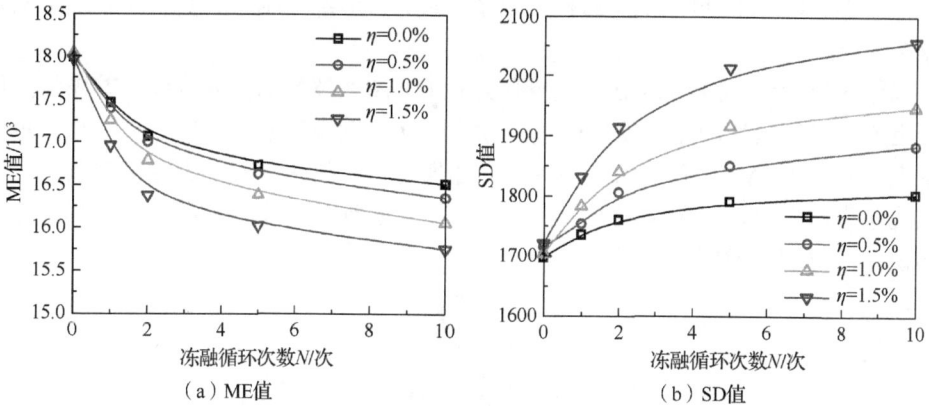

图 5-9　CT 数 ME 值与 SD 值随冻融循环次数的变化关系

图 5-10 所示为 CT 数 ME 值和 SD 值随含盐量的变化关系。由图 5-10 可见，冻融条件下 CT 数 ME 值和 SD 值随着含盐量增加近似表现出线性或加速变化规律。上述变化规律反映出冻融条件下试样细观结构损伤演化速率随含盐量增大有增大的趋势，试样内部微裂缝扩展速率逐渐增大，盐蚀劣化作用增强。此外，未经受冻融循环（$N=0$ 次）作用原状 Q$_3$ 黄土试样的 CT 数 ME 值与 SD 值随含盐量增加无显著变化，这是由于未冻融条件下试样内部 Na$_2$SO$_4$ 易溶盐无相态变化，盐蚀劣化作用无法产生，因而 CT 数无显著变化。

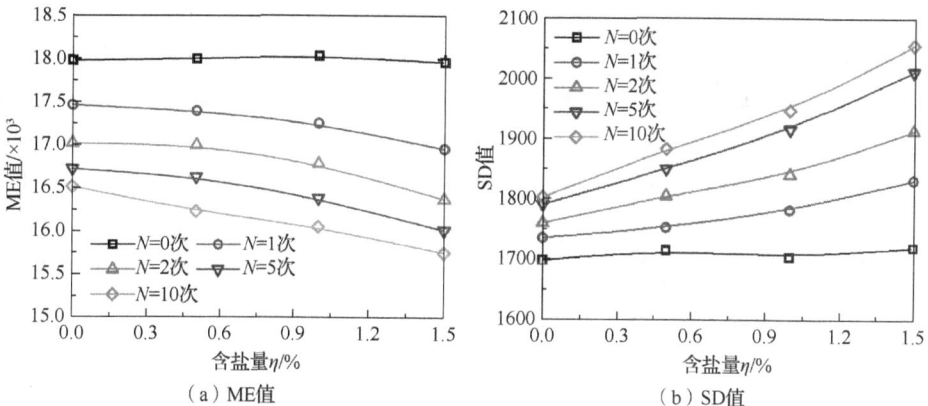

图 5-10　CT 数 ME 值与 SD 值随含盐量的变化关系

5.3.2　CT 图像定量分析

PCAS 软件可以很好地识别试样 CT 图像切片损伤后的裂隙，对其进行二值化，去除杂点，骨架化等操作，进而得到试样的裂隙率、裂隙分形维数等参数。

裂隙率 λ_c 为统计区域内裂隙面积与总面积的比值，反映裂隙发育程度；裂隙分形维数 D_f 用于反映裂隙空间结构的复杂程度，分形维数越大表明土体裂隙结构越复杂。

图 5-11 所示为 PCAS 软件定量化处理 CT 图像裂隙的具体流程：首先将经历一定冻融循环次数的盐渍原状 Q_3 黄土试样的 CT 图像截取成固定像素大小的矩形图像；利用 PCAS 软件对截取后的 CT 图像进行二值化处理并去除多余杂点，黑色线条表示裂隙，白色区域表示土体；对裂隙进行骨架化处理；最后进行裂隙网络识别，得到裂隙统计数据。

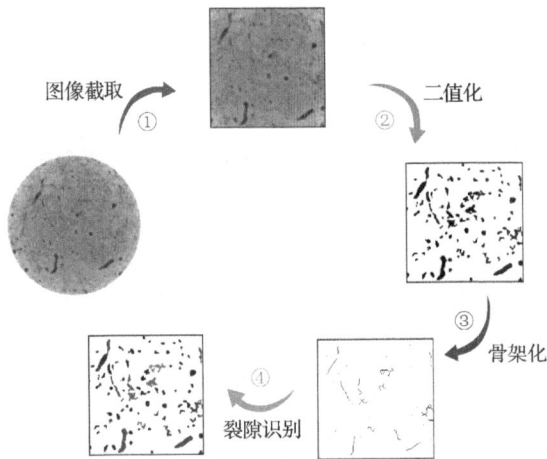

图 5-11　CT 图像裂隙网络分析过程

图 5-12（a）所示为裂隙率、裂隙分形维数及其对应二值化图像随冻融循环次数的变化规律。从图 5-12（a）中可以看出，随着冻融循环次数增加，裂隙率逐渐增大但增幅逐渐减小，冻融劣化作用主要集中于冻融循环早期阶段。裂隙分形维数在冻融循环早期阶段（前 2 次冻融循环）显著增大，而后增速急剧减小。上述变化规律说明冻融循环初期阶段裂隙扩展演化速率较大。同时从二值化图像中也可清晰地看出，2 次冻融循环后试样产生多条裂隙且已有的微小孔洞也迅速扩大，表明试样劣化程度显著增加。

图 5-12（b）所示为裂隙率、裂隙分形维数及其对应二值化图像随含盐量的变化关系。由图 5-12（b）可见，裂隙率及裂隙分形维数随含盐量增加近似表现出线性增大的变化规律。这是由于冻融循环条件下，含盐量越大则冻结过程析出的 $Na_2SO_4 \cdot 10H_2O$ 晶体越多，对试样土颗粒间的挤压破坏作用愈大，盐蚀劣化效应相应增大。

（a）随冻融循环次数的变化规律（$\eta=1.5\%$）　　　（b）随含盐量的变化规律（$N=10$次）

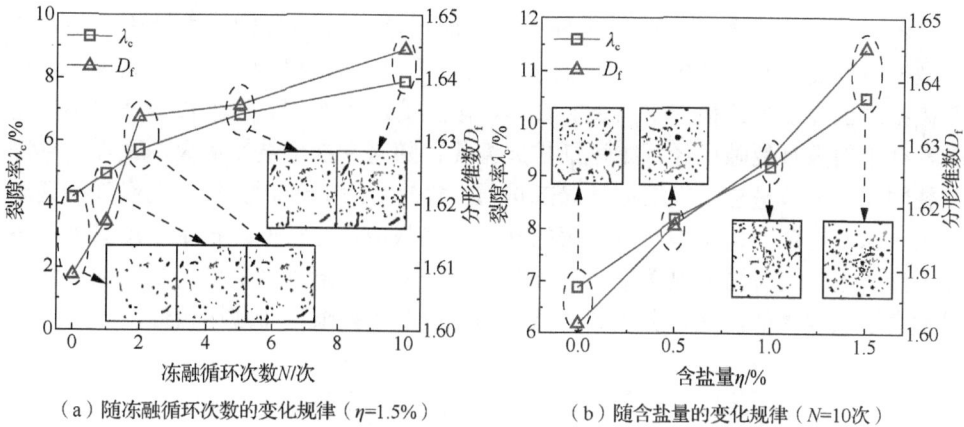

图 5-12　裂隙参数随冻融循环次数及含盐量的变化规律

5.3.3　CT 图像三维重构试验结果分析

1. 三维重构模型

图 5-13 所示为不同冻融循环次数条件下盐渍原状 Q_3 黄土试样的三维重构模型及其典型横纵剖面图变化规律。断面图中绿色区域代表土骨架颗粒，颜色越深代表试样密度越大；黄色区域代表试样中孔洞和裂隙发育的位置。从图 5-13 中可以看出，冻融前可以观察到原状 Q_3 黄土试样表面的大孔隙特征。横剖面图表明试样内部大孔隙及裂隙随冻融循环次数增加逐渐扩展，表现出显著的冻融劣化效应。观察其纵剖面图，可发现试样内部显著的裂隙扩展演化特征。值得注意的是，封闭系统多向快速冻融循环条件下冻融循环作用诱发的孔（裂）隙主要发育于试样内部，试样表面无显著变化。上述黄土试样冻融过程结构弱化产生的裂隙成为水分渗流和盐分迁移的良好通道，进而影响黄土的强度及渗透特性。

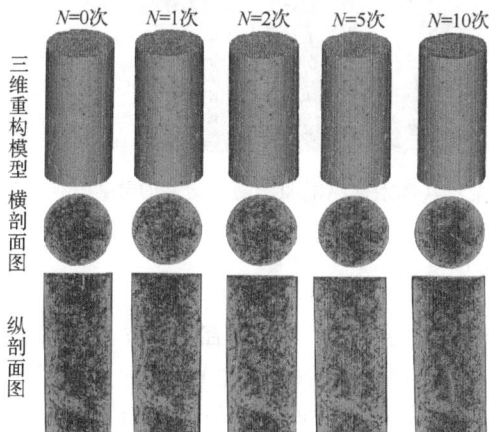

彩图 5-13

图 5-13　三维重构模型及其典型横纵剖面图随冻融循环次数的变化规律（$\eta=1.0\%$）

　　图 5-14 所示为不同含盐量条件下盐渍原状 Q_3 黄土试样的三维重构模型及其典型横纵剖面图变化规律。从图 5-14 中可以看出，冻融循环条件下 Na_2SO_4 含量变化亦对试样细观结构产生显著的影响。含盐量为 0.5%时，试样内部产生不规则冻融细小裂隙且裂隙已经开始逐渐扩展演化；随着含盐量继续增大，试样内部冻融裂隙尺寸及数量进一步增加且局部贯通；含盐量为 1.5%时，裂隙已经开始逐渐汇集，从而导致土体结构产生显著的盐蚀损伤效应，这很好地揭示了冻融循环条件下渗透系数随含盐量显著增大的细观机理。此外，盐蚀劣化作用诱发的裂隙主要发育于试样内部，这与上述冻融循环作用诱发的裂隙分布规律相似。

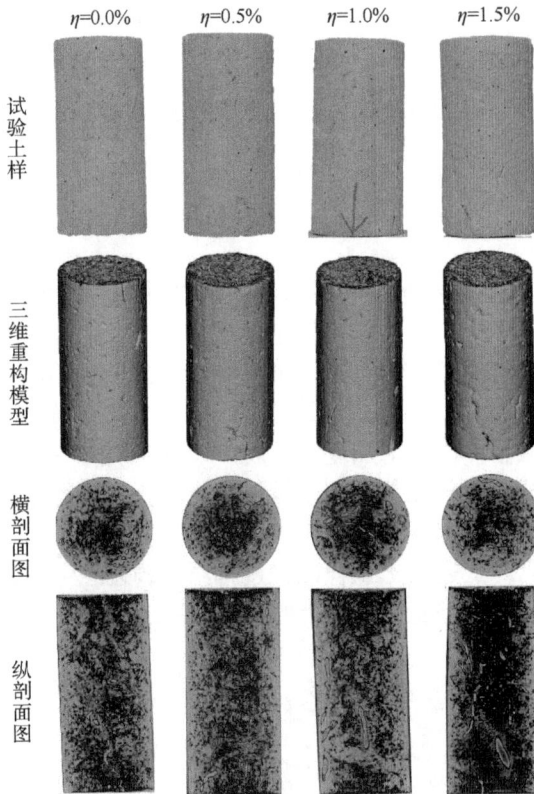

彩图 5-14

图 5-14　三维重构模型及其典型横纵剖面图随含盐量的变化规律（N=10 次）

2. 三维重构孔隙率演化方程

　　为进一步深入揭示冻融循环条件下 Na_2SO_4 盐渍原状 Q_3 黄土试样渗透系数变化的细观机制，基于三维图像处理软件的统计分析算法，可以分别定量化确定试样的孔（裂）隙体积及土骨架颗粒体积，进而最终确定其三维细观结构孔（裂）隙率，结果如图 5-15 所示。以下为方便定量化分析和描述问题，将三维重构孔（裂）隙率统一表示为孔隙率。从图中可以看出，冻融循环条件下冻融循环次数和 Na$_2$SO$_4$ 含量对孔隙率均产生显著的影响，但变化规律不同。随着冻融循环次数增加，孔隙率逐渐增大，但增速逐渐减缓，趋于一个稳定数值；而冻融循环条件下孔隙率随着含盐量增加却近似表现出线性增大的变化规律。值得注意的是，由于未经受冻融循环（N=0 次）条件下试样中的 Na$_2$SO$_4$ 易溶盐无法表现出相态变化即盐蚀损伤作用，因而三维细观结构孔隙率随含盐量增加无显著变化规律且变化幅值很小。

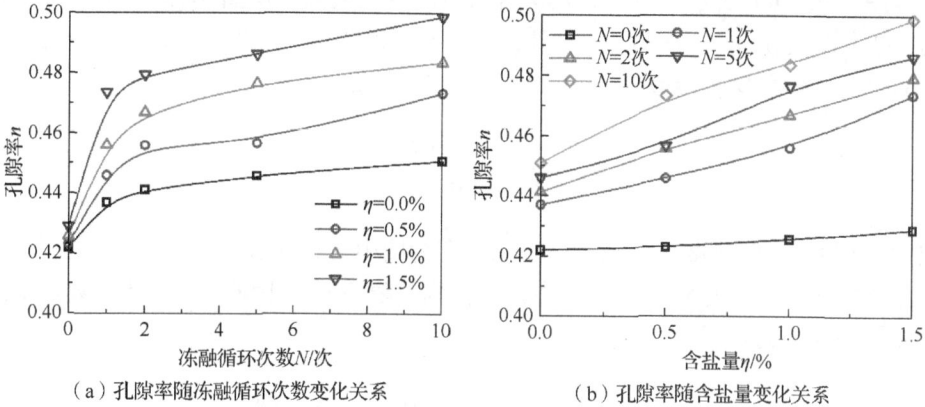

（a）孔隙率随冻融循环次数变化关系　　　　（b）孔隙率随含盐量变化关系

图 5-15　三维重构孔隙率变化规律

　　分析上述三维重构孔隙率随冻融循环次数的变化规律曲线，发现孔隙率 n 与冻融循环次数 N 具有如下函数关系：

$$n(N) = \frac{N}{p + qN} + \tilde{n}_0 \tag{5-7}$$

式中：N 为冻融循环次数；$\tilde{n}_0$ 为试样初始孔隙率均值，取值为 0.4247；p、q 均为拟合参数。

　　将孔隙率 n 随冻融循环次数变化结果按 $\dfrac{N}{n - \tilde{n}_0}$ ～N 的关系进行拟合分析，结果如图 5-16（a）所示。从中可以看出，二者近似呈线性关系，其中拟合参数 p 为直线的截距，q 为直线的斜率。

　　对式（5-7）进一步求导可得

$$\frac{\mathrm{d}(n - \tilde{n}_0)}{\mathrm{d}N} = \frac{p}{(p + qN)^2} \tag{5-8}$$

　　在曲线的起始点，N=0 次，则式（5-8）可表示为

$$I_n = \frac{1}{p} \tag{5-9}$$

式中：I_n 为孔隙率 n 的初始斜率。

当 $N \to \infty$ 时，根据式（5-7）可得出：

$$n_{ult} - \tilde{n}_0 = \frac{1}{q} \qquad (5\text{-}10)$$

式中：n_{ult} 为孔隙率 n 的极限值，表示试样达到冻融破坏极限时孔隙率的峰值。

由此可以看出，p 代表孔隙率 n 的初始斜率 I_n 的倒数；q 为 $n_{ult} - \tilde{n}_0$ 的倒数。

图 5-16（b）所示为拟合参数与含盐量的变化关系。从图 5-16（b）中可以看出，拟合参数 p、q 与土体的含盐量具有线性变化关系。因此，需进一步考虑含盐量的影响，建立拟合参数 p、q 与含盐量的关系式：

$$\begin{cases} p = \alpha\eta + p_0 \\ q = \beta\eta + q_0 \end{cases} \qquad (5\text{-}11)$$

式中：η 为试样含盐量；p_0、q_0 和 α、β 分别为图中直线的截距与斜率。

将式（5-11）代入式（5-7）中，可得到孔隙率 n 在不同冻融循环次数及不同含盐量条件下的多变量演化方程：

$$n(N,\eta) = \frac{N}{(\alpha\eta + p_0) + (\beta\eta + q_0)N} + \tilde{n}_0 \qquad (5\text{-}12)$$

式中：所有参数均通过试验结果拟合得到，$p_0 = 54.007$，$q_0 = 29.730$，$\alpha = -31.045$，$\beta = -13.056$。

图 5-16（c）所示为含盐量分别为 0.0%、0.5%、1.0%、1.5% 条件下的孔隙率实测值与计算值对比图。从图 5-16（c）中可以看出，孔隙率实测值与计算值均匀分布于直线 $y=x$ 两侧，拟合相关性较好，表明该模型可较好地预测 Na_2SO_4 盐渍原状 Q_3 黄土冻融过程孔隙率 n 的演化规律。

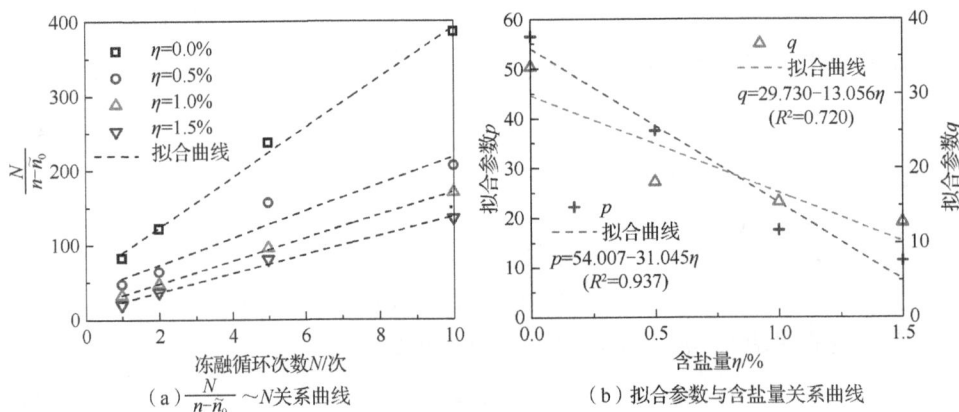

图 5-16　三维重构孔隙率 n 拟合分析

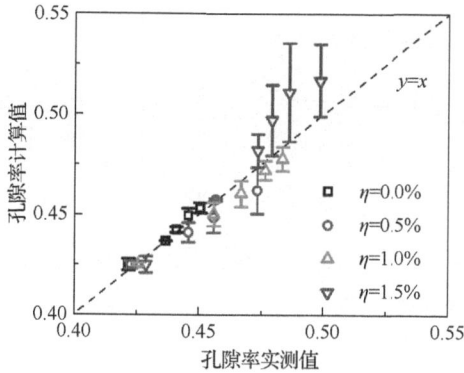

（c）计算值与实测值比较

图 5-16（续）

5.3.4　三轴渗透试验结果分析

1. 渗透系数变化规律分析

图 5-17 所示为渗透系数随冻融循环次数的变化规律。从图 5-17 中可以看出，渗透系数随着冻融循环次数的增加显著增大，但其增幅逐渐减缓，5 次冻融循环后其增长速率显著减小，逐渐趋于一个稳定数值。分析其原因，如图 5-18（a）所示，冻融循环作用下试样受冰水相变的影响发生冻胀融沉，试样内部孔隙和微裂隙不断扩展，孔（裂）隙结构损伤演化无法恢复，导致黄土体结构和强度逐渐弱化，从而为水分提供了良好的渗流通道，渗透系数相应增大。多次冻融循环作用后，土颗粒排列趋于平衡状态，试样结构强度趋于稳定的残余强度，渗透特性趋于稳定，反复冻融循环效应下渗透系数趋于一个稳定数值。

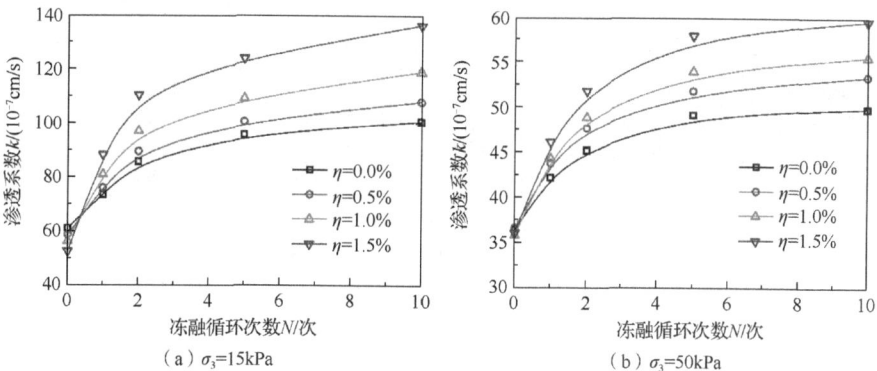

（a）σ_3=15kPa

（b）σ_3=50kPa

图 5-17　渗透系数随冻融循环次数的变化规律

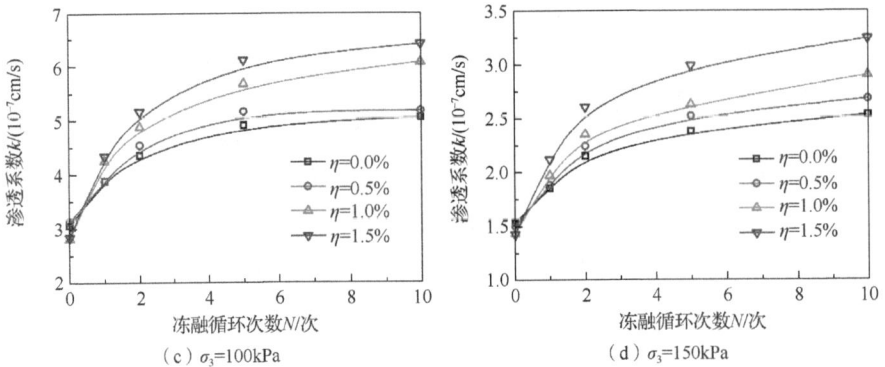

（c）$\sigma_3 = 100kPa$

（d）$\sigma_3 = 150kPa$

图 5-17（续）

图 5-19 所示为渗透系数随含盐量的变化规律。从图 5-19 中可以看出，冻融循环效应下试样渗透系数随 Na_2SO_4 含量的变化规律与未经受冻融循环试样（$N=0$ 次）显著不同，其随含盐量增加近似表现出线性或加速增大特征。分析其原因，如图 5-18（b）所示，冻融循环条件下试样内部 Na_2SO_4 可溶盐的结晶—溶解—重结晶过程的反复盐蚀劣化作用使土体结构受到破坏并变得较为松散，试样内部孔隙或微裂隙的张开度变大，从而导致渗透系数增大；未经受冻融循环作用的试样渗透系数整体随含盐量增加无显著变化，这主要是由于未经受冻融循环试样内部的 Na_2SO_4 易溶盐无相态变化即盐蚀作用对土体结构劣化效应无法产生，因此其渗透系数无明显变化。

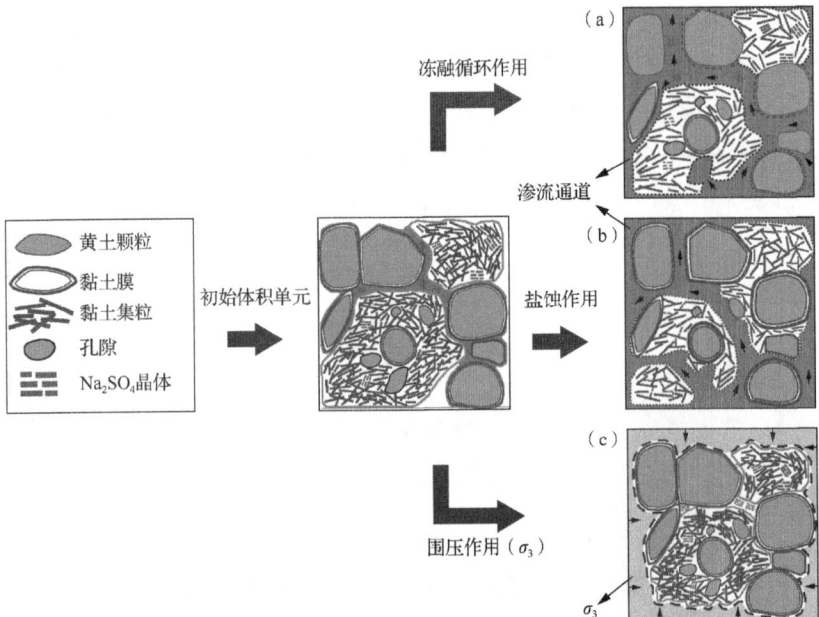

图 5-18　冻融条件下盐渍原状 Q_3 黄土试样渗透系数变化机制

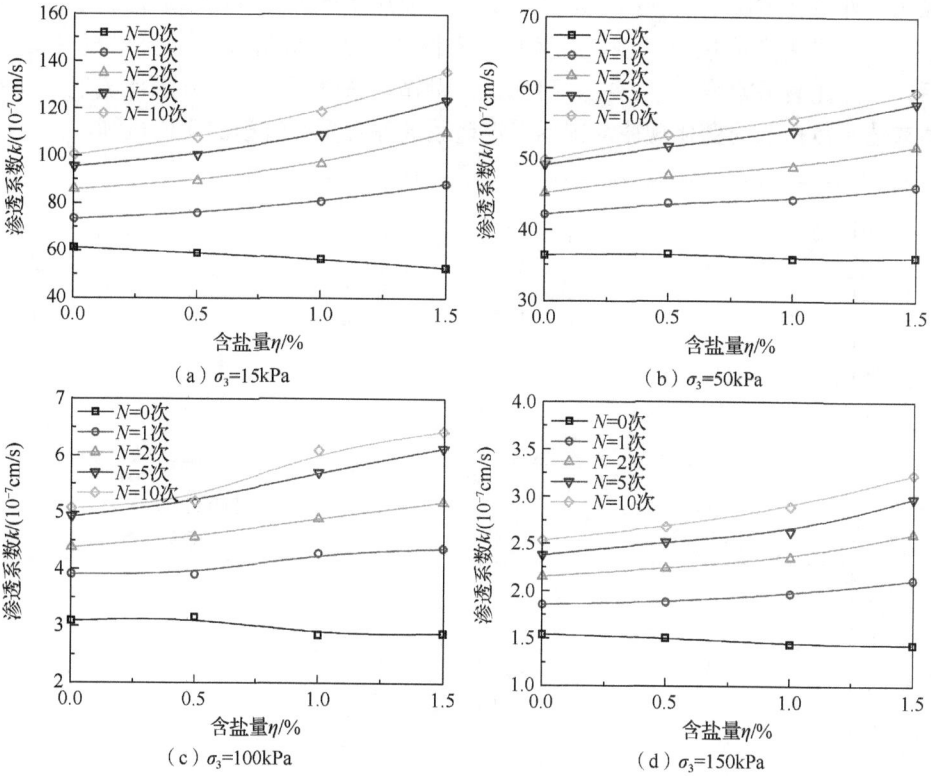

图 5-19　渗透系数随含盐量的变化规律

冻融循环作用下盐渍原状 Q$_3$ 黄土试样渗透系数与围压之间的变化关系如图 5-20 所示。从图 5-20 中可以看出，围压对试样渗透系数的影响显著。随着围压的增大，渗透系数显著减小，但其衰减幅度逐渐减小，围压为 150kPa 时，渗透系数趋于一个稳定数值。分析其原因，如图 5-18（c）所示，三轴固结渗透条件下围压越高，试样固结度越高，其密实度相应提高，使试样中的孔（裂）隙被压缩甚至封闭，从而阻塞了渗流通道，导致渗透系数显著降低。此外，从图 5-20 中还可以看出，100kPa 围压后，不同冻融循环次数下的渗透系数基本一致，即冻融循环效应对渗透系数的影响很小，这是由于较高围压条件下试样固结度较高，从而导致渗流路径基本封闭，渗透系数相应趋近于零。

2. 孔隙比变化规律分析

图 5-21～图 5-23 所示为不同冻融循环条件、不同含盐量、不同围压下盐渍原状 Q$_3$ 黄土孔隙比的变化规律。从图 5-21～图 5-23 中可以看出，试样孔隙比随着冻融循环次数的增加而逐渐增大，但增幅逐渐减缓，趋于一个稳定的孔隙比数值。

冻融条件下孔隙比随着含盐量增加近似线性或加速增大；冻融循环前孔隙比变化很小，无显著变化规律。试样孔隙比随着围压增大逐渐减小，围压增至 100kPa 后，孔隙比衰减幅度减小。由此可知，冻融循环条件下试样的孔隙比表现出与前述渗透系数相似的变化规律，揭示了渗透系数冻融循环过程的变化机制。

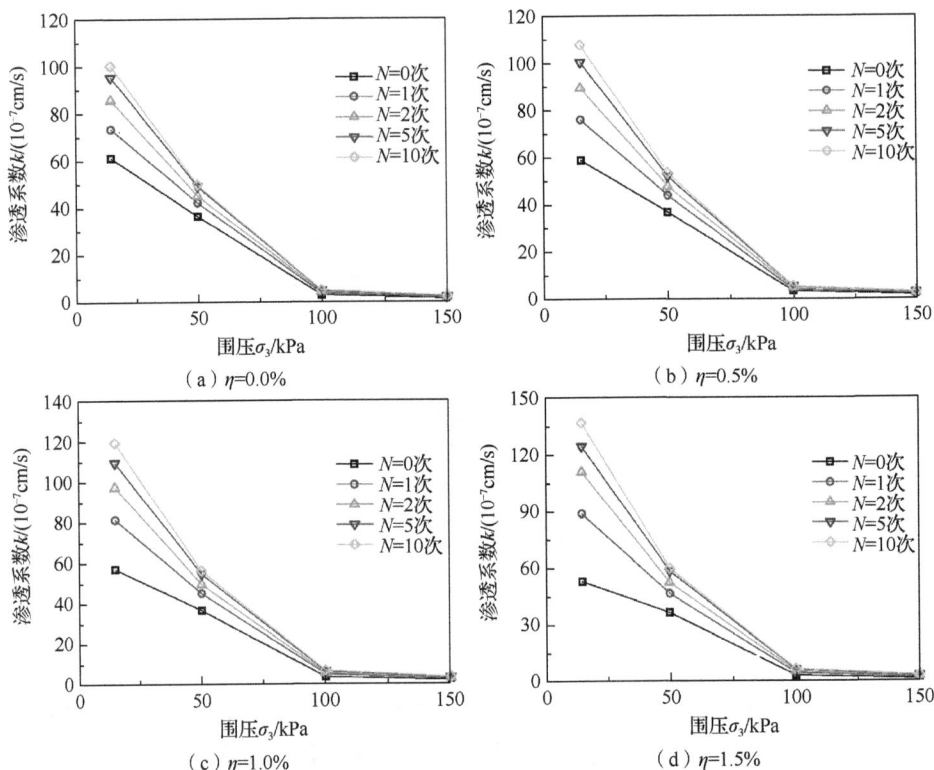

(a) $\eta=0.0\%$ (b) $\eta=0.5\%$

(c) $\eta=1.0\%$ (d) $\eta=1.5\%$

图 5-20   渗透系数随围压的变化规律

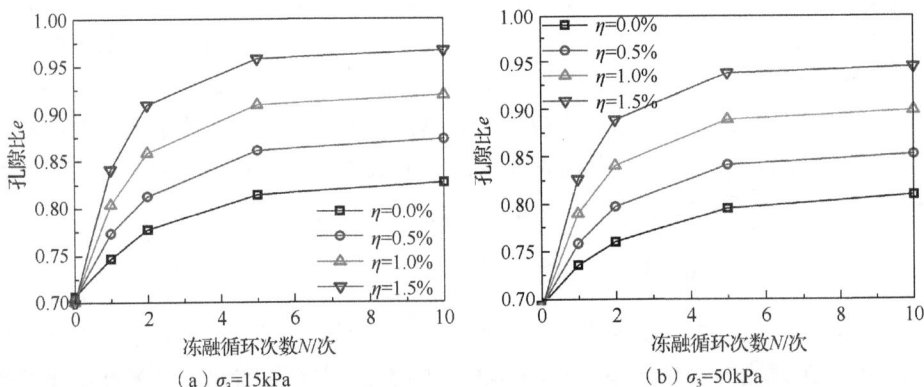

(a) $\sigma_3=15$kPa   (b) $\sigma_3=50$kPa

图 5-21   孔隙比随冻融循环次数的变化规律

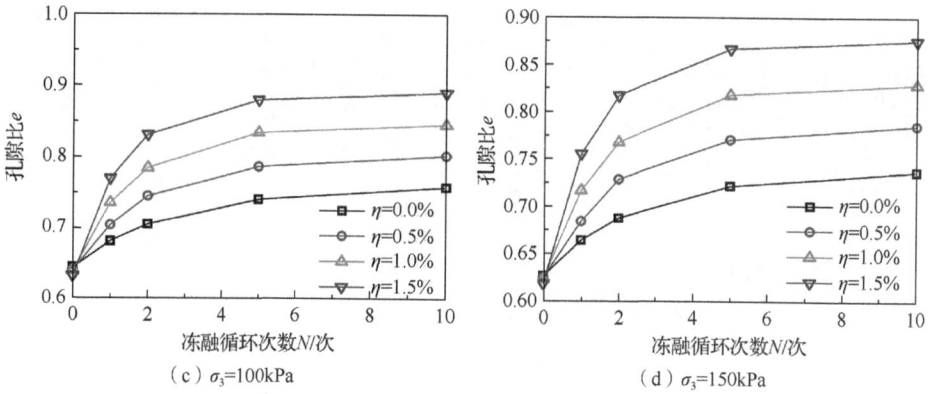

（c）σ_3=100kPa

（d）σ_3=150kPa

图 5-21（续）

（a）σ_3=15kPa

（b）σ_3=50kPa

（c）σ_3=100kPa

（d）σ_3=150kPa

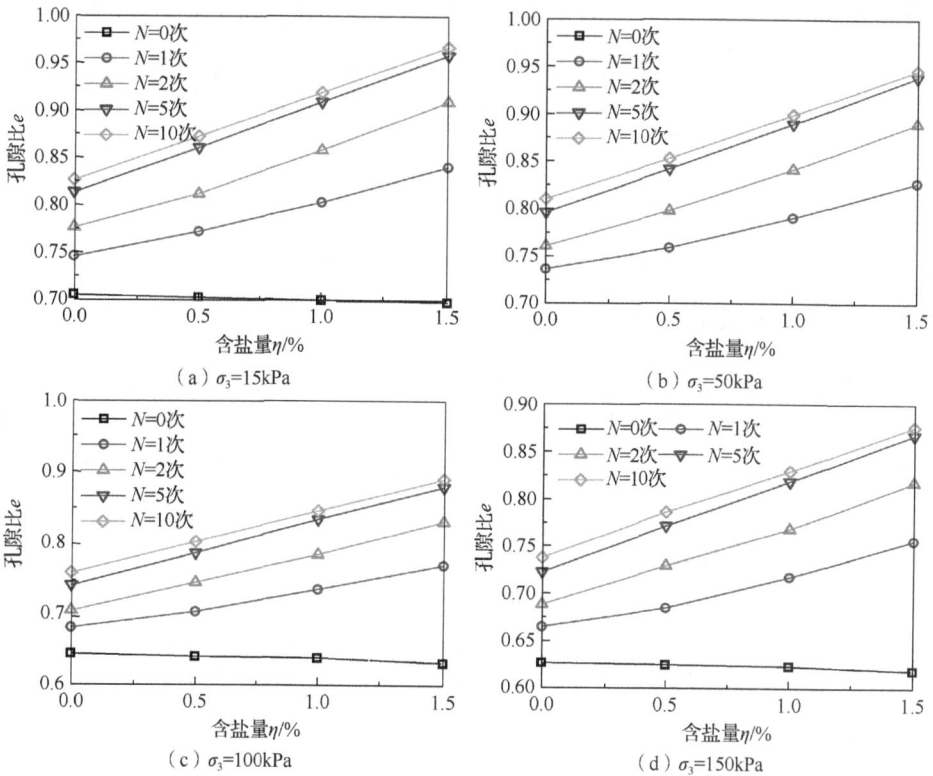

图 5-22　孔隙比随含盐量的变化规律

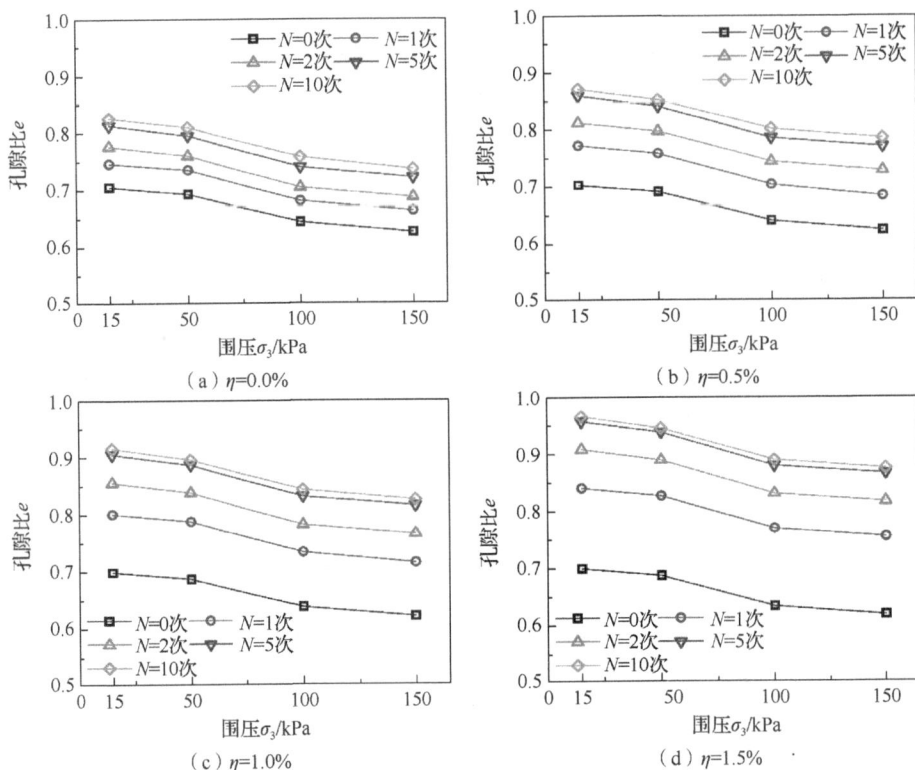

图 5-23　孔隙比随围压的变化规律

3．渗透系数预测模型

土体的渗透系数综合反映水在土体孔隙中流动的难易程度，渗透系数的大小由多因素决定。内部因素包括土体粒径大小、形状、排列方式和孔隙比等，外部因素包括渗流溶液的黏滞性、渗流温度、冻融条件及含盐量等。国内外已有大量学者分析了土体的粒径、孔隙比对渗透系数的影响规律，并建立了孔隙比 e 与渗透系数 k 的经验关系模型[238-244]。

表 5-1　几种常见的渗透模型

模型类型	渗透模型	参考文献	系数	适用条件
K-C 模型	$k = C_F \dfrac{1}{\mu} \dfrac{\gamma_w}{S_s^2 \rho_s^2} \dfrac{e^3}{1+e}$	Kozeny[241]、Carman[240]	C_F：无量纲不变量；μ：黏滞系数；γ_w：液体容重；S_s：比表面积；ρ_s：土的颗粒密度	粗粒土
K-C 基于有效孔隙率的修正模型	$k = C \dfrac{e_t^{3m+3}}{(1+e_t)^{\frac{5}{3}m+1} \left[(1+e_t)^{m+1} - e_t^{m+1} \right]^{\frac{4}{3}}}$	Ren et al.[239]	e_t：总孔隙比；m：对于给定土壤为定值	黏性土

续表

模型类型	渗透模型	参考文献	系数	适用条件
e-$\lg k$	$e - e_0 = C_k \lg \dfrac{k}{k_0}$	Taylor[243]	e_0, k_0：分别为初始孔隙比和初始渗透系数；C_k：渗透率变化指数	软黏土
$\lg e$-$\lg k$	$\lg k = A_k \lg e + B_k$	Mesri et al.[242]	A_k、B_k：反映土渗透特性的常数	大应变
$\lg[k(1+e)]$-$\lg e$	$\lg[k(1+e)] = \lg C + n \lg e$	Samarasinghe et al.[238]	C：常数；n：取决于土壤类型的常数	正常固结黏土
$\lg(1+e)$-$\lg k$	$\lg(1+e) - \lg(1+e_0) = C_k' \lg(k/k_0)$	刘维正等[244]	C_k'：渗透率系数	天然饱和黏土

　　本章主要考虑孔隙比及冻融循环、盐蚀作用对盐渍原状 Q₃ 黄土渗透系数的影响，并基于 $\lg(1+e)$-$\lg(k_0/k)$ 渗透模型，构建渗透系数与孔隙比、冻融循环次数、含盐量的经验关系。

　　首先建立不同含盐量条件下的 $\lg(1+e)$-$\lg(k_0/k)$ 关系曲线，如图 5-24 所示。从图 5-24 中可以看出，不同含盐量条件下的 $\lg(1+e)$-$\lg(k_0/k)$ 关系曲线均表现出良好的线性关系变化特征，表明该模型能够较好地反映渗透系数与孔隙比的变化规律。因此，建立孔隙比与渗透系数的关系式如下：

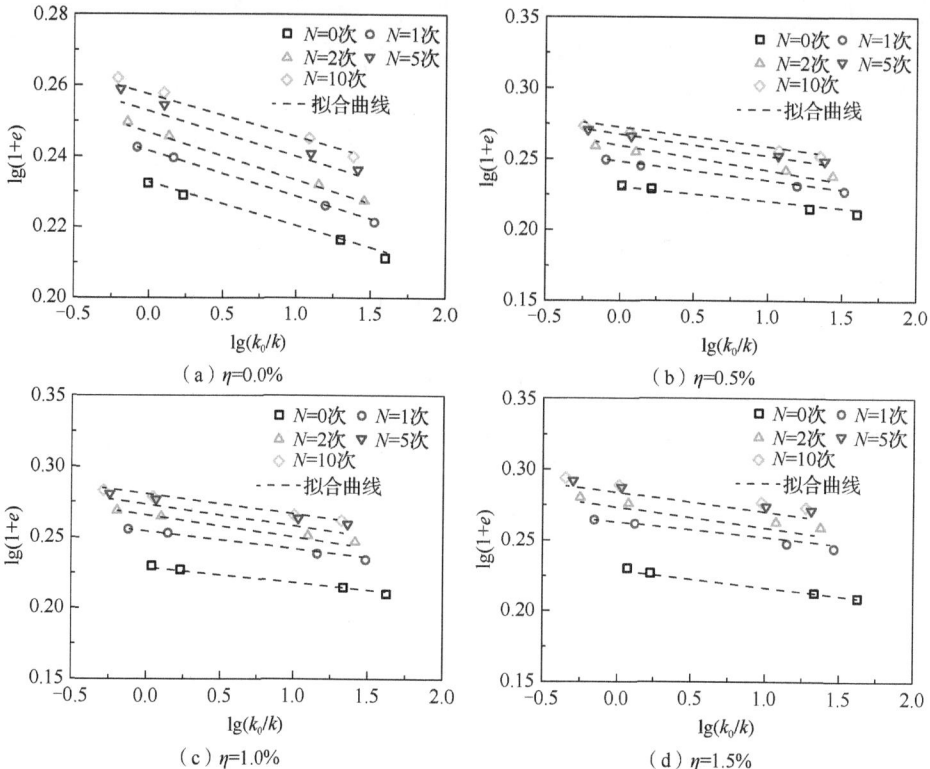

（a）η=0.0%　　　　（b）η=0.5%

（c）η=1.0%　　　　（d）η=1.5%

图 5-24　不同含盐量条件下 $\lg(1+e)$-$\lg(k_0/k)$ 关系曲线

$$\lg(1+e) = A\lg\left(\frac{k_0}{k}\right) + B \qquad (5\text{-}13)$$

式中：k_0 为初始渗透系数；A、B 均为反映土样渗透特性的参数。A 为直线的斜率，B 为直线的截距。对于未经受冻融循环作用且不含盐的试样，水分处于稳定状态，未发生相态转变，故其渗透系数看作初始渗透系数 k_0，取值为 6.12×10^{-6} cm/s。

进一步对渗透参数 A、B 与冻融循环次数 N 的函数关系进行拟合分析（图 5-25）。从图 5-25（a）中可以看出，A 随冻融循环次数的变化幅值较小，在 -0.02~-0.01 之间波动，因此 A 取平均值 -0.013。从图 5-25（b）中可以看出，渗透参数 B 与冻融循环次数 N 具有指数关系：

$$B = a - b \times c^N \qquad (5\text{-}14)$$

式中：a、b、c 均为拟合参数。

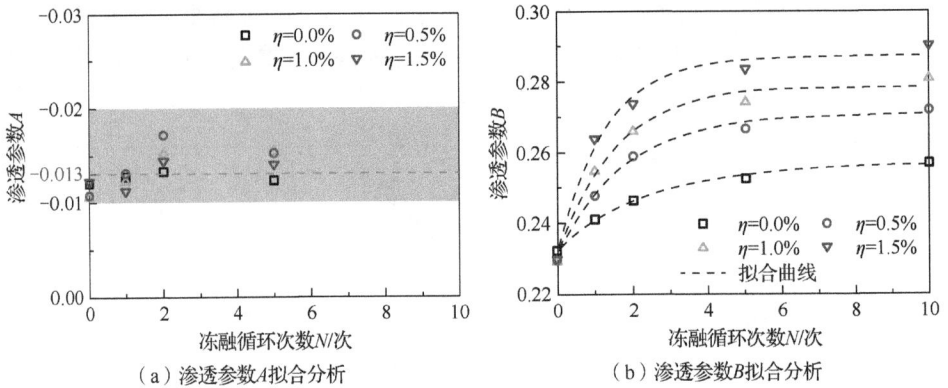

（a）渗透参数 A 拟合分析   （b）渗透参数 B 拟合分析

图 5-25　渗透参数 A、B 拟合分析

建立拟合参数 a、b、c 与含盐量 η 的函数关系，如图 5-26 所示。由图可见，拟合参数 a、b、c 与含盐量 η 均具有线性关系，可表示为

$$\begin{cases} a = \alpha\eta + a_0 \\ b = \beta\eta + b_0 \\ c = \gamma\eta + c_0 \end{cases} \qquad (5\text{-}15)$$

式中：η 为含盐量；α、β、γ、a_0、b_0、c_0 均为拟合参数。

将式（5-15）代入式（5-14）中可以得到渗透参数 B 的表达式：

$$B = (\alpha\eta + a_0) - (\beta\eta + b_0)(\gamma\eta + c_0)^N \qquad (5\text{-}16)$$

（a）拟合参数a拟合分析

（b）拟合参数b拟合分析

（c）拟合参数c拟合分析

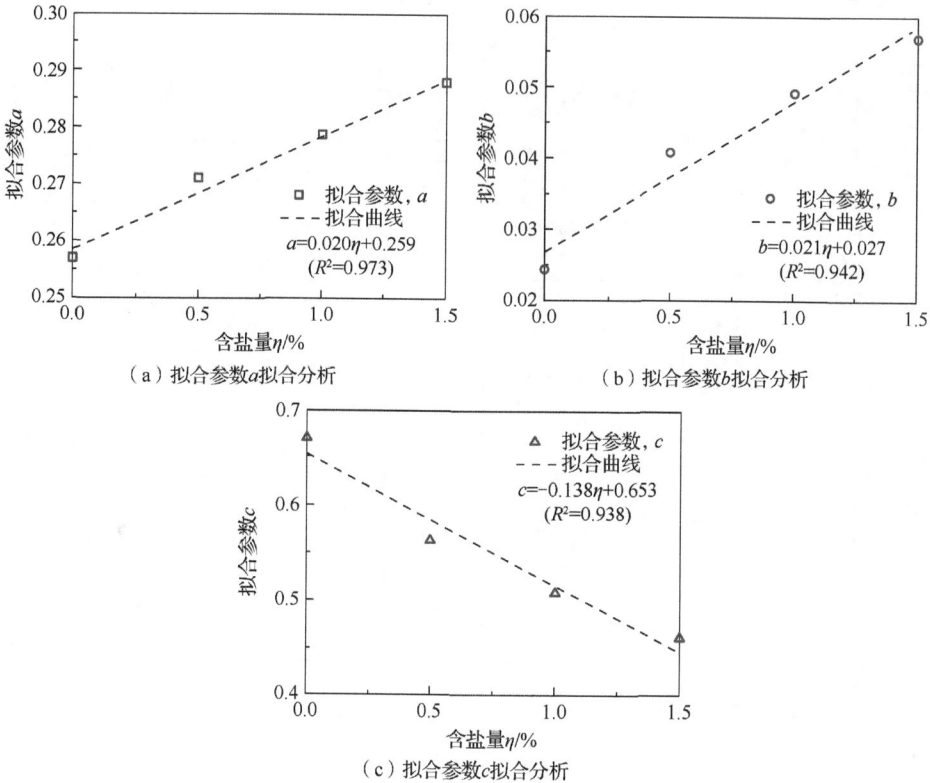

图 5-26　拟合分析过程

将式（5-16）代入式（5-13）中，可以得到渗透系数与孔隙比、冻融循环次数、含盐量的经验关系公式：

$$\lg(1+e) = A\lg\left(\frac{k_0}{k}\right) + \left[(\alpha\eta + a_0) - (\beta\eta + b_0)(\gamma\eta + c_0)^N\right] \quad (5\text{-}17)$$

式中：$\alpha=0.020$，$\beta=0.021$，$\gamma=-0.138$，$a_0=0.259$，$b_0=0.027$，$c_0=0.653$。

图 5-27 所示为渗透系数实测值与计算值比较。从图 5-27 中可以看出，实测值与计算值均匀分布于直线 $y=x$ 两侧，表明该经验公式能够较好地预测盐渍原状 Q₃黄土冻融过程渗透系数的变化规律。

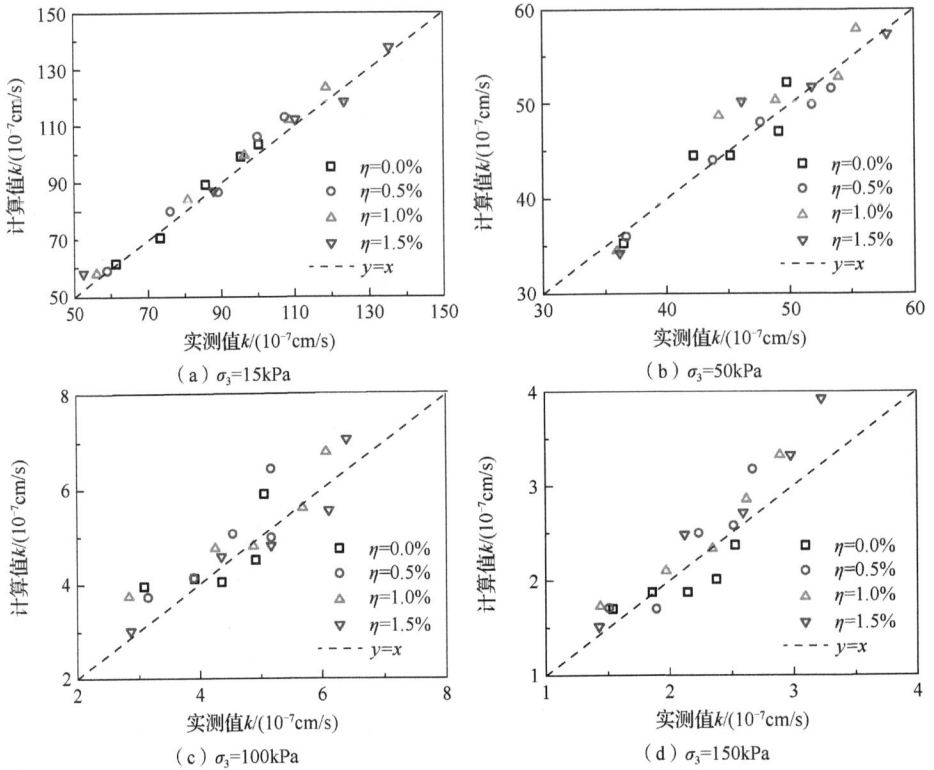

（a）σ_3=15kPa

（b）σ_3=50kPa

（c）σ_3=100kPa

（d）σ_3=150kPa

图 5-27　渗透系数实测值与计算值比较

5.4　讨　　论

5.4.1　三维重构孔隙率与渗透孔隙率

CT 三维重构孔隙率与三轴渗透试验 15kPa 围压下通过体积变化测得孔隙率的比较结果如图 5-28 所示。从图 5-28 中可以看出，数据均匀分布于直线 $y=x$ 两侧，表明三维重构孔隙率与三轴渗透试验实测的孔隙率基本一致，该三维重构方法是合理可行的。值得注意的是，三维重构孔隙率略大于三轴渗透试验测得的孔隙率。分析其原因，柔性壁三轴渗透试验需预加 15kPa 的初始围压，使橡胶薄膜与试样完全贴合，避免膜与土之间的缝隙渗水影响渗透试验结果准确性。上述初始围压在一定程度上影响了试样冻融后的结构状态，进而造成孔隙率的差异。

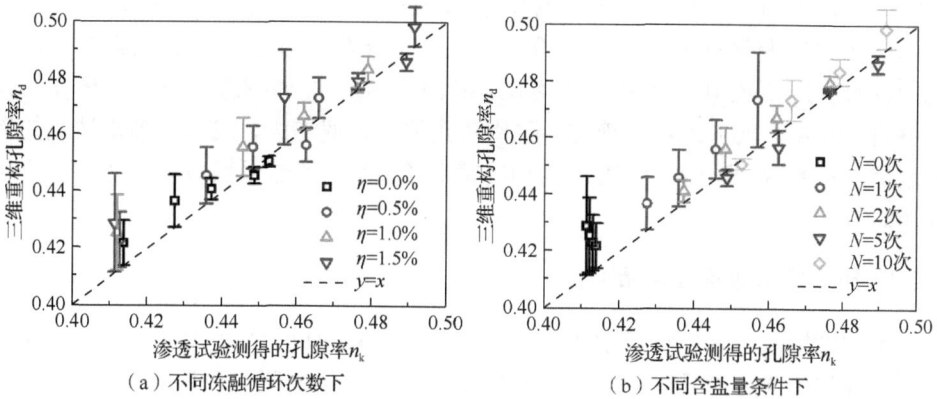

（a）不同冻融循环次数下　　　　　　　　（b）不同含盐量条件下

图 5-28　三维重构孔隙率与渗透试验测得孔隙率的比较

5.4.2　三维重构孔隙率与渗透系数相关性分析

图 5-29（a）所示为不同冻融循环次数条件下 Na_2SO_4 盐渍原状 Q_3 黄土试样的渗透系数与三维重构孔隙率的相互关系。从图 5-29（a）中可以看出，冻融条件下含盐原状 Q_3 黄土孔隙率与渗透系数的变化规律相同，呈正相关关系；未经受冻融循环作用（N=0 次）黄土试样的孔隙率与渗透系数的变化均很小，无显著变化规律。分析其原因，冻融循环条件下冻融及盐蚀劣化的耦合效应使土体结构遭到破坏，孔隙率迅速增大，成为孔隙水渗流的良好通道，因而渗透系数相应增大，呈现为正相关关系。未冻融条件下试样内部 Na_2SO_4 易溶盐无相态变化，冻融及盐蚀劣化作用无法产生，因而，此时土体的渗透系数与孔隙率变化相对较小。

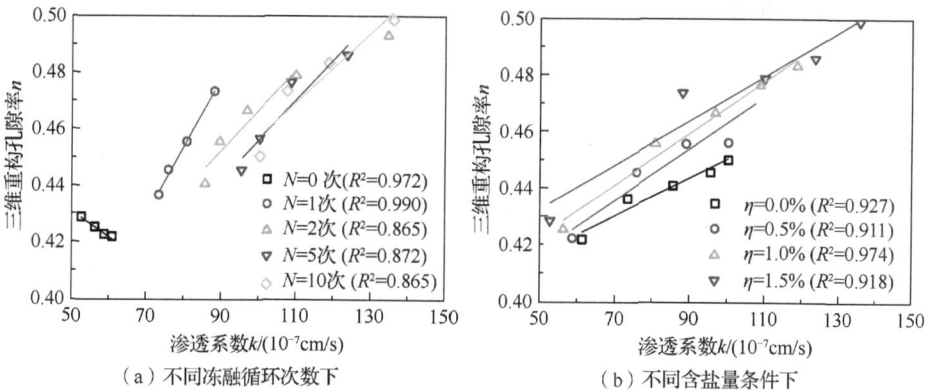

（a）不同冻融循环次数下　　　　　　　　（b）不同含盐量条件下

图 5-29　三维重构孔隙率与渗透系数相关性分析（ $\sigma_3 =15kPa$ ）

图 5-29（b）所示为不同含盐量条件下 Na_2SO_4 盐渍原状 Q_3 黄土试样的渗透系数与三维重构孔隙率的相互关系。从图 5-29（b）中可以看出，不同含盐量条件下

盐渍原状 Q_3 黄土 CT 三维重构孔隙率与渗透系数呈线性正相关关系，表明孔隙率与渗透系数的变化规律相同。分析其原因，试样冻融过程中受到冻融及盐蚀劣化的耦合作用，孔隙溶液中冰晶及 $Na_2SO_4 \cdot 10H_2O$ 的体积膨胀对原状土体结构产生挤压作用，破坏土颗粒连接，致使其孔隙率迅速增大，成为孔隙水渗流的良好通道。因此，冻融条件下含盐原状 Q_3 黄土孔隙率与渗透系数表现出相同的变化规律。

5.4.3　黄土体渗透特性与结构性

土的结构性是影响渗透系数的重要因素，特别是原状 Q_3 黄土的天然结构对于渗透特性的影响更为显著。盐渍原状 Q_3 黄土微观结构主要表现为凝块、镶嵌胶结式结构，而凝聚结构具有较大的透水性。盐渍原状 Q_3 黄土试样在经受冻融及盐蚀耦合效应后，土骨架受水分相变及盐晶体膨胀作用的影响，碎屑状颗粒数量增加，同时部分胶结的集粒发生溶解；颗粒之间的胶结作用减弱，颗粒间连接遭到破坏，颗粒排列开始变得松散，土体孔隙逐渐发育；部分脱离的小颗粒在冻结过程中随水盐迁移至微小孔隙中，中孔隙、大孔隙则作为冻融循环过程中的水分迁移通道；多次冻融循环后其孔壁逐渐扩大并出现裂缝。反复的冻融循环及盐蚀劣化作用产生的破坏具有不可逆性，会引起土骨架颗粒结构形态以及排列形式的改变，进而影响孔隙大小及分布状态，导致土体结构性弱化，最终影响土体的渗透特性。天然原状 Q_3 黄土的宏观构造主要表现为垂直节理发育，因而具有明显的各向异性。本章试验研究过程中为避免各向异性对渗透结果的影响，在削制土样时均沿着原状土块的竖直方向削取，后续拟对冻融循环条件下原状 Q_3 黄土渗透的各向异性进一步开展相关研究工作。

5.5　小　　结

本章通过开展 Na_2SO_4 盐渍原状 Q_3 黄土的 CT 扫描试验，CT 扫描图像三维重构及柔性壁三轴渗透试验，对冻融循环条件下盐渍原状 Q_3 黄土体的三轴渗透特性及其细观机理进行了深入探究，主要得到以下结论。

（1）Na_2SO_4 盐渍原状 Q_3 黄土试样的 CT 数 ME 值随冻融循环次数增加表现出指数衰减特征；CT 数 SD 值随冻融循环次数的增加而增大，但增幅逐渐减小，最终趋于一个稳定数值。冻融条件下 CT 数 ME 值和 SD 值随着含盐量增加近似表现出线性或加速变化特征。未经受冻融循环作用黄土试样的 CT 数 ME 值与 SD 值随着含盐量增加无显著变化。

（2）CT 三维重构模型表明试样内部大孔隙及裂隙随冻融循环次数增加逐渐扩展，表现出显著的冻融劣化效应；封闭系统多向快速冻融循环条件下冻融循环作用诱发的孔（裂）隙主要发育于试样内部，试样表面无显著变化。随着含盐量增大，试样内部冻融裂隙尺寸及数量增加且局部贯通；盐蚀作用诱发的裂隙主要发育于试样内部。构建了冻融循环作用下 Na_2SO_4 盐渍原状 Q_3 黄土试样的三维重构孔隙率演化方程，可较好地定量化描述试样孔隙率在冻融循环条件下的变化规律。

（3）渗透系数随着冻融循环次数增加逐渐增大，但增幅逐渐减缓；冻融循环条件下渗透系数随 Na_2SO_4 含量增加近似呈线性或加速增大特征；渗透系数随着围压增大逐渐减小且其衰减幅度逐渐减小。基于 $lg(1+e)-lg(k/k_0)$ 渗透模型，构建了渗透系数与孔隙比、冻融循环次数、含盐量的经验关系式，可较好地预测 Na_2SO_4 盐渍原状 Q_3 黄土冻融过程渗透系数的变化规律。

第 6 章　冻融循环作用下黄土盐蚀型崩塌数值计算及评估方法研究

黄土是一种第四纪松散沉积物，在西北地区主要分布在陕西、甘肃、青海、宁夏等地，面积约为 $6.4 \times 10^5 km^2$。黄土在第四纪特殊的气候条件下形成，具有大孔隙、垂直节理发育、湿陷性等特殊性质，导致黄土高原地区崩塌灾害频繁发生。由于黄土高原地区特殊的地质环境和自然条件，黄土边坡受盐蚀作用的影响显著，盐蚀作用所诱发的黄土崩塌不可忽视。据已有的调查资料统计，延安地区盐蚀型黄土崩塌类型在黄土崩塌发育中的综合贡献率达到了 22.5%，盐蚀成为诱发黄土崩塌的一个主要自然因素。盐蚀作用使黄土边坡坡脚土体产生表层剥落破坏，造成黄土边坡坡脚不同程度地向内凹进形成反坡，失去对上部土体的支撑作用，最终产生黄土崩塌。目前对黄土盐蚀型崩塌灾害发生的机理主要通过灾害调查进行初步的揭示，文献资料很少，机理性研究尚缺乏文献资料。此外，黄土高原处于季节性冻土区，黄土体受季节性冻融循环作用的影响显著，针对冻融循环条件下黄土盐蚀型崩塌灾害发生机理及评估方法的研究更是未见有相关报道。基于此，本章开展冻融循环条件下黄土盐蚀型崩塌数值计算研究，深入探究冻融循环作用下黄土盐蚀型崩塌灾害的发生机理。同时通过理论解析给出基于预测判据、致灾范围及破坏力的定量评估方法。研究成果对黄土盐蚀型崩塌的灾害防治和保证黄土高原地区广大人民群众的生命财产安全都具有重要意义。

6.1　冻融循环作用下黄土盐蚀型崩塌有限差分数值计算分析

6.1.1　有限差分数值计算程序简介

有限差分数值计算方法适用于岩土工程领域，有限差分一般将微分方程的基本方程组和边界条件都近似地改用差分方程来表示，由空间离散点处的场变量的代数表达式进行代替。此类变量在单元体内是不确定的，进而将求解微分方程的问题转变为求解代数方程的问题。有限差分数值计算法无须将单元矩阵组合成大型的整体刚度矩阵，它是相对高效地在每个计算步距中重新生成有限差分方程。有限差分数值计算法采用了显式拉格朗日算法和混合-离散分区技术，能够非常准确地模拟材料的塑性破坏，并且有限差分数值计算分析可以设置大变形来模拟土体裂隙或者接触面脱离等情况，因而非常适用于岩土工程领域数值模拟计算。

6.1.2　本构模型

1.　土体本构模型及屈服准则

土体应力-应变关系符合理想弹塑性本构模型。其中，土体的线弹性本构方程可表示为

$$\boldsymbol{\sigma}_{ij} = 2G\boldsymbol{\varepsilon}_{ij} + \frac{3E\mu}{(1+\mu)(1-2\mu)}\varepsilon_{m}\boldsymbol{\delta}_{ij} \tag{6-1}$$

式中：$\boldsymbol{\sigma}_{ij}$ 为应力张量；G 为剪切模量；$\boldsymbol{\varepsilon}_{ij}$ 为应变张量；E 为弹性模量；μ 为泊松比；ε_{m} 为平均应变；$\boldsymbol{\delta}_{ij}$ 为单位矩阵。

土体的增量塑性本构方程可表示为

$$\begin{cases} \mathrm{d}\boldsymbol{e}_{ij} = \dfrac{1}{2G}\mathrm{d}\boldsymbol{s}_{ij} + \mathrm{d}\lambda\boldsymbol{s}_{ij} \\ \mathrm{d}\sigma_{m} = 3K\mathrm{d}\varepsilon_{m} \end{cases} \tag{6-2}$$

式中：$\boldsymbol{e}_{ij}$ 为偏应力张量；$\boldsymbol{s}_{ij}$ 为偏应变张量；σ_{m} 为平均应力；ε_{m} 为平均应变；K 为体积弹性模量；针对不同材料，$\mathrm{d}\lambda$ 取值不同，对于理想弹塑性材料，$\mathrm{d}\lambda$ 的取值如下：

$$\mathrm{d}\lambda = \frac{3}{2}\frac{\boldsymbol{s}_{ij}\mathrm{d}\boldsymbol{e}_{ij}}{\sigma_{s}^{2}} \tag{6-3}$$

式中：σ_{s} 为屈服极限。

黄土体盐蚀劣化过程由于经历不同程度的劣化作用而发生弹塑性变形。盐蚀劣化区域土体可能出现压剪和张拉破坏。基于此，本章数值计算采用莫尔-库仑准则与拉破坏准则结合的复合强度理论。其中，莫尔-库仑准则在主应力空间的描述如图 6-1 所示。

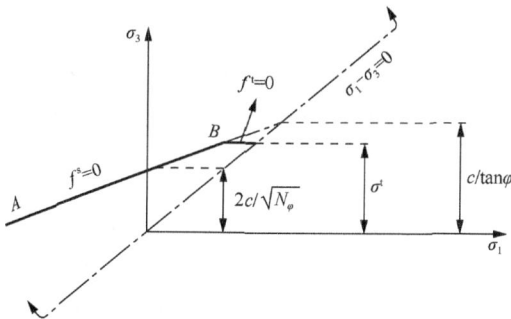

σ_1——大主应力；　σ_3——小主应力；　σ^{t}——抗拉强度；　c——黏聚力；　φ——内摩擦角；　$N_{\varphi} = \dfrac{1+\sin\varphi}{1-\sin\varphi}$；

f^{t}、f^{s}——屈服函数，上标 t、s 分别代表拉伸屈服和剪切屈服。

图 6-1　主应力空间的莫尔-库仑屈服准则

2. 土体裂隙接触面本构模型

土体裂隙接触面本构模型采用无厚度的接触面模型,其力学元件模型如图 6-2 所示。接触面法向力、切向力和位移之间的关系可采用下述公式表示:

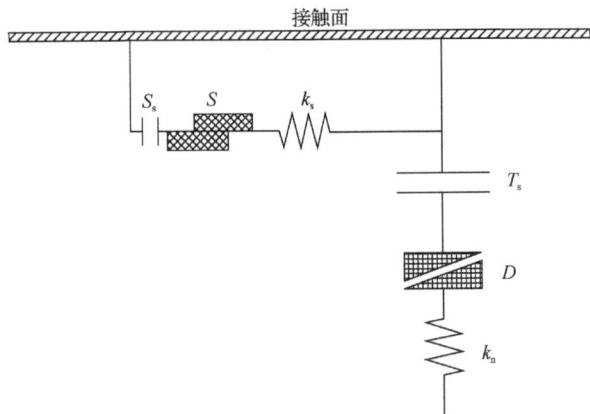

S——滑块;T_s——抗拉强度;S_s——抗剪强度;D——膨胀角;k_s——剪切刚度;k_n——法向刚度。

图 6-2　接触面本构模型元件示意图

$$F_n = k_n u_n A \tag{6-4}$$

$$F_s = k_s u_s A \tag{6-5}$$

式中:F_n 为接触面的法向力;k_n 为接触面的法向刚度;u_n 为接触面的法向位移;F_s 为接触面的切向力;k_s 为接触面的切向刚度;u_s 为接触面的切向位移;A 为接触面的面积。

接触面剪切力的最大值服从莫尔-库仑屈服准则,具体表达式如下:

$$F_{s\max} = cA + F_n \tan\varphi \tag{6-6}$$

式中:F_n 为接触面的法向力;c 为接触面的黏聚力;A 为接触面的面积;φ 为接触面的摩擦角。

若 $F_s < F_{s\max}$,接触面处于弹性阶段;若 $F_s = F_{s\max}$,接触面进入塑性阶段。在滑动过程中,剪切力保持不变,$F_s = F_{s\max}$,但剪切位移会导致有效法向应力的增加:

$$\sigma_{n有效} = \sigma_n + \frac{|F_s| - F_{s\max}}{Ak_s}\tan\psi k_n \tag{6-7}$$

式中:F_s 为接触面的切向力;$F_{s\max}$ 为接触面最大切向力;σ_n 为接触面正应力;k_s 为接触面的切向刚度;k_n 为接触面的法向刚度;A 为接触面的面积;ψ 为接触面的剪胀角。若接触面的两侧出现张开,则 F_n 和 F_s 都为 0,默认的抗拉强度为 0。

6.1.3　数值计算网格模型

通过野外实地调查发现,黄土盐蚀型崩塌发生的地质条件通常表现为坡顶靠近坡体边缘一侧发育垂直裂隙，坡脚处土体因盐蚀劣化作用发生变形剥落，从而导致边坡垂直裂隙发育扩展，最终诱发盐蚀型崩塌灾害。为了探究盐蚀作用下黄土边坡体应力及变形演化规律，本章建立冻融条件下黄土边坡盐蚀型崩塌的数值计算模型。盐蚀型崩塌几何模型的高为 10m，坡顶长 6m，坡底长 10m；坡顶靠坡体边缘 1.5m 处发育一垂直裂隙，裂隙长 3m；坡脚处发育有 1m×1m 冻融盐蚀劣化区，如图 6-3（a）所示。冻融循环作用下黄土边坡盐蚀型崩塌数值计算网格模型如图 6-3（b）所示。

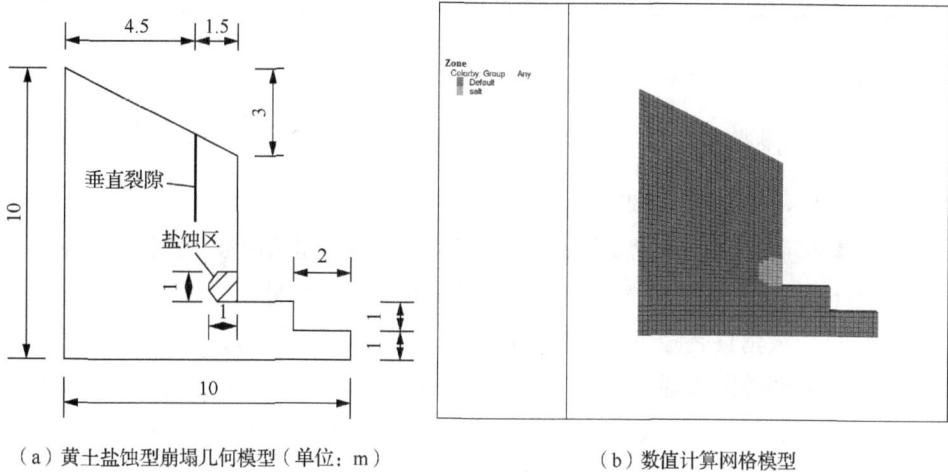

（a）黄土盐蚀型崩塌几何模型（单位：m）　　　　（b）数值计算网格模型

图 6-3　黄土盐蚀型崩塌数值计算模型

6.1.4　边界条件及数值计算参数

数值计算模型底部为固定位移边界条件；两侧为水平向固定位移边界条件；其余边界为自由边界。外加荷载只考虑重力荷载，重度取值标准为 9.8kN/m³。现场实地调研资料表明盐蚀劣化作用往往发生在浅层的 Q₃ 黄土中，冻融循环作用下黄土盐蚀型崩塌的数值计算参数由室内试验获得，具体如表 6-1 和表 6-2 所示。

表 6-1　不同冻融循环次数条件下黄土盐蚀型崩塌的物理力学参数

名称	冻融循环次数 N/次	密度 ρ/（kg/m³）	弹性模量 E/MPa	泊松比 ν	黏聚力 c/kPa	摩擦角 φ/（°）
Q₃ 黄土（η=0%）	0	1800	7.5	0.30	59.25	19
盐蚀黄土（η=1.0%）	0	1800	7.1	0.28	56.33	18.4
盐蚀黄土（η=1.0%）	1	1800	6.4	0.26	43.12	17.78
盐蚀黄土（η=1.0%）	2	1800	6.1	0.23	40.97	16.97
盐蚀黄土（η=1.0%）	5	1800	6.0	0.22	39.21	16.6
盐蚀黄土（η=1.0%）	10	1800	5.7	0.20	36.05	16.19

表 6-2　不同含盐量条件下黄土盐蚀型崩塌的物理力学参数

名称	Na$_2$SO$_4$含量 η/%	密度 ρ/（kg/m^3）	弹性模量 E/MPa	泊松比 ν	黏聚力 c/kPa	摩擦角 φ/（°）
Q$_3$黄土	0	1800	7.5	0.3	59.25	19
盐蚀黄土（冻融循环 5 次）	0	1800	6.8	0.27	47.55	17.23
盐蚀黄土（冻融循环 5 次）	0.5	1800	6.5	0.26	44.15	16.6
盐蚀黄土（冻融循环 5 次）	1.0	1800	6.0	0.22	39.21	14.8
盐蚀黄土（冻融循环 5 次）	1.5	1800	5.2	0.18	19.42	13.92

6.1.5　数值计算结果分析

1. 不同冻融循环次数条件下黄土盐蚀型崩塌体应力及位移分析

1）塑性区扩展演化规律

图 6-4 所示为不同冻融循环次数条件下黄土盐蚀型崩塌边坡体塑性区的演化规律。从图 6-4 中可以看出，随着冻融循环次数增加，坡脚处塑性区逐渐扩大；5 次冻融循环后边坡垂直裂隙下端产生塑性区；10 次冻融循环后边坡垂直裂隙下端的塑性区与坡脚塑性区贯通，从而诱发盐蚀型崩塌灾害。上述变化规律表明，冻融循环作用下黄土盐蚀型崩塌灾害的力学机制主要表现为冻融循环条件下边坡坡脚土体由于盐蚀劣化作用所产生的塑性区逐渐向坡体内延伸，进而与坡体上缘的裂隙贯通，最终导致黄土盐蚀型崩塌灾害发生。

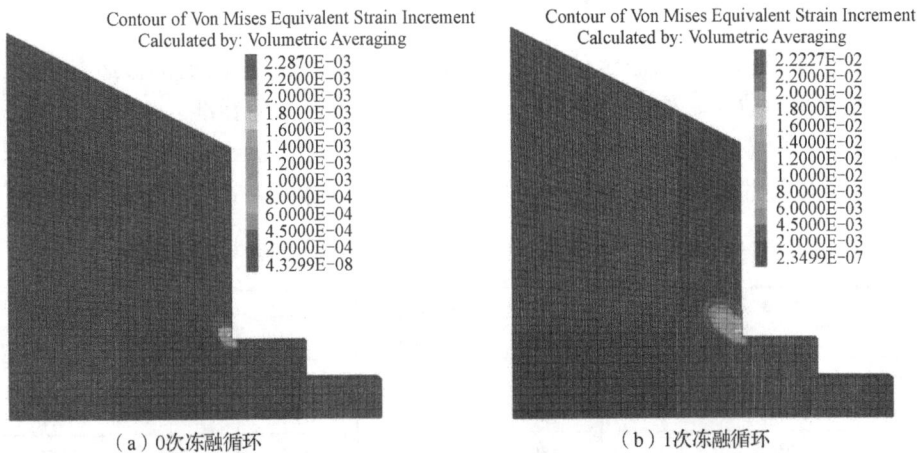

（a）0 次冻融循环　　　　　　　　（b）1 次冻融循环

图 6-4　不同冻融循环次数条件下边坡塑性区演化规律

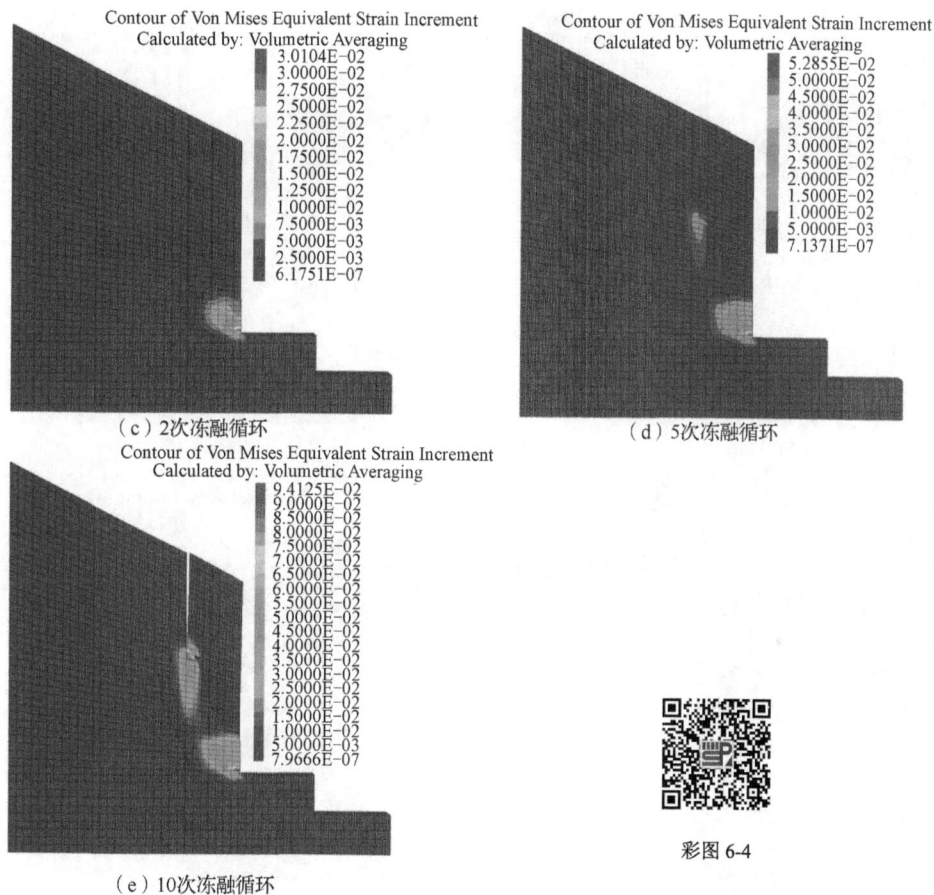

Contour of Von Mises Equivalent Strain Increment
Calculated by: Volumetric Averaging

3.0104E-02
3.0000E-02
2.7500E-02
2.5000E-02
2.2500E-02
2.0000E-02
1.7500E-02
1.5000E-02
1.2500E-02
1.0000E-02
7.5000E-03
5.0000E-03
2.5000E-03
6.1751E-07

（c）2次冻融循环

Contour of Von Mises Equivalent Strain Increment
Calculated by: Volumetric Averaging

5.2855E-02
5.0000E-02
4.5000E-02
4.0000E-02
3.5000E-02
3.0000E-02
2.5000E-02
2.0000E-02
1.5000E-02
1.0000E-02
5.0000E-03
7.1371E-07

（d）5次冻融循环

Contour of Von Mises Equivalent Strain Increment
Calculated by: Volumetric Averaging

9.4125E-02
9.0000E-02
8.5000E-02
8.0000E-02
7.5000E-02
7.0000E-02
6.5000E-02
6.0000E-02
5.5000E-02
5.0000E-02
4.5000E-02
4.0000E-02
3.5000E-02
3.0000E-02
2.5000E-02
2.0000E-02
1.5000E-02
1.0000E-02
5.0000E-03
7.9666E-07

彩图 6-4

（e）10次冻融循环

图 6-4（续）

2）最大主应力云图

图 6-5 所示为不同冻融循环次数条件下盐蚀黄土边坡最大主应力变化规律云图。图 6-5 中正的应力表示拉应力，负的应力表示压应力（以下同）。从图 6-5 中可以看出，冻融循环前，黄土边坡坡脚产生压应力集中现象；1 次冻融循环后，黄土边坡坡脚土体由于冻融循环作用产生显著的劣化效应，从而导致边坡体上部垂直裂隙附近产生显著的拉应力集中现象；2 次冻融循环后，边坡体裂隙处和坡脚盐蚀区上部土体拉应力区继续扩大，盐蚀区内侧出现压应力集中，形成崩塌体上部受拉下部受压的应力分布规律；5 次冻融循环后，崩塌体裂隙和盐蚀区上部土体形成贯通的拉应力区，裂隙开始扩展；10 次冻融循环后，拉应力区继续扩大，黄土边坡崩塌体发生较大变形，进而发生盐蚀型崩塌灾害。

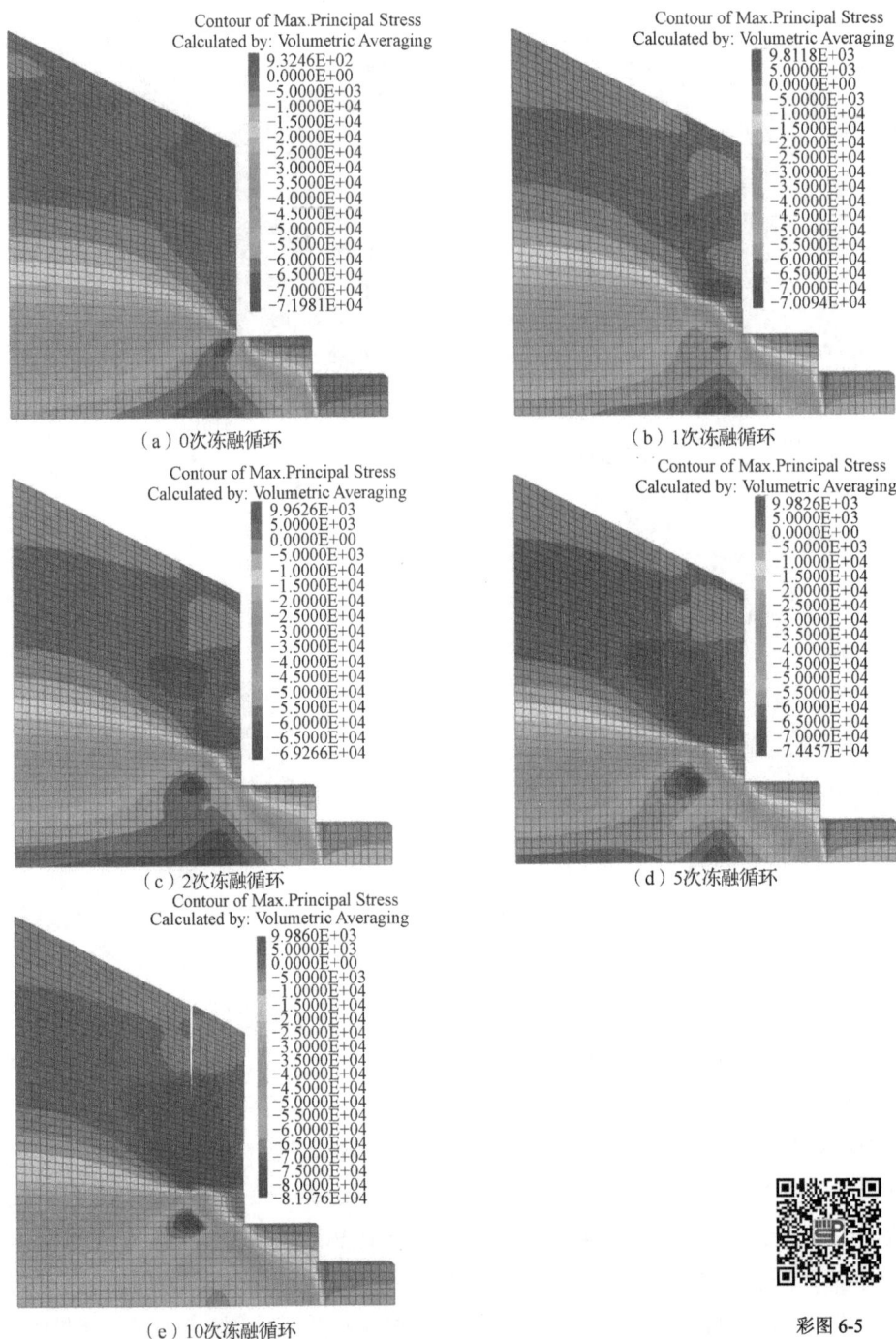

（a）0次冻融循环

（b）1次冻融循环

（c）2次冻融循环

（d）5次冻融循环

（e）10次冻融循环

彩图 6-5

图 6-5　不同冻融循环次数条件下盐蚀黄土边坡最大主应力变化规律云图

3）水平向位移场云图

图6-6所示为不同冻融循环次数条件下边坡体水平向位移场的变化规律。图6-6中正的位移表示张拉变形，负的位移表示压缩变形（以下同）。由图6-6可见，冻融循环前黄土边坡崩塌体整体的水平位移很小；2 次冻融循环后边坡坡脚盐蚀区的张拉变形量显著增大，崩塌体上部产生一定的张拉位移；5 次冻融循环后崩塌体上部产生较大的张拉位移，垂直裂隙开度进一步增大；10 次冻融循环后崩塌体上部张拉位移显著增大，局部张拉位移超过 9cm，崩塌体整体失稳。

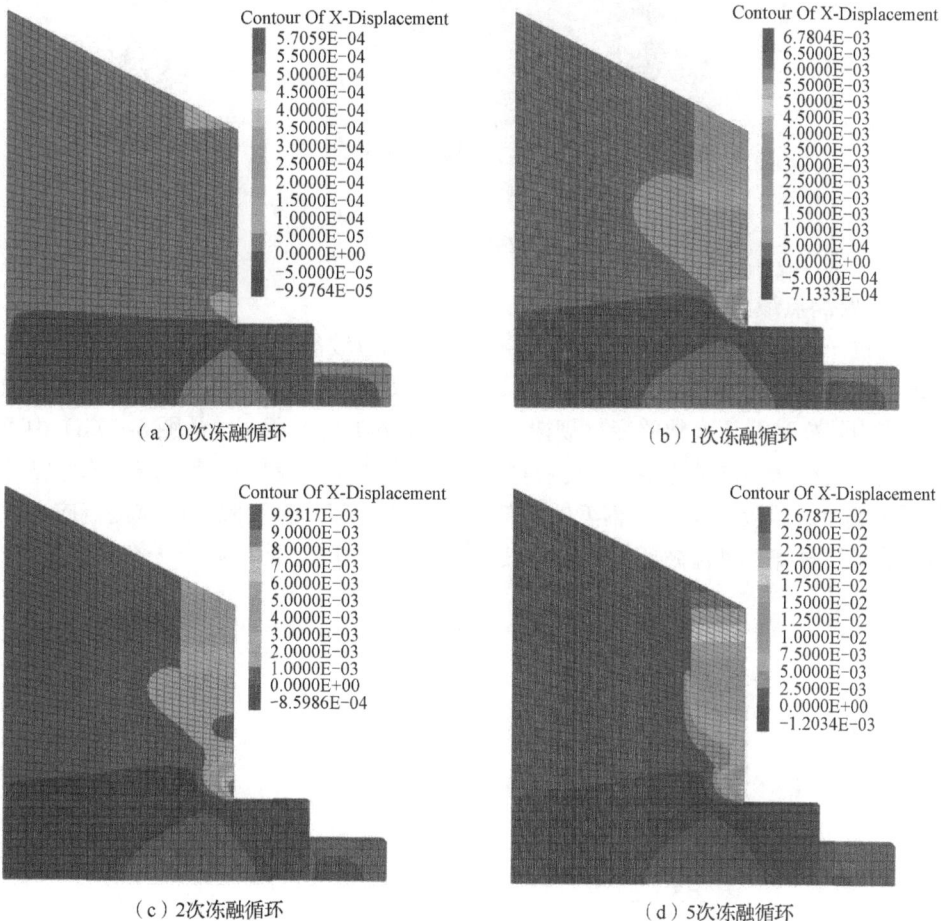

（a）0次冻融循环

（b）1次冻融循环

（c）2次冻融循环

（d）5次冻融循环

图 6-6　不同冻融循环次数条件下边坡体水平向位移场的变化规律

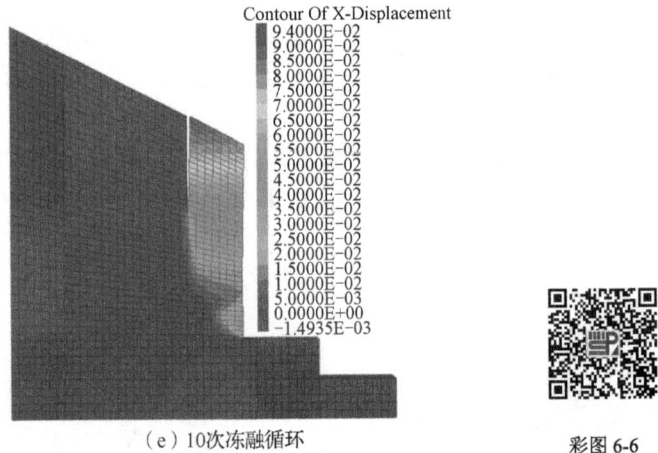

Contour Of X-Displacement

（e）10次冻融循环

彩图6-6

图6-6（续）

4）监测点最大主应力分析

为进一步探究不同冻融循环次数条件下黄土边坡盐蚀型崩塌体主应力的变化规律，选取崩塌体典型最大主应力监测点，如图 6-7（a）所示，分析各监测点最大主应力随冻融循环次数的变化规律，结果如图6-7（b）所示。从图6-7（b）中可以看出，黄土边坡坡脚盐蚀区监测点应力表现出典型的受压规律。随着冻融循环次数的增加，压应力有一定程度的降低。崩塌体上部垂直裂隙下端监测点应力呈典型的受拉规律，冻融循环早期阶段其拉应力迅速增大，而后趋于一个稳定数值。

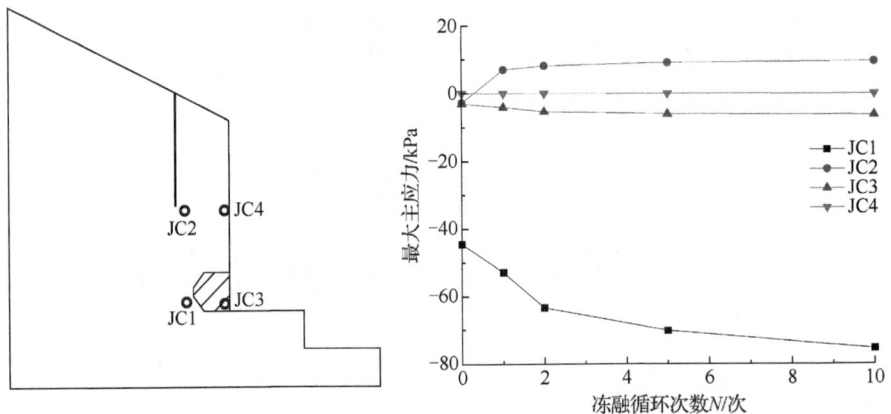

（a）最大主应力监测点分布　　（b）最大主应力随冻融循环次数的变化规律

图6-7　监测点最大主应力分析

5）监测点水平位移分析

为系统深入地分析不同冻融循环次数条件下黄土边坡盐蚀型崩塌体的运动规律，选取崩塌体典型水平位移监测点，如图 6-8（a）所示，分析其变形和运动规律，结果如图 6-8（b）所示。从图 6-8（b）中可以看出，各监测点的水平位移均表现为张拉位移，随冻融循环次数增加均逐渐增大且增幅逐渐增大。前 2 次冻融循环后受冻融循环和盐蚀劣化作用的影响，坡脚监测点 JC5 产生较大的水平张拉位移；随着冻融循环次数的进一步增大，崩塌体垂直裂隙上部监测点 JC1 和临空面上部监测点 JC3 水平张拉位移则迅速增大，崩塌体表现出整体失稳的变形规律。

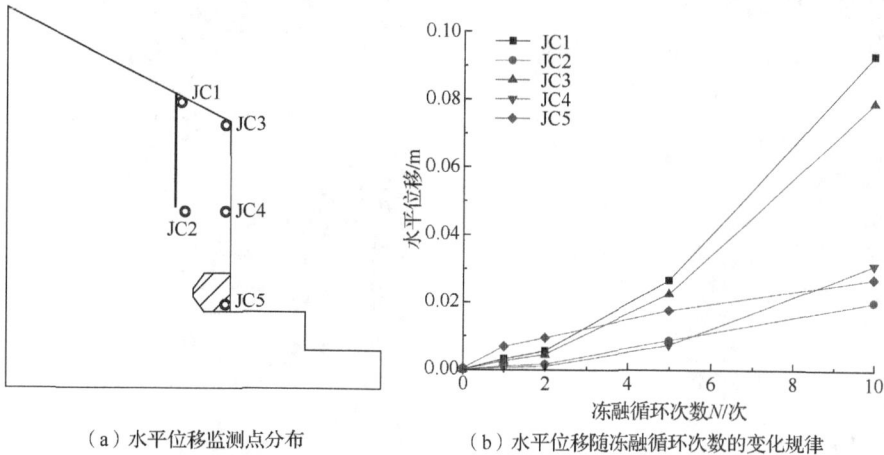

（a）水平位移监测点分布　　　　（b）水平位移随冻融循环次数的变化规律

图 6-8　监测点水平位移分析

2. 不同含盐量条件下盐蚀型崩塌体应力及位移分析

1）塑性区扩展演化规律

图 6-9 所示为不同含盐量条件下冻融循环 5 次后黄土边坡盐蚀型崩塌体塑性区的演化规律。从图 6-9 中可以看出，黄土边坡坡脚土体不含盐即含盐量为 0.0%时，受冻融劣化效应的影响，坡脚土体亦产生一定的塑性区；随着含盐量增大，坡脚塑性区分布范围显著增大；黄土边坡坡脚土体含盐量为 1.0%时，垂直裂隙下端附近区域亦产生塑性区；黄土边坡坡脚含盐量为 1.5%时，坡脚塑性区与裂隙下端附近的塑性区几乎贯通，崩塌体发生整体失稳。上述变化规律表明：冻融循环作用下黄土边坡坡脚盐蚀区土体的含盐量对崩塌体的稳定性具有显著的影响。

Contour of Von Mises Equivalent Strain Increment
Calculated by: Volumetric Averaging

（a）盐蚀区含盐量0.0%

Contour of Von Mises Equivalent Strain Increment
Calculated by: Volumetric Averaging

（b）盐蚀区含盐量0.5%

Contour of Von Mises Equivalent Strain Increment
Calculated by: Volumetric Averaging

（c）盐蚀区含盐量1.0%

Contour of Von Mises Equivalent Strain Increment
Calculated by: Volumetric Averaging

（d）盐蚀区含盐量1.5%

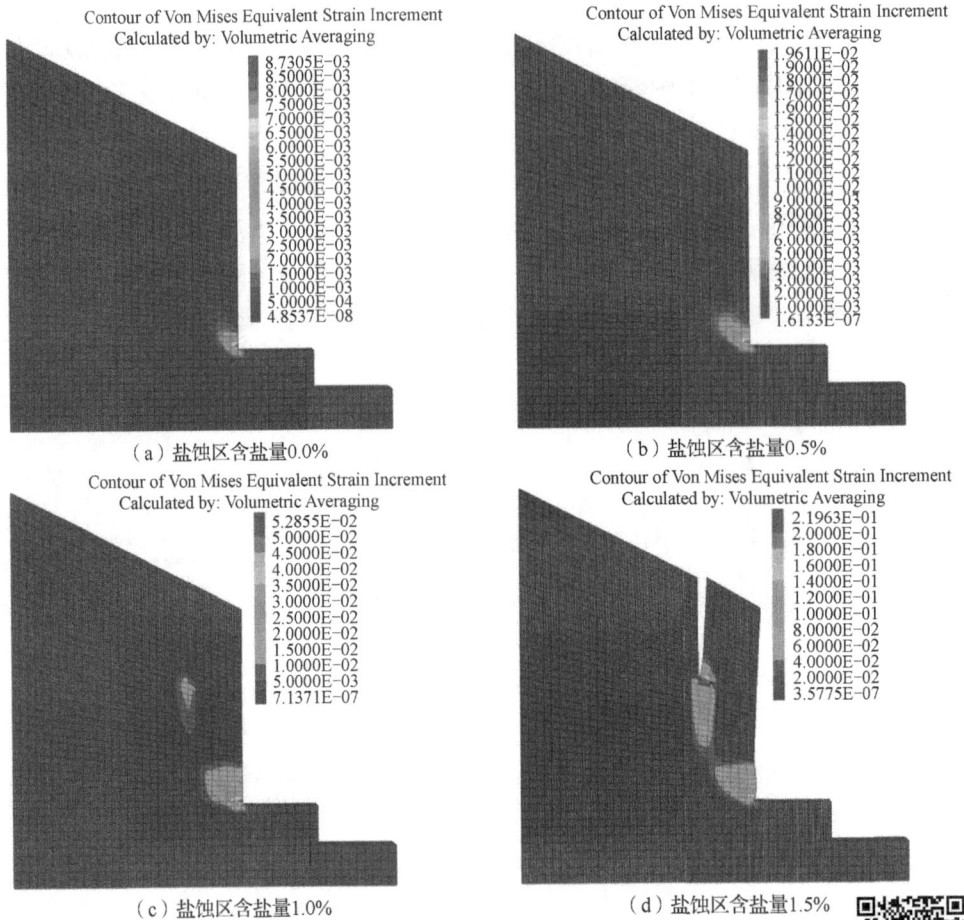

图 6-9　不同含盐量条件下冻融循环 5 次后
黄土边坡盐蚀型崩塌体塑性区的演化规律

彩图 6-9

2）最大主应力云图

图 6-10 所示为不同含盐量条件下冻融循环 5 次后黄土边坡盐蚀型崩塌体最大主应力分布云图。从图 6-10 中可以看出，冻融循环作用下黄土边坡坡脚盐蚀区产生压应力集中现象；含盐量为 0.5%时，受盐蚀劣化效应的影响，黄土边坡崩塌体上部裂隙附近产生显著的拉应力集中现象；含盐量为 1.0%时，黄土边坡崩塌体上部拉应力区继续扩展，裂隙开始扩展演化；含盐量增加到 1.5%后，黄土边坡崩塌体拉应力区贯通，崩塌体产生整体失稳破坏。

（a）盐蚀区含盐量0.0%　　　　　　　　（b）盐蚀区含盐量0.5%

（c）盐蚀区含盐量1.0%　　　　　　　　（d）盐蚀区含盐量1.5%

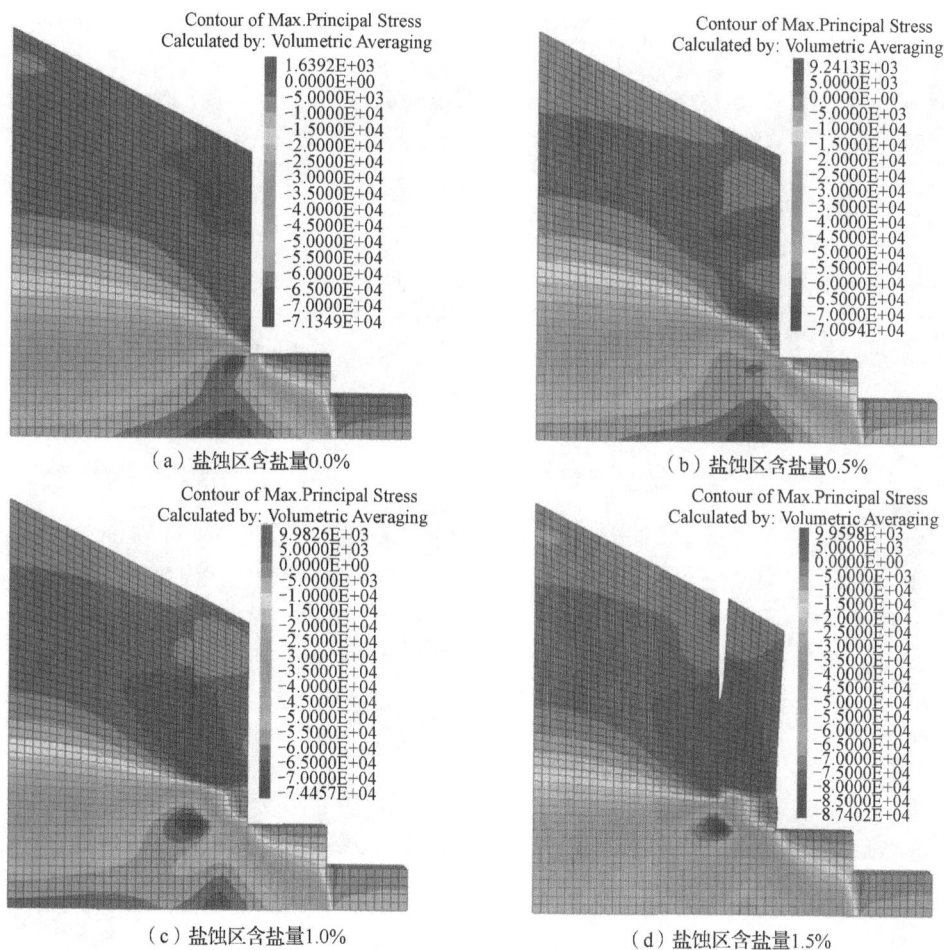

图 6-10　不同含盐量条件下冻融循环 5 次后
黄土边坡盐蚀型崩塌体最大主应力分布云图

彩图 6-10

3）水平位移场云图

图 6-11 所示为不同含盐量条件下冻融循环 5 次后黄土边坡盐蚀型崩塌体水平位移场分布云图。从图 6-11 中可以看出，黄土边坡坡脚盐蚀区土体不含盐即含盐量为 0.0%时，受冻融循环作用的影响，崩塌体上部产生一定的水平张拉位移；含盐量为 0.5%时，黄土边坡崩塌体整体水平张拉位移进一步增大；含盐量为 1.0%时，水平张拉位移导致黄土边坡崩塌体上部垂直裂隙开度整体增大，崩塌体稳定性显著降低；含盐量为 1.5%时，垂直裂隙上部的水平张拉位移达到 25cm，崩塌体出现整体失稳破坏。

（a）盐蚀区含盐量0.0%　　　　　　　　（b）盐蚀区含盐量0.5%

（c）盐蚀区含盐量1.0%　　　　　　　　（d）盐蚀区含盐量1.5%

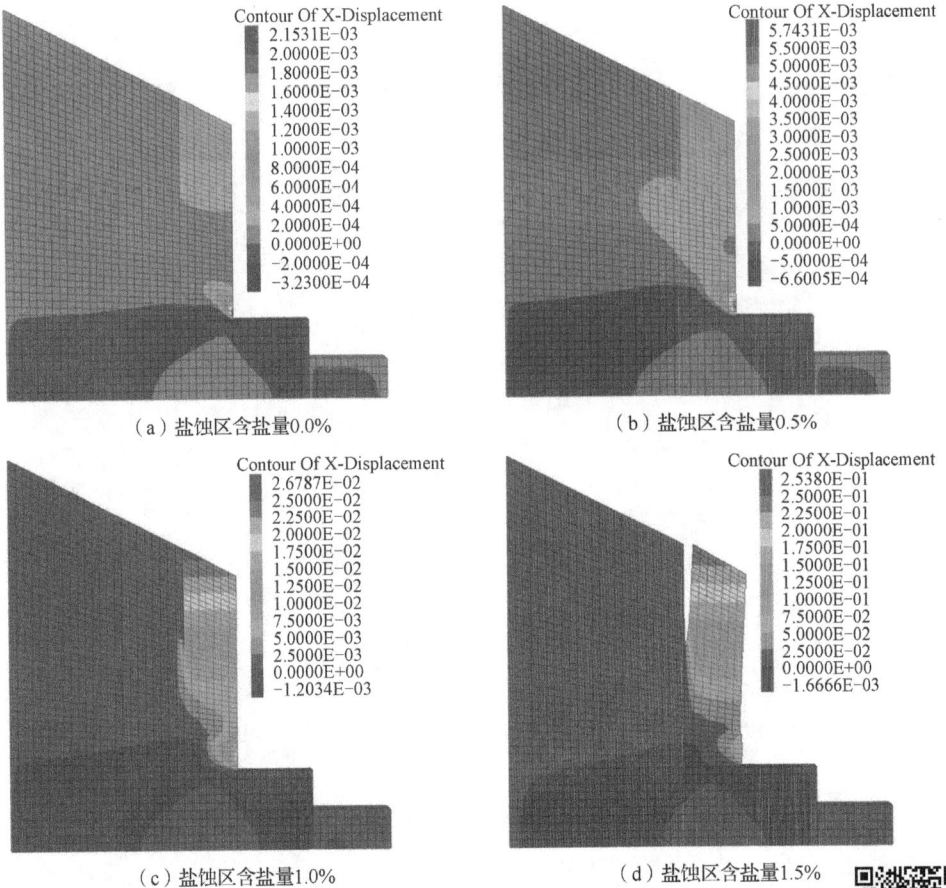

图 6-11　不同含盐量条件下冻融循环 5 次后
黄土边坡盐蚀型崩塌体水平位移场分布云图

彩图 6-11

4）监测点最大主应力分析

为进一步探究黄土边坡盐蚀型崩塌体盐蚀劣化过程的应力演化规律，选取崩塌体典型最大监测点，如图 6-12（a）所示，分析各监测点最大主应力随含盐量的变化规律，如图 6-12（b）所示。从图 6-12（b）中可以看出，冻融循环作用下黄土边坡坡脚各监测点的最大主应力始终表现为压应力；随着含盐量的增大，受盐蚀劣化效应的影响，坡脚内侧监测点 JC1 的最大主压应力显著增大；崩塌体上部监测点产生张拉最大主应力，垂直裂隙下端附近监测点 JC2 的最大张拉主应力随含盐量的增大而增加，但增速逐渐减小，趋于一个稳定数值。

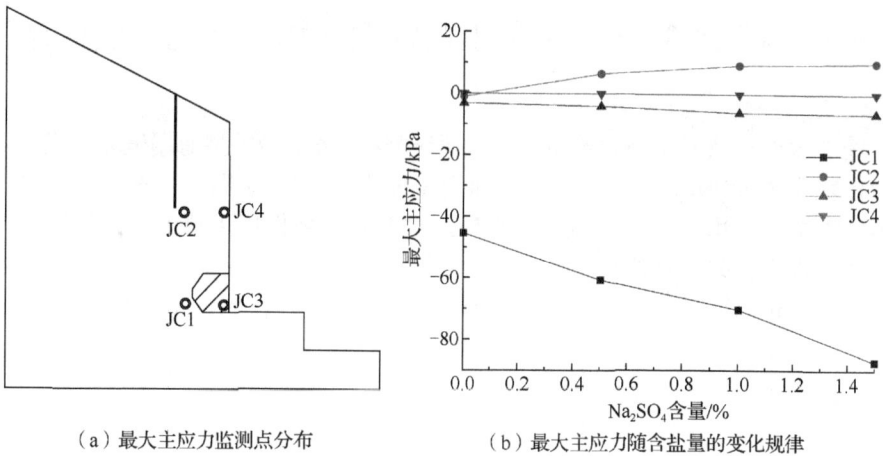

（a）最大主应力监测点分布　　　　（b）最大主应力随含盐量的变化规律

图 6-12　监测点最大主应力分析

5）监测点水平位移分析

选取黄土边坡盐蚀型崩塌体典型监测点，如图 6-13（a）所示，分析各监测点水平位移随含盐量的变化规律，结果如图 6-13（b）所示。从图 6-13（b）中可以看出，各监测点水平位移均表现为水平张拉变形。随着含盐量的增加，各监测点水平张拉位移显著增大且增速逐渐增大。值得注意的是，黄土边坡盐蚀崩塌体上部监测点 JC1 和 JC3 的水平张拉位移显著大于崩塌体下部各监测点的水平位移，崩塌体表现出整体失稳的特征。上述变化规律表明，冻融循环作用下盐蚀劣化区土体的含盐量对崩塌体的整体稳定性具有重要影响。

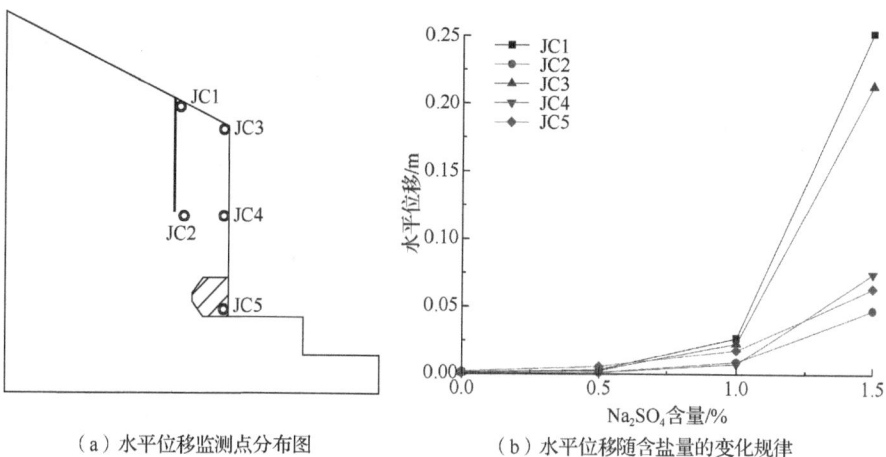

（a）水平位移监测点分布图　　　　（b）水平位移随含盐量的变化规律

图 6-13　监测点水平位移分析

6.2　冻融循环作用下黄土盐蚀型崩塌离散元数值计算

基于黄土盐蚀型崩塌大量现场实地调研资料,黄土盐蚀型崩塌破坏模式主要表现为拉裂-坠落式崩塌、拉裂-滑移式崩塌和拉裂-倾倒式崩塌,如图6-14~图6-16所示。本章将采用离散元数值计算程序,对冻融循环作用下黄土盐蚀型崩塌灾害的破坏过程进行数值计算分析。

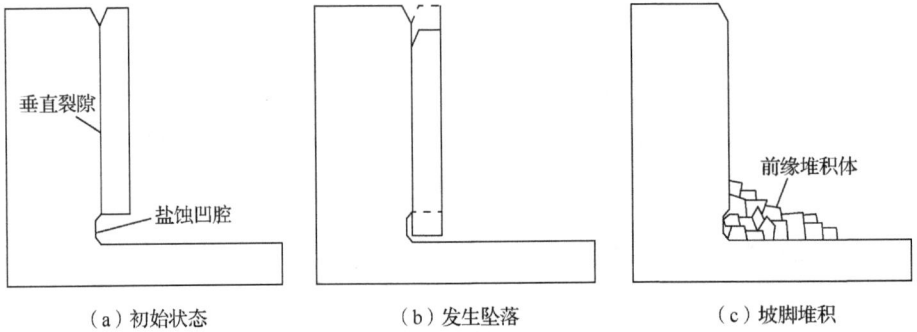

（a）初始状态　　　　　　　（b）发生坠落　　　　　　　（c）坡脚堆积

图 6-14　拉裂-坠落式崩塌变形破坏机制

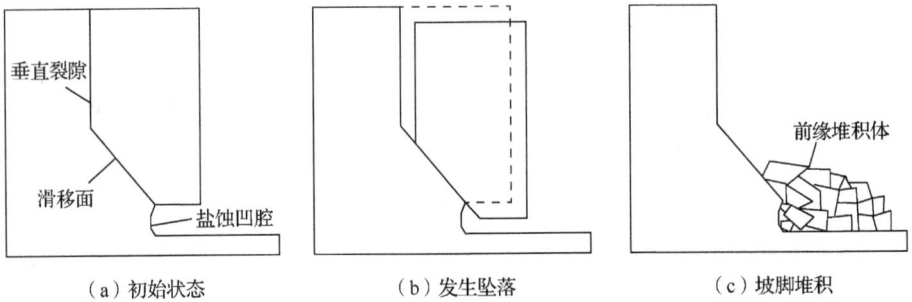

（a）初始状态　　　　　　　（b）发生坠落　　　　　　　（c）坡脚堆积

图 6-15　拉裂-滑移式崩塌变形破坏机制

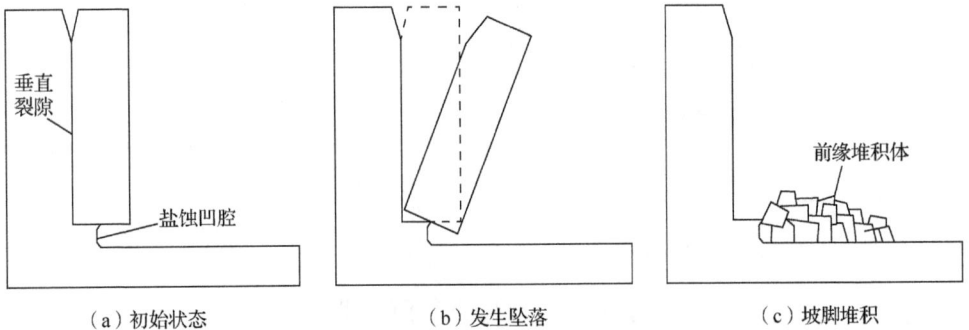

（a）初始状态　　　　　　　（b）发生坠落　　　　　　　（c）坡脚堆积

图 6-16　拉裂-倾倒式崩塌变形破坏机制

6.2.1　离散元数值计算程序简介

离散元数值计算方法出现于 20 世纪 70 年代初期。作为一种数值计算方法，离散元同有限元一样，也将计算区域划分为单元。但与有限元不同的是，离散元考虑了节理等不连续面，单元节点在运动过程中可以分离，即一个单元与其邻近单元可以相互接触，也可以分离。单元之间的相互作用力可根据力和位移的关系求出，单元的运动方式根据该单元所受的不平衡力和不平衡力矩由牛顿运动定律确定。

求解连续介质力学问题时，除了满足边界条件外，还必须满足平衡方程、物理方程和变形协调方程。对离散元而言，介质一开始就被认为是离散的块体集合，故块体之间不存在变形协调的约束，所以无须满足变形协调方程。物理方程即本构方程表征介质应力与应变间的物理关系。

1.　物理方程——力和位移的关系

图 6-17 所示为块体之间作用力与叠合量的关系图。其中，图 6-17（a）为法向作用力与叠合量的关系；图 6-17（b）为简单的两个角点接触的"界面叠合"模式；图 6-17（c）为切向作用力与叠合量的关系。如果两个块体的边界相互"叠合"，则存在两个角点与边界接触，可用界面两端点作用力来取代界面上的力。

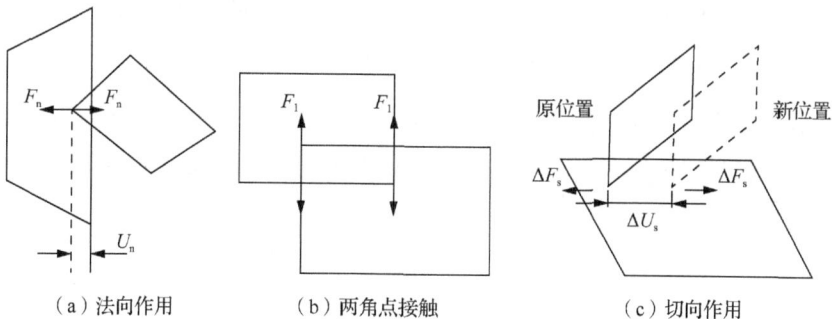

（a）法向作用　　　　　　（b）两角点接触　　　　　　（c）切向作用

图 6-17　块体之间作用力与叠合量的关系

图 6-17（a）中，假定块体之间的法向作用力 F_n 与它们之间位移的"叠合" U_n 成正比，即

$$F_n = K_n U_n \tag{6-8}$$

式中：F_n 为法向作用力；K_n 为法向刚度系数；U_n 为位移叠合量。

图 6-17（c）中，对于块体所受到的剪切力用增量 ΔF_s 表示，设两块体间相对位移为 ΔU_s，则

$$\Delta F_s = K_s \Delta U_s \tag{6-9}$$

式中：ΔF_s 为剪切力增量；K_s 为剪切刚度系数；ΔU_s 为相对位移。

2. 运动方程——牛顿第二运动定律

根据块体的几何形状及块体与邻近块体的关系，可以计算出作用在某一特定块体上的合力及合力矩。下面以图 6-18 中的块体 A 为例进行说明。对于图 6-18（a）中块体 A，其邻近块体通过边作用、角作用对块体产生一系列的作用力，这些作用力及块体本身自重会对块体产生合力及合力矩。如果合力及合力矩不为零，则作用于块体的不平衡力和不平衡力矩会使块体按牛顿第二定律的规律运动。由于受到邻近块体的阻力，块体的运动不是自由的，计算时对整个块体集合进行时步迭代，直到集合中的每一个块体都不再出现不平衡力及不平衡力矩为止。

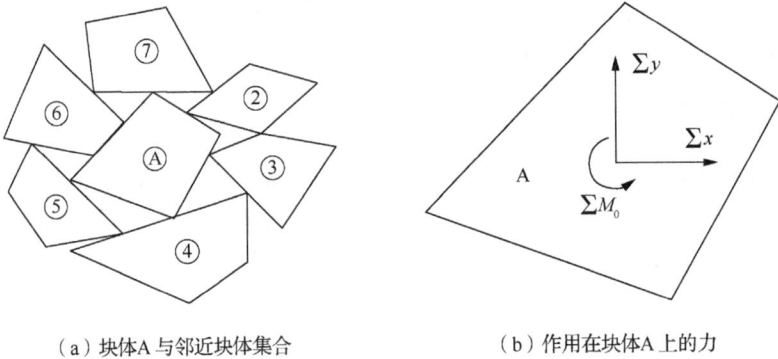

（a）块体 A 与邻近块体集合　　　　　　（b）作用在块体 A 上的力

图 6-18　块体的集合及受力示意图

根据牛顿第二运动定律，可以通过作用在块体上的合力以及合力矩计算出块体质心的加速度和角加速度，进而得到在时步 t 内块体的速度和角速度，以及位移和转动惯量。块体应满足如下运动方程：

$$
\begin{cases}
F_x = \sum F_{xi} \\
F_y = \sum F_{yi} \\
M_0 = \sum \left[F_{yi}(x_i - x_0) + F_{xi}(y_i - y_0) \right] \\
\ddot{u}_i = \dfrac{F_i}{m} \\
\ddot{\theta} = \dfrac{M_0}{I_0}
\end{cases}
\tag{6-10}
$$

式中：(x_0, y_0) 为块体质心坐标；F_x 为 x 方向上的合力；F_y 为 y 方向上的合力；M_0 为合力矩；I_0 为块体绕中心转动惯量；$\ddot{u}_i$ 为块体加速度；F_i 为块体所受合力；$\ddot{\theta}$ 为块体角加速度；m 为块体质量。

以 x 方向为例，块体质心在 x 方向上的加速度为

$$\ddot{u}_x = \frac{F_x}{m} \tag{6-11}$$

对式（6-11）利用向前差分格式进行积分，可得到块体质心在 x 方向上的速度和位移：

$$\begin{cases} \dot{u}_x(t_1) = \dot{u}_x(t_0) + \ddot{u}_x \Delta t \\ u_x(t_1) = u_x(t_0) + \dot{u}_x \Delta t \end{cases} \tag{6-12}$$

式中：t_0 为初始时间；Δt 为计算时步。

对于块体在 y 方向上的运动及转动，可采用上述类似的方法计算。

6.2.2　拉裂-坠落式崩塌

1.　数值计算模型

现场实地调研资料表明，通常情况下拉裂-坠落盐蚀型崩塌体靠临空面一侧发育垂直裂隙，裂隙贯通至黄土边坡坡脚盐蚀区。盐蚀剥落至裂隙面时，黄土边坡坡体发生拉裂-坠落式崩塌。根据现场调查和相关地质资料，黄土边坡的坡角为90°，高为5m，坡顶长为4m，坡底长为10m；坡顶靠近临空面0.6m处发育一垂直裂隙；边坡坡脚分布0.6m×0.6m冻融盐蚀区。黄土边坡坡脚盐蚀剥落过程分为3个不同的阶段，每个阶段的盐蚀剥落进深为0.2m，最终诱发拉裂-坠落式盐蚀崩塌灾害的发生。数值计算的具体几何模型和网格模型如图6-19所示。

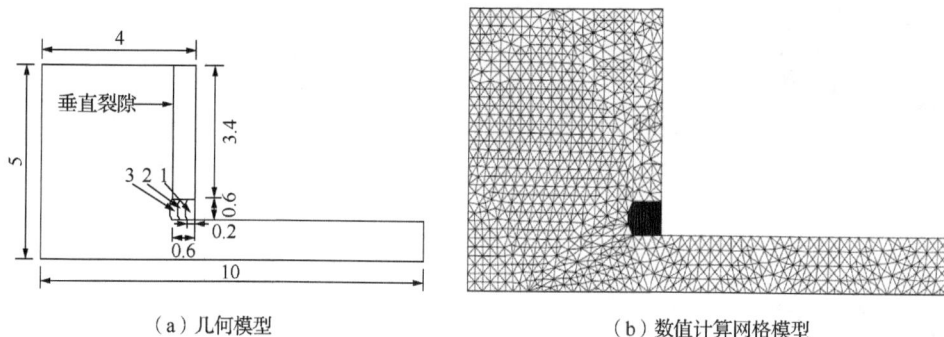

（a）几何模型　　　　　　　　　　　　（b）数值计算网格模型

图 6-19　拉裂-坠落式崩塌数值计算模型

2.　边界条件及参数选取

模型左侧、右侧地面以下及底部边界均为固定约束边界，其余边界为自由边界。模型只考虑重力荷载，重度为 9.8kN/m³。基于莫尔-库仑力学模型，进行数值计算分析。各土层的物理力学参数由块体和裂隙的本构关系来确定，土层的物

理力学参数和裂隙面的经验参数选取如表 6-3 所示。

表 6-3 土层的物理力学参数和裂隙面的经验参数

土层及裂隙面	密度 $\rho/(kg \cdot m^{-3})$	弹性模量 E/MPa	泊松比 ν	黏聚力 c/kPa	摩擦角 $\varphi/(\degree)$	法向刚度 $k_n/(kPa \cdot m^{-1})$	切向刚度 $k_s/(kPa \cdot m^{-1})$
Q_1黄土	1800	7.5	0.3	59.25	19		
盐蚀黄土	1800	7.1	0.29	56.33	18.4		
黄土裂隙				59.25	19	8.0×10^3	3.2×10^3

3. 数值计算结果分析

1）崩塌破坏过程

图 6-20 所示为拉裂-坠落盐蚀型崩塌的演化破坏过程。由图 6-20 可见，冻融循环作用下黄土边坡坡脚土体盐蚀剥落 1 次后，崩塌体力学状态整体较为稳定；盐蚀剥落 2 次后，垂直裂隙有一定的扩展，但崩塌体尚未丧失稳定性；盐蚀剥落 3 次后，崩塌体开始发生坠落并撞击地面，产生整体破碎，最后崩塌破碎体堆积于黄土边坡坡脚。上述变化规律表明，冻融循环和盐蚀劣化作用对拉裂-坠落式崩塌体的稳定性具有显著的影响，是诱发上述盐蚀型崩塌破坏的一个主要因素。

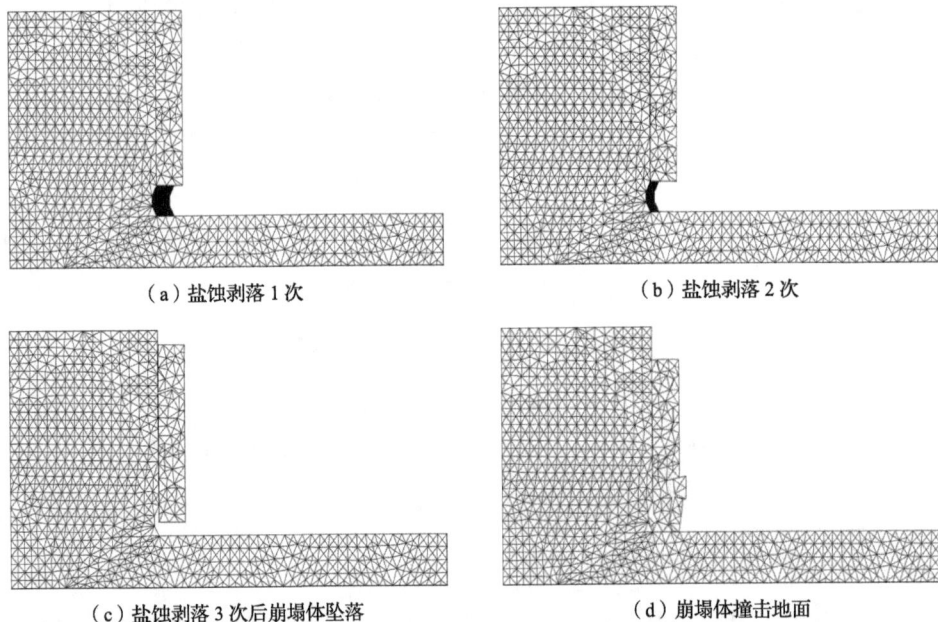

（a）盐蚀剥落 1 次　　　　　　　　　　（b）盐蚀剥落 2 次

（c）盐蚀剥落 3 次后崩塌体坠落　　　　　（d）崩塌体撞击地面

图 6-20　拉裂-坠落盐蚀型崩塌的演化破坏过程

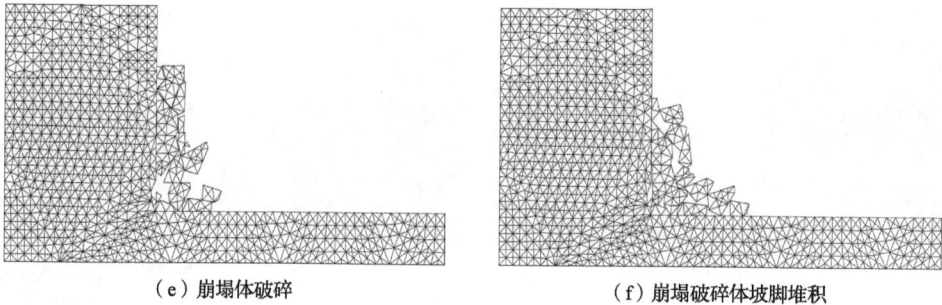

（e）崩塌体破碎　　　　　　　　　　　　　　（f）崩塌破碎体坡脚堆积

图 6-20（续）

2）水平位移场云图

图 6-21 所示为拉裂-坠落盐蚀型崩塌水平位移场云图。从图 6-21 中可以看出，盐蚀剥落 1 次后，崩塌体整体水平张拉位移量很小，崩塌体处于稳定状态；盐蚀剥落 2 次后，崩塌体水平张拉位移量增大，垂直裂隙开度增大，崩塌体处于亚稳定状态；盐蚀剥落 3 次后，崩塌体在重力作用下开始坠落并撞击地面，最终崩塌体整体破碎并堆积于坡脚。从图 6-21 中还可以看出，拉裂-坠落式崩塌体顶部和底部的水平位移较小，崩塌体中部因撞击地面发生破碎而产生较大的位移。上述水平位移场云图很好地揭示了拉裂-坠落盐蚀型崩塌的演化破坏机制。

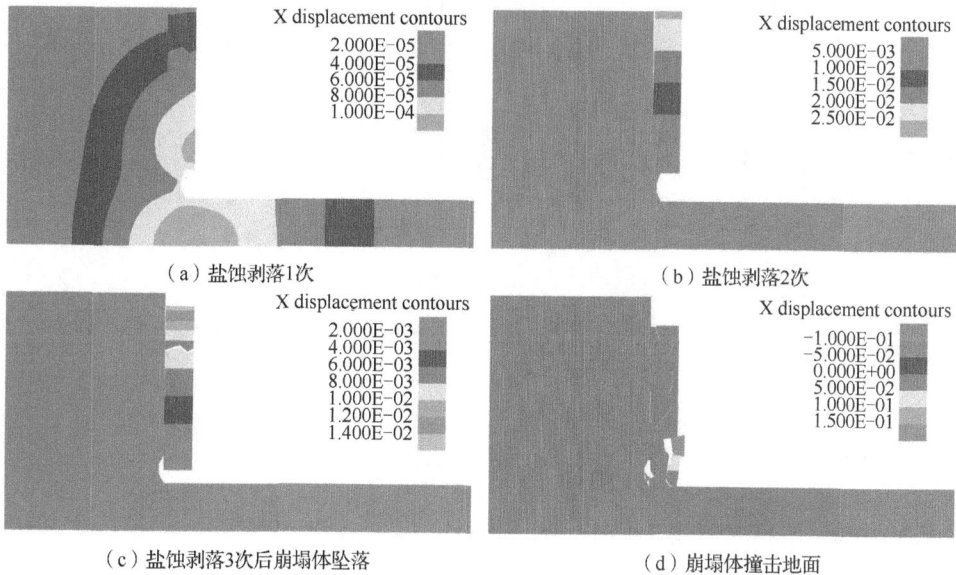

（a）盐蚀剥落1次　　　　　　　　　　　　　　（b）盐蚀剥落2次

（c）盐蚀剥落3次后崩塌体坠落　　　　　　　　　　（d）崩塌体撞击地面

图 6-21　拉裂-坠落盐蚀型崩塌水平位移场云图

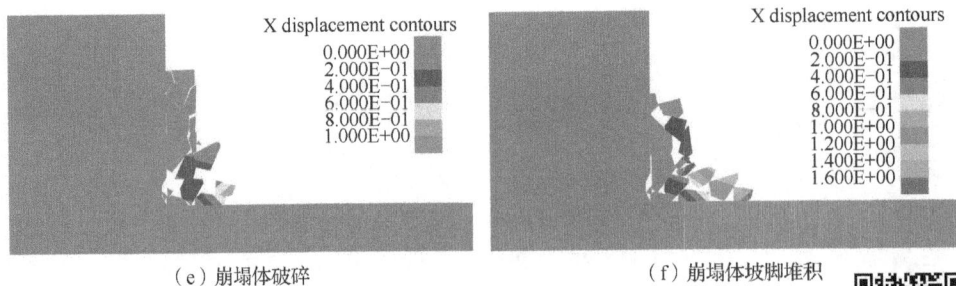

（e）崩塌体破碎　　　　　　　　　　（f）崩塌体坡脚堆积

图 6-21（续）

3）监测点水平位移分析

为进一步系统深入分析冻融循环作用下拉裂-坠落盐蚀型崩塌的水平位移变化规律，选取崩塌体典型监测点，如图6-22（a）所示，分析崩塌体各监测点盐蚀破坏过程水平位移的变化规律，如图6-22（b）所示。从图6-22（b）中可以看出，崩塌体上部监测点 JC1、JC2 和 JC3 盐蚀破坏过程的水平位移表现出增大的特征，特别是崩塌体临空面监测点 JC3 的水平位移显著增大。崩塌体下部监测点 JC4 的水平位移无显著变化规律。上述变化规律表明，黄土边坡崩塌体由中部到上下两侧，其水平位移逐渐减小，水平位移主要发生于撞击地面后的崩塌体中部。

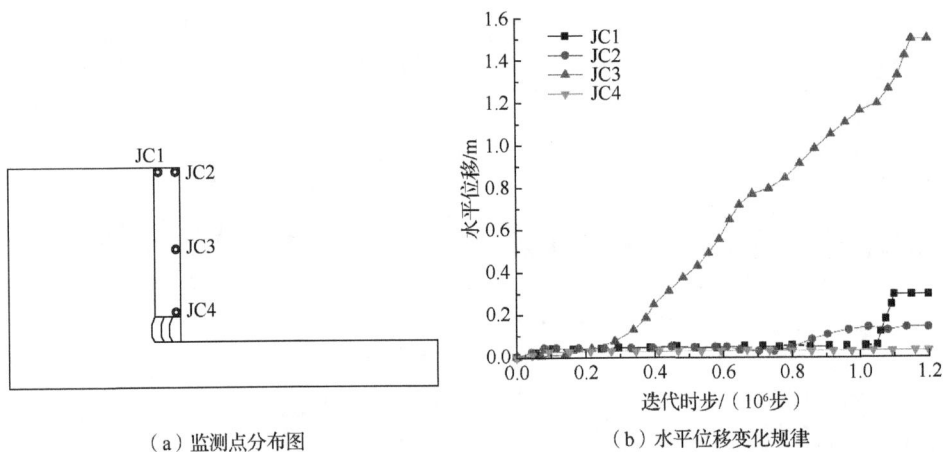

（a）监测点分布图　　　　　　　（b）水平位移变化规律

图 6-22　监测点水平位移分析

6.2.3　拉裂-滑移式崩塌

1.　数值计算模型

现场调查资料表明，拉裂-滑移盐蚀型崩塌的特征表现为崩塌体靠近临空面一侧发育有垂直裂隙和倾斜向裂隙组成的裂隙面，倾斜向裂隙贯通至盐蚀区。盐蚀剥落至倾斜向裂隙面时，拉裂-滑移式崩塌随之发生。根据相关地质资料可知，黄土边坡的坡角为 90°，高为 9m，坡顶长为 5m，坡底长为 15m；坡顶靠近临空面 1.5m 处发育一垂直裂隙；边坡坡脚分布 0.9m×0.8m 冻融盐蚀区。黄土边坡坡脚盐蚀剥落过程分为 3 个不同的阶段，每个阶段的盐蚀剥落进深为 0.3m，最终诱发拉裂-滑移盐蚀型崩塌灾害。数值计算的具体几何模型和网格模型如图 6-23 所示。

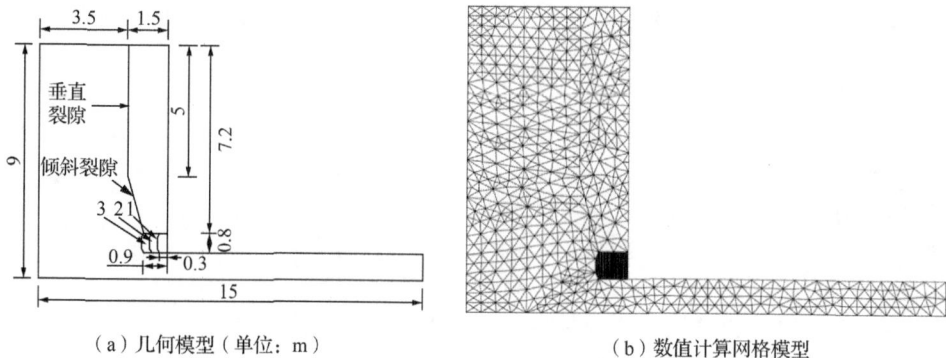

（a）几何模型（单位：m）　　　　　　　　（b）数值计算网格模型

图 6-23　拉裂-滑移盐蚀型崩塌数值计算模型

2. 边界条件及数值计算参数

模型左侧、右侧地面以下及底部均为固定约束边界，其余为自由边界。模型仅考虑重力荷载的作用，重度为 9.8kN/m³。基于莫尔-库仑力学模型，进行数值计算分析。土层的物理力学参数由块体和裂隙的本构关系来确定，土层的物理力学参数和裂隙面经验参数如表 6-3 所示。

3. 数值计算结果分析

1）崩塌破坏过程

图 6-24 所示为冻融循环作用下拉裂-滑移盐蚀型崩塌的破坏过程。由图 6-24 可见，盐蚀剥落 1 次后，崩塌体整体较为稳定；盐蚀剥落 2 次后，裂隙产生一定的滑移现象，崩塌体稳定性降低；盐蚀剥落 3 次后，垂直裂隙开裂至倾斜裂隙处，崩塌体沿垂直方向和斜向裂隙发生整体的滑移并撞击地面，随后崩塌体整体破碎并堆积于坡脚。上述变化规律表明，冻融循环和盐蚀劣化的耦合效应对拉裂-滑移式崩塌体的稳定性具有显著的影响，是诱发上述崩塌破坏的一个主要因素。

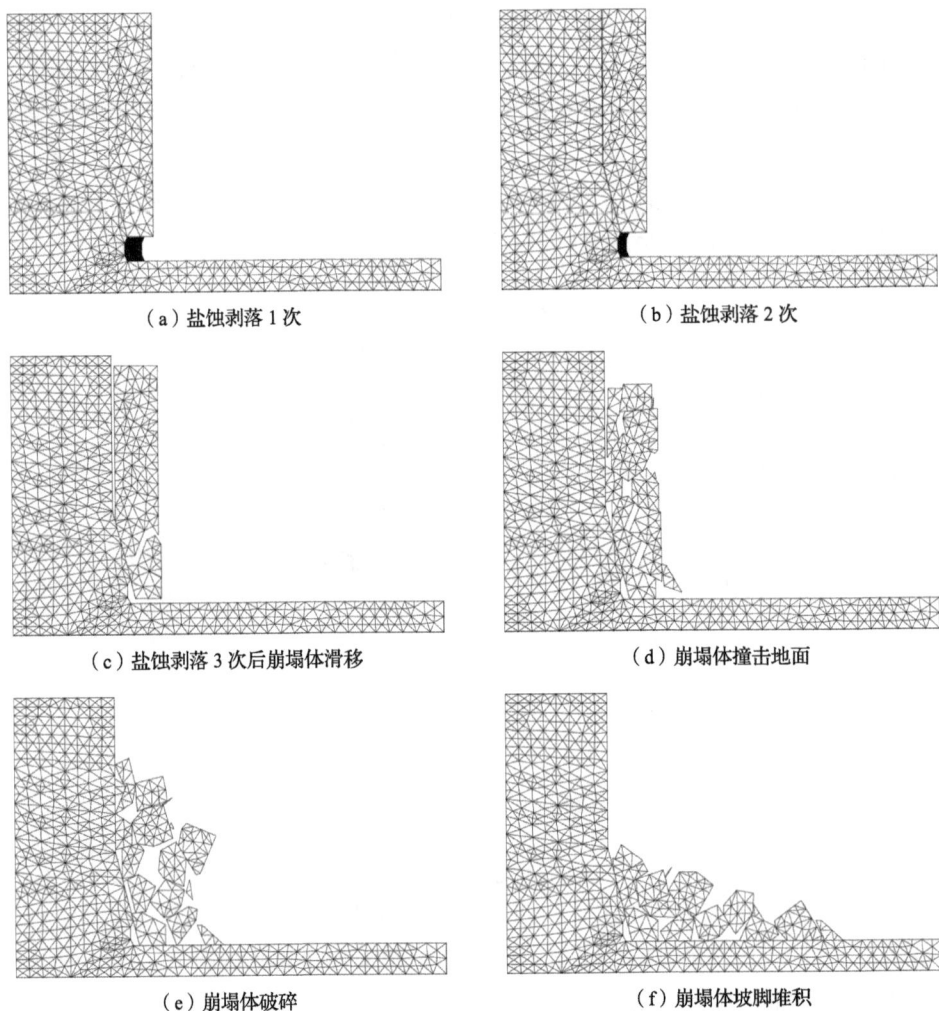

(a) 盐蚀剥落 1 次

(b) 盐蚀剥落 2 次

(c) 盐蚀剥落 3 次后崩塌体滑移

(d) 崩塌体撞击地面

(e) 崩塌体破碎

(f) 崩塌体坡脚堆积

图 6-24 拉裂-滑移黄土边坡盐蚀型崩塌破坏过程

2) 水平位移场云图

图 6-25 所示为拉裂-滑移盐蚀型崩塌破坏过程的水平位移场云图。由图 6-25 可见，盐蚀剥落 1 次后，崩塌体整体水平位移很小，边坡体处于稳定状态；盐蚀剥落 2 次后，崩塌体水平位移显著增大，且由上部至下部的水平位移逐渐减小，坡体稳定性显著降低，处于亚稳定状态；盐蚀剥落 3 次后，崩塌体裂隙与盐蚀卸荷区贯通，进而导致拉裂-滑移盐蚀型崩塌灾害的发生。黄土边坡崩塌体撞击地面后，碎裂块体产生较大的水平位移量并堆积于坡脚附近区域。

（a）盐蚀剥落1次

（b）盐蚀剥落2次

（c）盐蚀剥落3次后崩塌体滑移

（d）崩塌体撞击地面

（e）崩塌体破碎

（f）崩塌体坡脚堆积

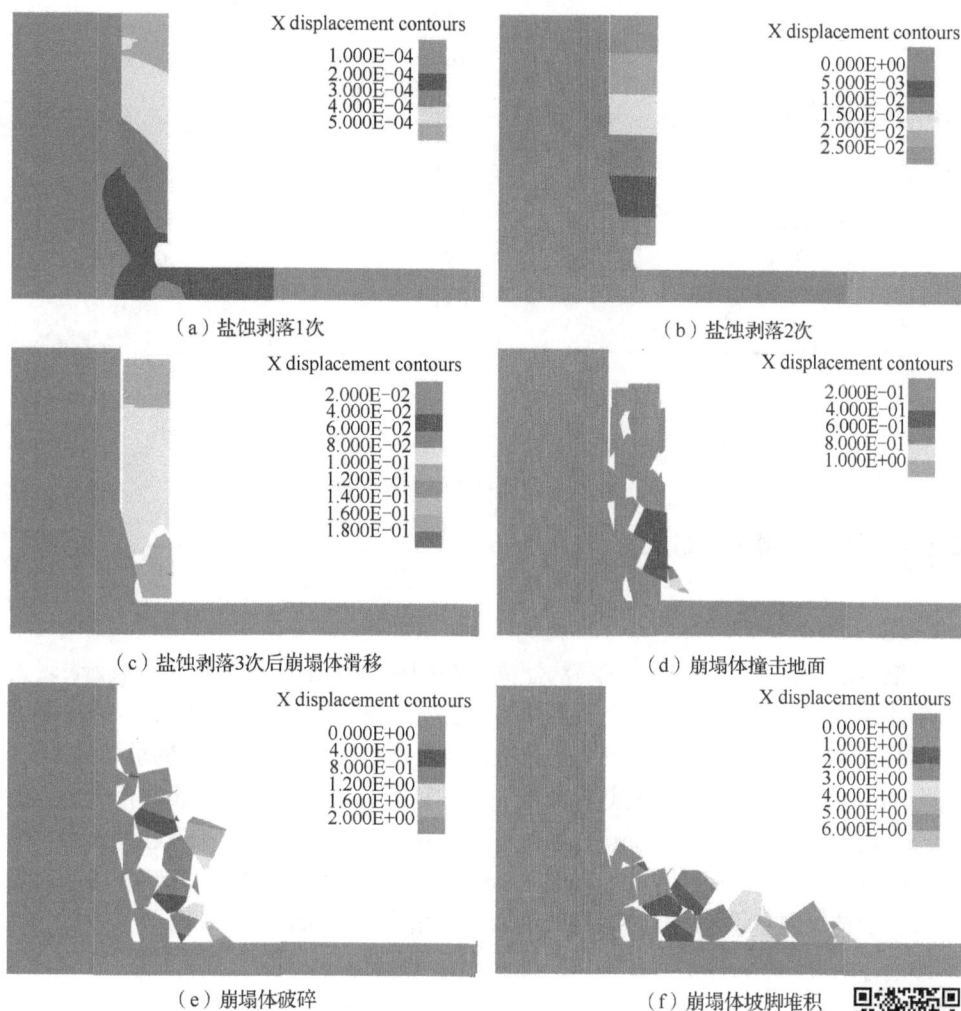

图 6-25　拉裂-滑移盐蚀型崩塌破坏过程的水平位移场云图

彩图 6-25

3）监测点水平位移分析

　　为进一步探究冻融循环作用下拉裂-滑移盐蚀型崩塌的位移变化特征，选取崩塌体典型监测点，如图 6-26（a）所示，分析各监测点水平位移的变化规律，如图 6-26（b）所示。从图 6-26（b）中可以看出，除 JC3 监测点外，其余 3 个监测点盐蚀破坏过程的水平张拉位移相对较小且无显著变化；JC3 监测点在崩塌体撞击地面后的水平位移显著增大。上述变化规律揭示出崩塌体由中部到上下两端的水平位移逐渐减小，即水平位移主要发生于撞击地面后的崩塌体中部。

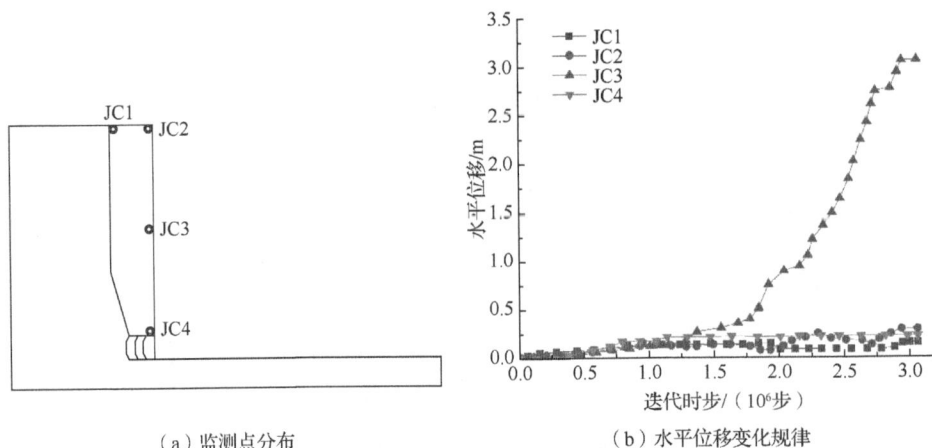

（a）监测点分布　　　　　　（b）水平位移变化规律

图 6-26　监测点水平位移分析

6.2.4　拉裂-倾倒式崩塌

1. 数值计算模型

根据现有调查资料发现，拉裂-倾倒盐蚀型崩塌往往发生于高陡边坡，表现为崩塌体靠近临空面一侧发育有垂直裂隙。盐蚀凹腔扩展至一定深度后，垂直裂隙完全张开，崩塌体整体向前倾倒。根据相关地质资料可知，黄土边坡的坡角为 90°，高为 9m，坡顶长为 6m，坡底长为 15m；坡顶靠近临空面 1.5m 处发育一垂直裂隙；边坡坡脚分布 0.9m×0.8m 冻融盐蚀区。黄土边坡坡脚盐蚀剥落过程分为 3 个不同的阶段，每个阶段的盐蚀剥落进深为 0.3m，最终诱发拉裂-倾倒盐蚀型崩塌灾害。数值计算的具体几何模型和网格模型如图 6-27 所示。

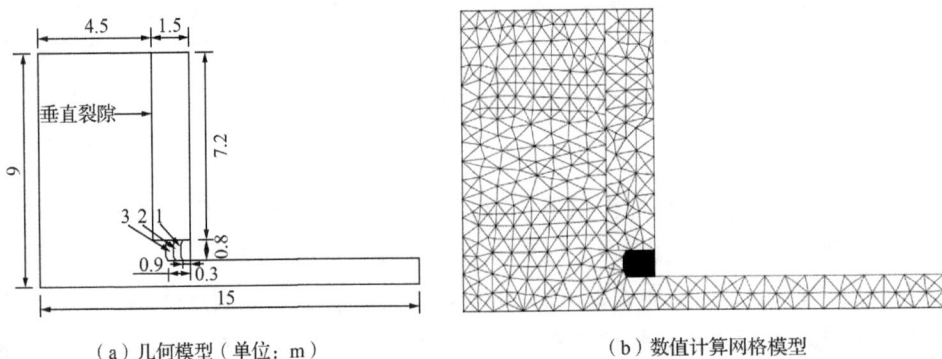

（a）几何模型（单位：m）　　　　　　（b）数值计算网格模型

图 6-27　拉裂-倾倒盐蚀型崩塌数值计算模型

2. 边界条件及计算参数

模型左侧、右侧地面以下及底部边界均为固定约束边界，其余边界为自由边界。模型仅考虑重力荷载，重度取 9.8kN/m³。按照莫尔-库仑力学模型，进行相应数值计算分析。土层的物理力学参数由块体和裂隙的本构关系来确定，试验参数和裂隙面的经验参数选取如表 6-3 所示。

3. 数值计算结果及分析

1）崩塌破坏过程

图 6-28 所示为冻融循环作用下拉裂-倾倒盐蚀型崩塌的破坏过程。由图 6-28 可见，盐蚀剥落 1 次后，崩塌体整体处于稳定状态；盐蚀剥落 2 次后，垂直裂隙因下部盐蚀凹腔体的扩展，其开度有一定程度的增大，崩塌体处于亚稳定状态；盐蚀剥落 3 次后，垂直裂隙开度急剧增大，导致崩塌体向前发生整体倾覆，进而撞击地面，崩塌体破坏并堆积于坡脚。上述变化规律反映出该离散元数值计算程序可以很好地揭示拉裂-倾倒盐蚀型崩塌灾害的力学演化机制。

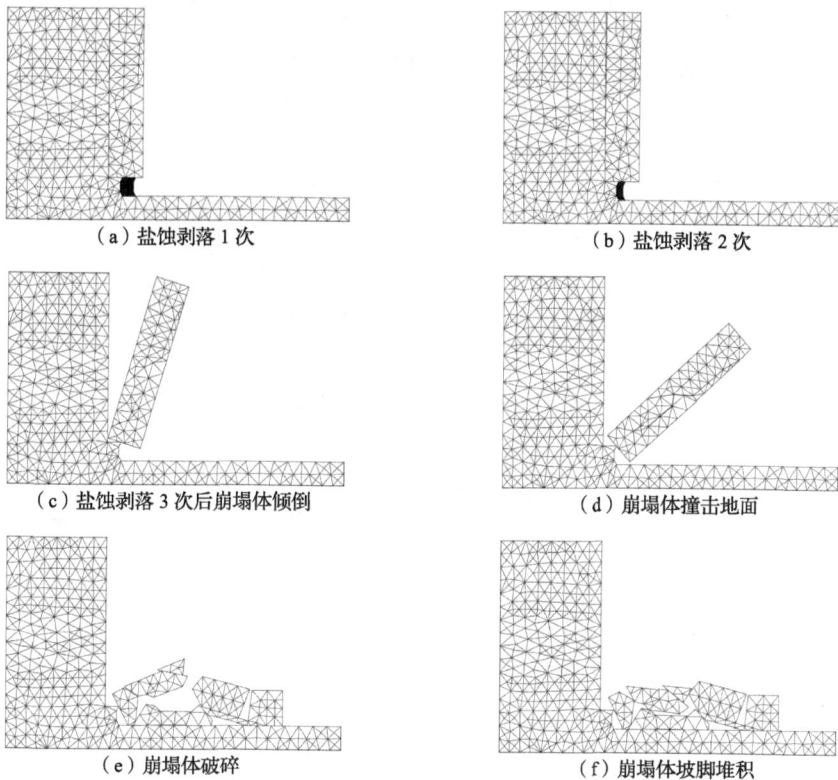

（a）盐蚀剥落 1 次　　　　　　　　　　　　（b）盐蚀剥落 2 次

（c）盐蚀剥落 3 次后崩塌体倾倒　　　　　　　（d）崩塌体撞击地面

（e）崩塌体破碎　　　　　　　　　　　　　（f）崩塌体坡脚堆积

图 6-28　拉裂-倾倒盐蚀型崩塌的破坏过程

2）水平位移场云图

图 6-29 所示为拉裂-倾倒盐蚀型崩塌的水平位移场云图。从图 6-29 中可以看出，盐蚀剥落 1 次后，崩塌体产生一定的微小张拉位移，对坡体的稳定性无显著影响；盐蚀剥落 2 次后，崩塌体水平位移显著增大，崩塌体顶部出现最大位移，且由上至下位移逐渐减小，崩塌体表现出向前倾覆的规律，处于亚稳定状态；盐蚀剥落 3 次后，垂直裂隙迅速开裂，崩塌体发生整体倾覆。崩塌体撞击地面后发生破碎并产生较大的水平位移。

彩图 6-29

（a）盐蚀剥落1次

（b）盐蚀剥落2次

（c）盐蚀剥落3次后崩塌体倾倒

（d）崩塌体撞击地面

（e）崩塌体破碎

（f）崩塌体坡脚堆积

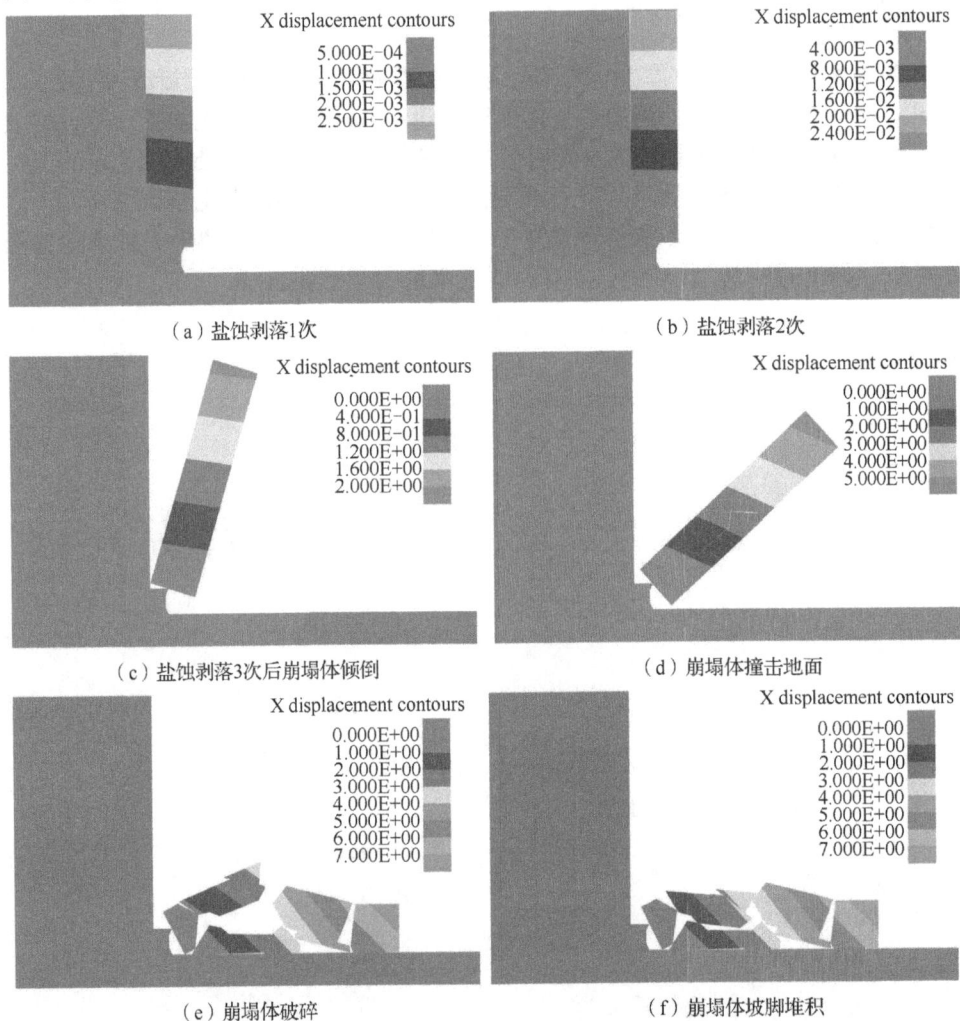

图 6-29　拉裂-倾倒式崩塌水平位移场云图

3）监测点水平位移分析

为深入地揭示冻融循环作用下拉裂-倾倒盐蚀型崩塌灾害的位移变化规律,选取崩塌体典型监测点,如图 6-30（a）所示,分析上述各监测点盐蚀过程的水平位移变化规律,如图 6-30（b）所示。从图 6-30（b）中可以看出,除崩塌体下部监测点 JC4 的水平位移无显著变化外,其余各监测点的水平张拉位移均显著增大且崩塌体顶部监测点的水平位移最大,表现出显著的拉裂-倾覆规律。

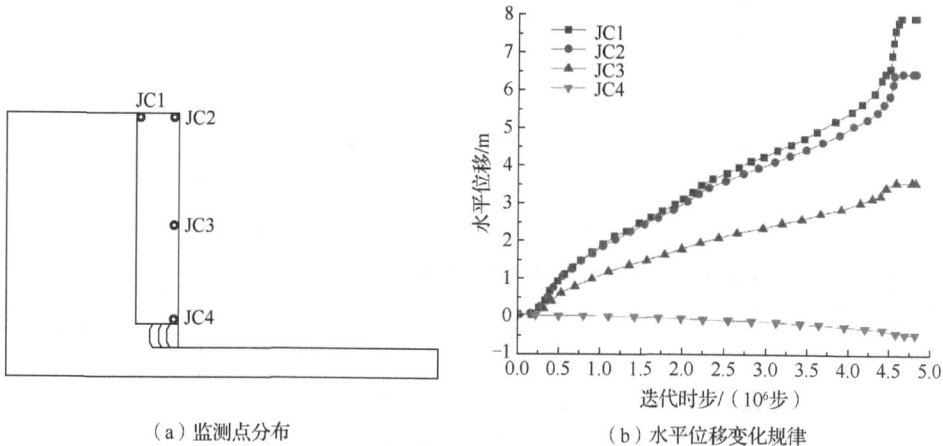

（a）监测点分布　　　　　　　　　（b）水平位移变化规律

图 6-30　拉裂-倾倒式崩塌监测点水平位移的变化规律

6.3　冻融循环作用下黄土盐蚀型崩塌预测判据

6.3.1　黄土垂直裂隙最大深度

基于前述黄土盐蚀型崩塌的离散元数值计算分析,黄土盐蚀型崩塌的破坏特征主要表现为边坡坡脚土体受冻融循环和盐蚀劣化作用的影响逐渐剥落进而形成凹进的腔体;随着盐蚀凹腔的逐渐扩展,失去下部支撑的崩塌体在自身重力作用下使边坡体已有裂隙继续扩展或产生新的裂隙;最后崩塌体沿裂隙面整体失稳,形成黄土盐蚀型崩塌灾害。因此,黄土边坡中的裂隙分布特征是影响黄土盐蚀型崩塌灾害的一个重要因素。基于此,考虑采用现有研究学者提出的一种同时能判断拉伸和剪切破坏的联合强度理论模型[245],来计算和分析黄土垂直裂隙的最大深度。

该联合强度理论将已有莫尔-库仑强度的破坏主应力线在拉剪区的直线变为光滑的曲线。在 $\sigma o\tau$ 平面内,基于双曲线关系进行拟合分析,双曲线与轴的截距为抗拉强度 σ_t。为方便推导,在坐标系 $\sigma o\tau$ 内由莫尔-库仑强度线的延长线与 σ 轴

的交点取为新的坐标系 $\sigma_0 o_0 \tau_0$ 的原点，如图 6-31 所示，则相应的坐标平移公式为

$$\left.\begin{array}{l} \sigma_0 = \sigma + c\cot\varphi \\ \tau_0 = \tau \end{array}\right\} \tag{6-13}$$

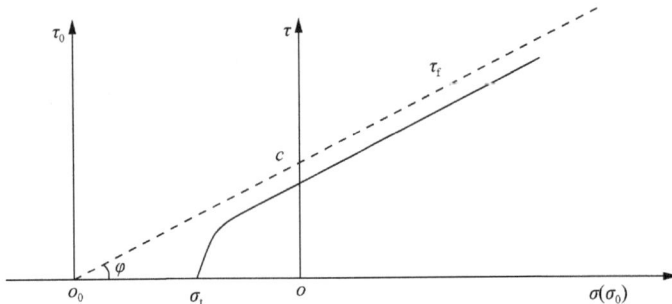

图 6-31　坐标平移示意图

在坐标系 $\tau_0 o_0 \sigma_0$ 内，强度的双曲线标准方程为

$$\frac{\sigma_0^2}{a^2} - \frac{\tau_0^2}{b^2} = 1 \tag{6-14}$$

式中：a 为双曲线实半轴长；b 为双曲线虚半轴长。

在 $\sigma o \tau$ 平面内，设该双曲线与 σ 轴的截距为 σ_t。因此，在坐标系 $\tau_0 o_0 \sigma_0$ 内，σ_t 处对应点的坐标应为 $(c\cot\varphi - \sigma_t, 0)$，将其代入式（6-14）中，可得

$$(c\cot\varphi - \sigma_t)^2 = a^2 \tag{6-15}$$

若以库仑直线为渐近线，则该双曲线渐近线的斜率为

$$\tan\varphi = \frac{b}{a} \tag{6-16}$$

将式（6-14）整理成式（6-17）的形式，并将式（6-16）代入，则有

$$\tau_0^2 = \sigma_0^2 \tan^2\varphi - b^2 \tag{6-17}$$

将式（6-16）代入式（6-17），再将式（6-15）代入，则有

$$\tau_0^2 = \sigma_0^2 \tan^2\varphi - (c - \sigma_t \tan\varphi)^2 \tag{6-18}$$

式（6-18）即为 $\tau_0 o_0 \sigma_0$ 坐标系内由抗拉强度指标 σ_t，抗剪强度指标 c 和 φ 表示的双曲线联合强度公式。

将式（6-13）代入式（6-18），可得到在 $\sigma o \tau$ 平面内的双曲线强度公式：

$$\tau^2 = (c + \sigma \tan\varphi)^2 - (c - \sigma_t \tan\varphi)^2 \tag{6-19}$$

基于联合强度理论式（6-19），可导出其相应的极限平衡应力表达式[246]。莫尔应力圆处于主动极限平衡状态时（图 6-32），莫尔应力圆与联合强度线相切。假设切点为 G，莫尔应力圆的圆心为 E，线段 GF 垂直于 σ 轴，垂足为 F。

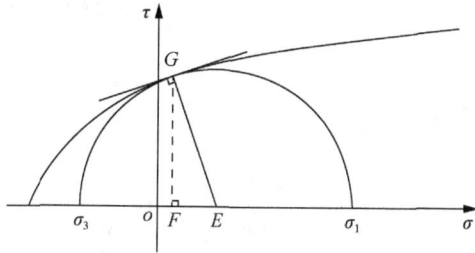

图 6-32　极限平衡状态图析

由于 G 在联合强度线上，假设 G 的横坐标为 σ_G，由式（6-19）可得 G 的纵坐标 τ_G，即 G（σ_G，$\sqrt{(c+\sigma_G \tan\varphi)^2 - (c - \sigma_t \tan\varphi)^2}$）。通过对联合强度线进一步求导，可得 G 的切线斜率 k_t：

$$k_t = \frac{\mathrm{d}\tau}{\mathrm{d}\sigma} = \frac{(c+\sigma_G \tan\varphi)\tan\varphi}{\sqrt{(c+\sigma_G \tan\varphi)^2 - (c-\sigma_t \tan\varphi)^2}} \tag{6-20}$$

经几何关系推导，可以确定相应的莫尔应力圆方程为

$$\left[\sigma - \left(\frac{1}{\cos^2\varphi}\sigma_G + c\tan\varphi\right)\right]^2 + \tau^2 = \tau_G^2(1+k_t^2) \tag{6-21}$$

令 $\tau = 0$，可得大主应力 σ_1 和小主应力 σ_3 分别为

$$\sigma_1 = \frac{1}{\cos^2\varphi}\sigma_G + c\tan\varphi + \sqrt{\tau_G^2 + \tau_G^2 k_t^2} \tag{6-22}$$

$$\sigma_3 = \frac{1}{\cos^2\varphi}\sigma_G + c\tan\varphi - \sqrt{\tau_G^2 + \tau_G^2 k_t^2} \tag{6-23}$$

将式（6-20）及切点 G 的纵坐标 τ_G 代入式（6-22）和式（6-23）中，可得

$$\sigma_1 = \frac{1}{\cos^2\varphi}\sigma_G + c\tan\varphi + \sqrt{(c+\sigma_G \tan\varphi)^2 \frac{1}{\cos^2\varphi} - (c-\sigma_t \tan\varphi)^2} \tag{6-24}$$

$$\sigma_3 = \frac{1}{\cos^2\varphi}\sigma_G + c\tan\varphi - \sqrt{(c+\sigma_G \tan\varphi)^2 \frac{1}{\cos^2\varphi} - (c-\sigma_t \tan\varphi)^2} \tag{6-25}$$

根据式（6-24）和式（6-25），可得

$$\sigma_G = -\sqrt{Q\sigma_1^2 + J\sigma_1 + D} + \sigma_1 \tag{6-26}$$

$$\sigma_G = \sqrt{Q\sigma_3^2 + J\sigma_3 + D} + \sigma_3 \tag{6-27}$$

式中：$D = -\cos^2\varphi(\sigma_t^2 \tan^2\varphi - 2c\sigma_t \tan\varphi)$；$J = 2c\sin\varphi\cos\varphi$；$Q = \sin^2\varphi$。

上述式（6-26）和式（6-27）均表示切点 G 的横坐标，则两式相等，即

$$\sqrt{Q\sigma_3^2 + J\sigma_3 + D} + \sigma_3 = -\sqrt{Q\sigma_1^2 + J\sigma_1 + D} + \sigma_1 \tag{6-28}$$

将式（6-28）进行变换，可得

$$\sigma_3 = \frac{-\sqrt{4\cos^2\varphi(2\sigma_1 R - Q\sigma_1^2 - J\sigma_1 - \sigma_1^2) + (2\sigma_1 + J - 2R)^2}}{2\cos^2\varphi} + \frac{2\sigma_1 + J - 2R}{2\cos^2\varphi} \quad (6\text{-}29)$$

式中：令 $R = \sqrt{Q\sigma_1^2 + J\sigma_1 + D}$ 。

黄土的最大主应力可表示为

$$\sigma_1 = \gamma h \qquad\qquad (6\text{-}30)$$

当黄土土质均匀且不受其他外在条件影响时，黄土卸荷开裂后，$\sigma_3 = 0$。由此，根据式（6-29）和式（6-30），可得垂直裂隙的最大深度：

$$h = \frac{J + 2\sqrt{D}}{\gamma \cos^2\varphi} \qquad\qquad (6\text{-}31)$$

将 D、J 分别代入式（6-31），可得

$$h = \frac{2c\sin\varphi\cos\varphi + 2\sqrt{-\cos^2\varphi(\sigma_t^2\tan^2\varphi - 2c\sigma_t\tan\varphi)}}{\gamma\cos^2\varphi} \qquad (6\text{-}32)$$

式（6-32）即为黄土垂直裂隙最大深度的计算公式。

6.3.2　拉裂-坠落盐蚀型崩塌预测判据

拉裂-坠落式崩塌体受力特征表现为以悬臂梁形式凸出。基于此，借鉴现有学者的研究思路[247]，引入材料力学中有关悬臂梁的计算理论，构建拉裂-坠落盐蚀型崩塌的预测判据。

黄土边坡坡脚土体盐蚀剥落后，其上的崩塌体以悬臂梁形式凸出。假定一个凸出崩塌体（悬臂梁）土质均匀，边坡临空面垂直，坡顶水平，边坡高度为 H，盐蚀凹腔体进深为 l，顶部拉裂缝深度为 h，与崩塌体高度 H 之比设为 λ。根据弯曲梁的应力分布规律，拉应力作用在悬臂梁截面的上半部分，而压应力则出现在截面的下半部分，悬臂梁最大弯矩截面处应力分布如图 6-33 所示。

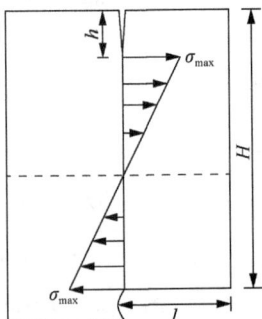

图 6-33　拉裂-坠落盐蚀型崩塌稳定性计算简图

对于悬臂梁崩塌体承受均布荷载作用的情形，固定端横截面上的最大弯矩 M

和抗弯截面模量 I 的计算公式为

$$M = \frac{1}{2}\gamma H l_{\mathrm{c}}^{2} \tag{6-33}$$

$$I = \frac{1}{6}(H-h)^{2} \tag{6-34}$$

式中：γ 为黄土重度；l_{c} 为腔体临界长度；h 为裂缝开裂深度；H 为崩塌体高度。

悬臂梁最大弯矩截面处的弯曲应力 $\sigma_{\max}$ 可表示为

$$\sigma_{\max} = M / I \tag{6-35}$$

将式（6-33）、式（6-34）代入式（6-35），可得

$$\sigma_{\max} = \frac{3\gamma H l_{\mathrm{c}}^{2}}{(H-h)^{2}} \tag{6-36}$$

令 $h = \lambda H$，则

$$\sigma_{\max} = \frac{3\gamma l_{\mathrm{c}}^{2}}{H(1-\lambda)^{2}} \tag{6-37}$$

拉裂-坠落盐蚀型崩塌是否发生的关键是最大弯矩截面上的拉应力是否超过黄土的抗拉强度。因此，崩塌体稳定系数 F_{s} 可以用弯矩截面上的最大拉应力 $\sigma_{\max}$ 与土体抗拉强度 σ_{t} 的比值进行稳定性检验[248]，其计算式为

$$F_{\mathrm{s}} = \frac{\sigma_{\mathrm{t}}}{\sigma_{\max}} = \frac{H(1-\lambda)^{2}\sigma_{\mathrm{t}}}{3l_{\mathrm{c}}^{2}\gamma} \tag{6-38}$$

当 $\sigma_{\max} \geqslant \sigma_{\mathrm{t}}$ 时，拉裂-坠落盐蚀型崩塌发生。

进一步由式（6-37），可推导得到盐蚀凹腔的极限进深 l_{c} 的计算公式：

$$l_{\mathrm{c}} = \sqrt{\frac{H(1-\lambda)^{2}\sigma_{\mathrm{t}}}{3\gamma}} \tag{6-39}$$

式（6-39）即为拉裂-坠落盐蚀型崩塌的预测判据表达式。当盐蚀凹腔实际进深 l 大于极限进深 l_{c}（$l>l_{\mathrm{c}}$）时，悬臂梁崩塌体可以判定为不稳定状态；当盐蚀凹腔实际进深 l 等于极限进深 l_{c}（$l=l_{\mathrm{c}}$）时，崩塌体处于临界状态；当盐蚀凹腔进深 l 小于极限进深 l_{c}（$l<l_{\mathrm{c}}$）时，崩塌体处于稳定状态。

基于式（6-32），可确定垂直裂隙的最大深度 h，因而可得到 h 与 H 的比值 λ。结合现有相关试验资料，给定原状 Q_3 黄土的重度 $\gamma = 16\mathrm{kN/m^3}$、抗拉强度 $\sigma_{\mathrm{t}} = 15\mathrm{kPa}$。进一步根据式（6-38），可得到不同 λ 条件下，以盐蚀凹腔体进深 l 为横坐标，崩塌体高度 H 为纵坐标的拉裂-坠落盐蚀型崩塌稳定性关系，如图 6-34 所示。图中 λ 临界线下方为崩塌不稳定区，上方为崩塌稳定区。当 $\lambda=0.0$ 时，即不存在垂直裂隙的黄土边坡，受冻融循环和盐蚀劣化耦合效应的影响，如果盐蚀凹腔体进深和崩塌体高度落入不稳定区，拉裂-坠落盐蚀型崩塌仍会发生。从图 6-34 中还可以看出，当坡体高度一定时，盐蚀凹腔体长度越大，则边坡崩塌越容易发生，即

冻融循环和盐蚀劣化效应可以显著降低拉裂-坠落盐蚀型崩塌的稳定性；当盐蚀凹腔体进深和崩塌体高度一定时，λ越大，则崩塌安全系数越低。

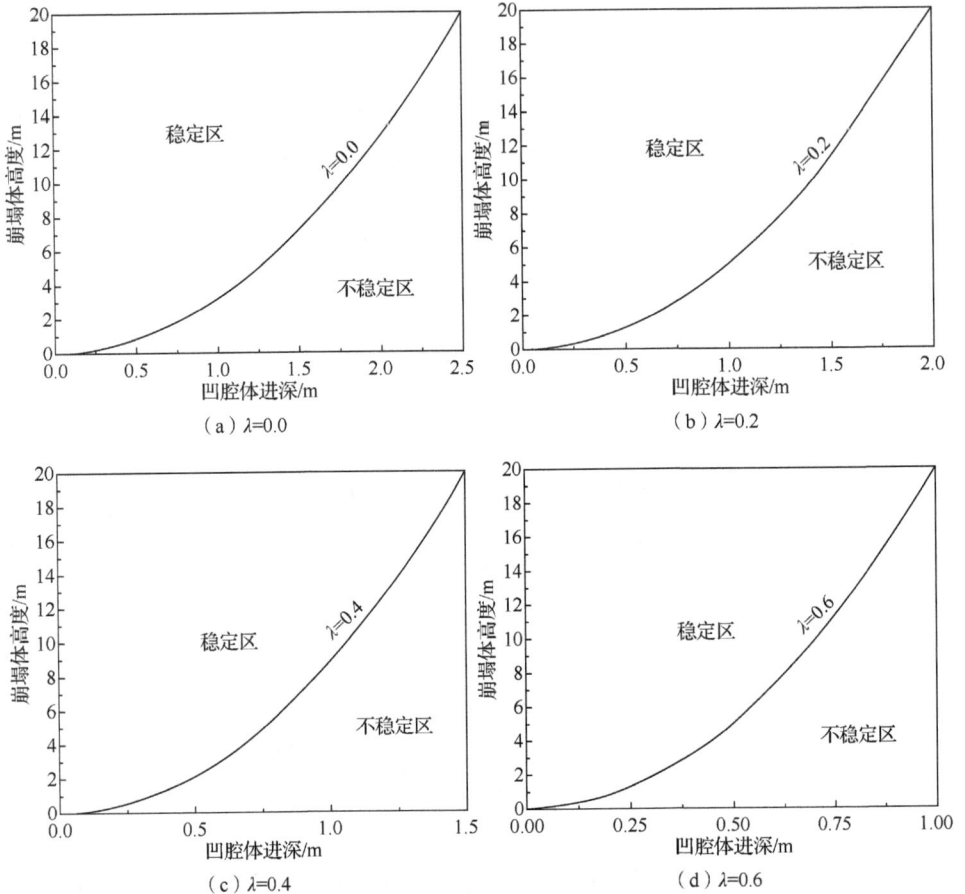

图 6-34　拉裂-坠落盐蚀型崩塌稳定性分析

6.3.3　拉裂-滑移盐蚀型崩塌预测判据

冻融循环作用下拉裂-滑移盐蚀型崩塌多表现为由竖向垂直裂隙和倾斜向裂隙形成的组合裂隙面。倾斜向裂隙一般贯通至边坡坡脚盐蚀剥落区。当盐蚀剥落至倾斜向裂隙面时，发生沿倾斜向裂隙面的拉裂-滑移盐蚀型崩塌。基于此，假设黄土边坡坡体土质均匀，边坡临空面垂直，坡顶水平，如图 6-35 所示。设崩塌体重量为 W，垂直拉张裂隙深度为 h，崩塌体高度为 H，倾斜裂隙面和水平面的夹角为 θ，黄土黏聚力为 c，内摩擦角为 φ，倾斜裂隙面的长度为 L，崩塌体宽度为 S，盐蚀凹腔体进深为 l，则崩塌体沿倾斜裂隙面的分力为 $W\sin\theta$，垂直倾斜裂隙面的分力为 $W\cos\theta$。

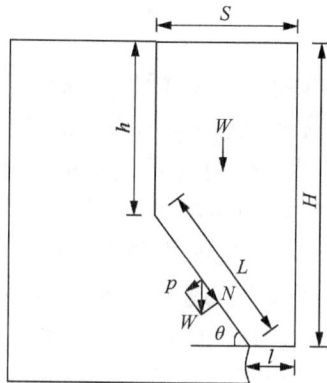

图 6-35　拉裂-滑移盐蚀型崩塌稳定性计算简图

根据莫尔-库仑准则及力的平衡条件，可得崩塌体的稳定安全系数为

$$F_s = \frac{cL + W\tan\varphi\cos\theta}{W\sin\theta} \tag{6-40}$$

$$W = \left[\frac{(l+S)(H-h)}{2} + hS\right]\gamma \tag{6-41}$$

根据几何关系：

$$L = \frac{S-l}{\cos\theta} \tag{6-42}$$

$$\left.\begin{aligned} \sin\theta &= \frac{H-h}{\sqrt{(H-h)^2 + (S-l)^2}} \\ \cos\theta &= \frac{S-l}{\sqrt{(H-h)^2 + (S-l)^2}} \\ \tan\theta &= \frac{H-h}{S-l} \end{aligned}\right\} \tag{6-43}$$

将式（6-41）、式（6-42）及式（6-43）代入式（6-40），可得

$$F_s = \frac{\dfrac{2c[(H-h)^2 + (S-l)^2]}{\gamma[h(S-l) + H(S+l)]} + (S-l)\tan\varphi}{H-h} \tag{6-44}$$

当 $F_s = 1$ 时，坡体处于临界状态。

令 $h = \lambda H$ （$0 \leqslant \lambda < 1$），基于式（6-44），可得到临界状态下的盐蚀凹腔体进深的表达式：

$$l_c = \frac{\sqrt{H(1-\lambda)\left[\gamma^2 H^3(1-\lambda)^3 + 16c\gamma SH - 16c^2 H(1-\lambda)\right] + 4\gamma\tan\varphi\left\{H^2(1-\lambda)^2\left[2cH(1-\lambda) - \gamma SH\right] + \gamma S^2 H^2\tan\varphi\right\}}}{2\gamma H(1-\lambda)\tan\varphi - 4c}$$

$$-\frac{4cS+\gamma H^2(1-\lambda)^2+2\lambda H\gamma S\tan\varphi}{2\gamma H(1-\lambda)\tan\varphi-4c} \tag{6-45}$$

为进一步探究冻融循环作用下拉裂-滑移盐蚀型崩塌的稳定性变化规律。基于现有相关研究资料，给定黄土重度 $\gamma=16\text{kN}/\text{m}^3$，内摩擦角 $\varphi=15°$，黏聚力 $c=40\text{kPa}$。黄土边坡盐蚀型崩塌体的宽度 S 为 5m。基于式（6-45），可以计算得到不同 λ 条件下以盐蚀凹腔体进深 l 为横坐标，崩塌体高度 H 为纵坐标的崩塌稳定性变化规律，如图 6-36 所示。图 6-36 中曲线上方为不稳定区，下方为稳定区。崩塌体高度一定时，盐蚀凹腔体进深越大，则边坡崩塌稳定性越低，即冻融和盐蚀劣化效应是诱发拉裂-滑移盐蚀型崩塌的一个重要因素；当盐蚀凹腔体进深一定时，崩塌体高度越大，则稳定性越低；崩塌体高度和盐蚀凹腔体进深一定时，λ 越大，则边坡崩塌体安全系数越低。

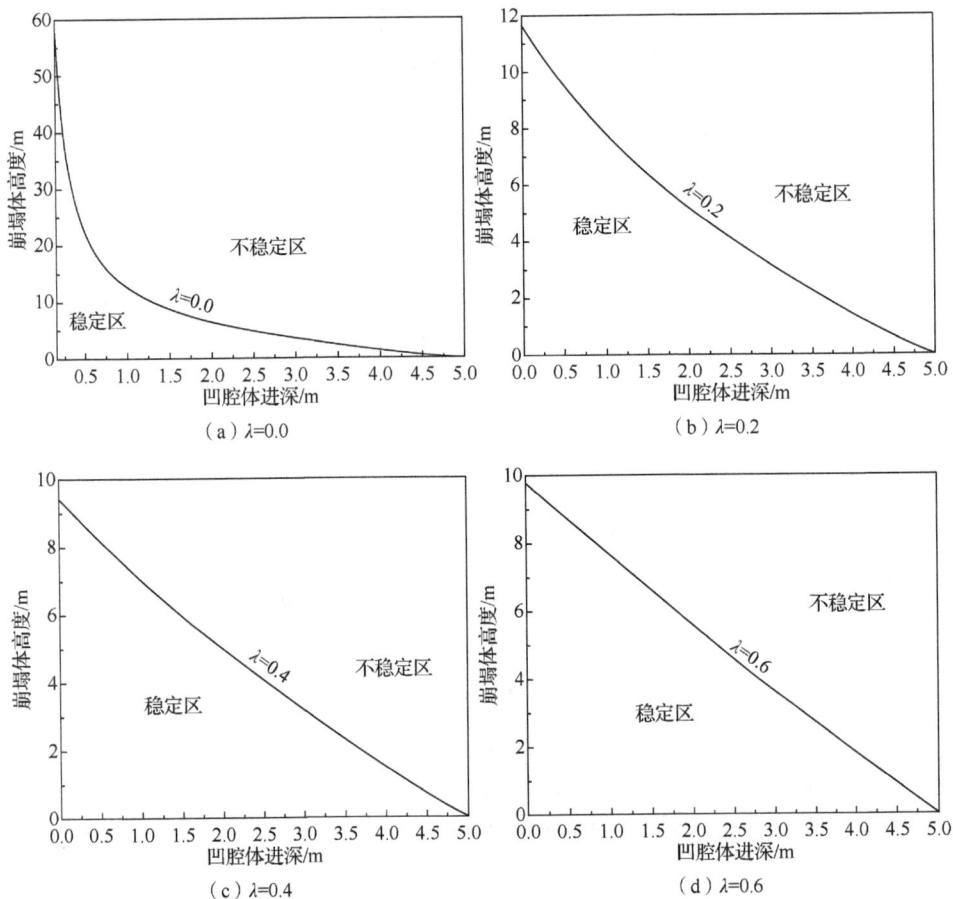

图 6-36 拉裂-滑移盐蚀型崩塌稳定性分析

6.3.4　拉裂-倾倒盐蚀型崩塌预测判据

冻融循环作用下拉裂-倾倒盐蚀型崩塌的破坏规律往往表现为边坡坡脚土体由于冻融循环和盐蚀劣化效应形成凹腔体，从而导致崩塌体后缘垂直裂隙开裂。当盐蚀凹腔体进深大于崩塌体重心的水平位置后，崩塌体绕凹腔体根部转动发生整体拉裂-倾倒式黄土崩塌。假定黄土边坡坡体土质均匀，边坡临空面垂直，坡顶水平，如图 6-37 所示。土体重度为 γ，崩塌体宽度为 S，盐蚀凹腔体进深为 l，崩塌体重量为 W，后部拉张裂隙高度 h 与崩塌体高度 H 的比值为 λ。

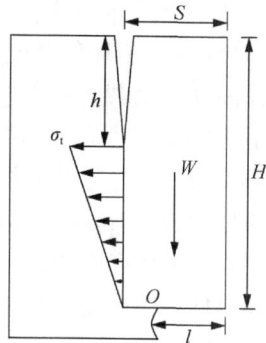

图 6-37　拉裂-倾倒盐蚀型崩塌稳定性计算简图

根据力矩的平衡条件，可得崩塌体的稳定安全系数为

$$F_s = \frac{抗倾覆力矩}{倾覆力矩} = \frac{M_R}{M_S} \tag{6-46}$$

其中抗倾覆力矩为黄土的抗拉力对点 O 的矩：

$$M_R = \frac{1}{3}\sigma_t(H-h)^2 \tag{6-47}$$

倾覆力矩为土体重力对点 O 的矩：

$$M_S = W\left(l - \frac{S}{2}\right) \tag{6-48}$$

$$W = HS\gamma \tag{6-49}$$

将式（6-47）、式（6-48）及式（6-49）代入式（6-46），可得

$$F_s = \frac{2\sigma_t(H-h)^2}{3HS\gamma(2l-S)} \tag{6-50}$$

令 $h = \lambda H$，则 F_s 可表示为

$$F_s = \frac{2\sigma_t H(1-\lambda)^2}{3S\gamma(2l-S)} \tag{6-51}$$

当抗倾覆力矩与倾覆力矩相等时，坡体处于临界状态。由式（6-51），可以变换得到盐蚀凹腔体的临界进深：

$$l_c = \frac{\sigma_t H(1-\lambda)^2}{3S\gamma} + \frac{S}{2} \tag{6-52}$$

式（6-52）即为拉裂-倾倒盐蚀型崩塌的预测判据。当盐蚀凹腔体进深 l 大于临界进深 l_c（$l > l_c$）时，崩塌体处于不稳定状态；当盐蚀凹腔体进深 l 等于临界进深 l_c（$l = l_c$）时，崩塌体处于临界状态；当盐蚀凹腔体进深 l 小于临界进深 l_c（$l < l_c$）

时，崩塌体处于稳定状态。

结合现有相关试验及调研资料，给定黄土重度 $\gamma = 16\text{kN/m}^3$、抗拉强度 $\sigma_t = 15\text{kPa}$；崩塌体宽度 $S = 3\text{m}$。不同 λ 条件下以盐蚀凹腔体进深 l 为横坐标，崩塌体高度 H 为纵坐标的拉裂-倾倒盐蚀型崩塌的稳定性变化规律如图 6-38 所示。图中 λ 临界线下方为不稳定区，上方为稳定区。当 $\lambda = 0.0$ 时，即无垂直裂隙发育的黄土边坡，受冻融和盐蚀劣化效应的影响，边坡仍然会发生拉裂 倾倒式崩塌。上述规律表明，冻融循环及盐蚀作用是诱发拉裂-倾倒式盐蚀型崩塌的一个重要因素。当崩塌体高度和 λ 一定时，随着盐蚀凹腔体进深的逐渐增大，崩塌体稳定性逐渐降低；当崩塌体高度和凹腔体进深一定时，随着 λ 的逐渐增大，崩塌体稳定性逐渐降低。

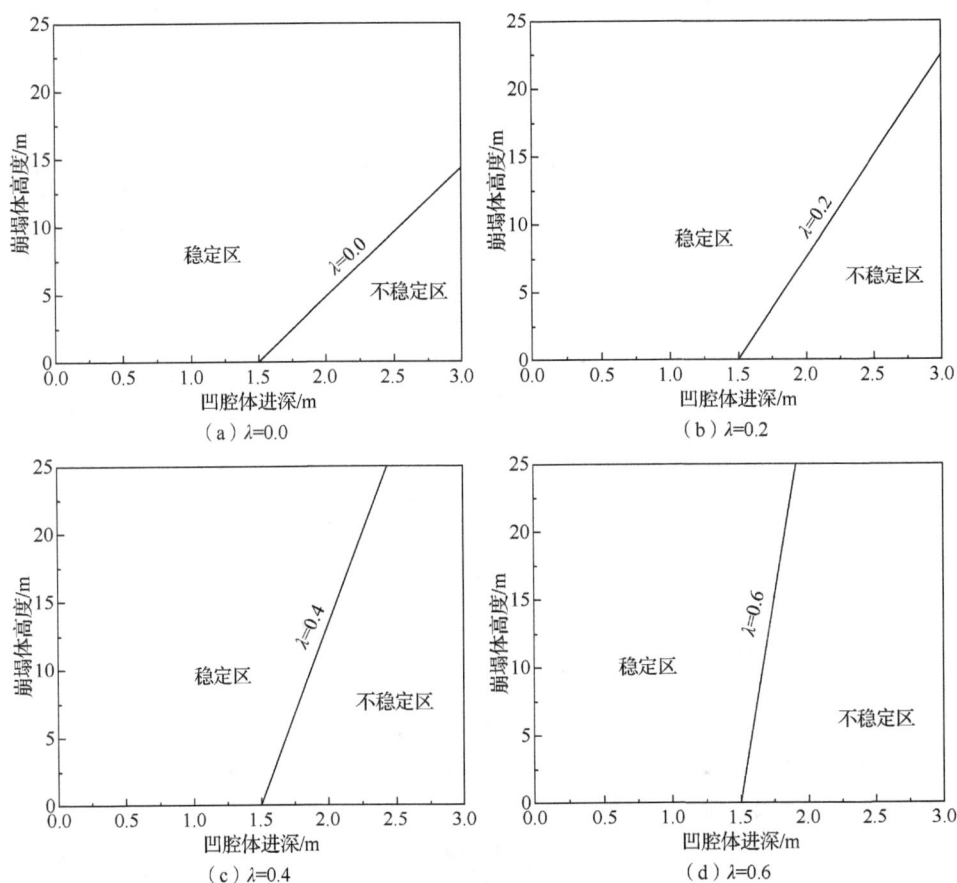

图 6-38　拉裂-倾倒盐蚀型崩塌稳定性分析

6.4   冻融循环作用下黄土边坡盐蚀型崩塌致灾范围及破坏力

本节根据块体运动学理论，定量确定冻融循环作用下不同黄土边坡盐蚀型崩塌块体的致灾范围。致灾范围定义为黄土边坡崩塌体临空面的最大水平位移。

6.4.1   拉裂-坠落盐蚀型崩塌致灾范围及破坏力

冻融循环作用下典型的拉裂-坠落盐蚀型崩塌的特征表现为冻融循环和盐蚀劣化作用导致崩塌体下部临空，进而使得崩塌体近似垂直下落，如图 6-39 所示。基于前述拉裂-坠落式崩塌水平破坏特征及水平位移场的分析，拉裂-坠落式崩塌的水平位移很小，因而其致灾范围可忽略不计。

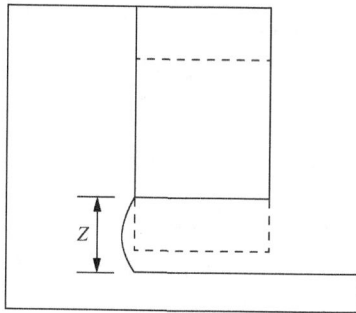

图 6-39   拉裂-坠落盐蚀型崩塌致灾范围及破坏力计算简图

当崩塌体坠落后，其撞击边坡坡脚平台进而产生一定的破坏力，可依据崩塌体的动能来进行计算：

$$P = \frac{1}{2}Mv^2 \tag{6-53}$$

式中：M 为崩塌体的质量；v 为崩塌体撞击地面时的速度。当崩塌体撞击地面时，其速度的计算式如下：

$$v = \sqrt{2gZ} \tag{6-54}$$

将式（6-54）代入式（6-53），可得

$$P = MgZ \tag{6-55}$$

式（6-55）即为拉裂-坠落式崩塌体撞击地面所造成的破坏力。

6.4.2   拉裂-滑移盐蚀型崩塌致灾范围及破坏力

冻融循环作用下拉裂-滑移盐蚀型崩塌的破坏特征为边坡坡脚土体盐蚀剥落，

进而形成凹腔体。当盐蚀凹腔体进深超过临界进深时，崩塌体首先沿着倾斜裂隙面发生滑移，脱离裂隙面后做斜抛运动，其计算简图如图 6-40 所示。图中 Z 为崩塌体距地面的垂直距离，L 为倾斜裂隙面长度，θ 为裂隙面与水平面之间的夹角，Y 为滑移面的垂直高度。

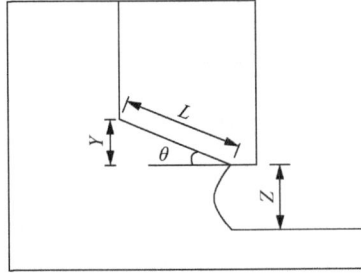

图 6-40 拉裂-滑移盐蚀型崩塌致灾范围及破坏力计算简图

根据动力学和动能定理，可得

$$MgY - fL = \frac{1}{2}Mv_0^2 \tag{6-56}$$

$$f = Mg\cos\theta\tan\varphi + \frac{1}{2}cL \tag{6-57}$$

式中：M 为崩塌体质量；f 为崩塌体滑移过程中滑移面上平均摩擦力；v_0 为崩塌体离开滑移面时的初始速度；φ 为土体内摩擦角；c 为土体黏聚力；g 为重力加速度。

Y 可表示为

$$Y = L\sin\theta \tag{6-58}$$

将式（6-57）和式（6-58）代入式（6-56），可得

$$v_0 = \sqrt{2gL(\sin\theta - \cos\theta\tan\varphi) - \frac{cL^2}{M}} \tag{6-59}$$

式（6-59）即为崩塌体脱离滑移面时的初始速度。崩塌体脱离滑移面后开始做斜抛运动，此时水平方向和竖直方向的速度为

$$v_{0x} = v_0\cos\theta \tag{6-60}$$

$$v_{0y} = v_0\sin\theta \tag{6-61}$$

崩塌体在初始速度 v_0 下的自由落体运动公式为

$$Z - Y = \frac{gt^2}{2} + v_{0y}t \tag{6-62}$$

由式（6-62）可解得崩塌体下落时间 t 为

$$t = \frac{\sqrt{v_{0y}^2 + 2g(Z - Y)} - v_{0y}}{g} \tag{6-63}$$

由此，崩塌体的致灾范围 X 可表示为

$$X = L\cos\theta + v_{0x}t \tag{6-64}$$

将式（6-58）和式（6-63）代入式（6-64），可得

$$X = L\cos\theta + \frac{v_{0x}\sqrt{v_{0y}^2 + 2g(Z - L\sin\theta)} - v_{0y}v_{0x}}{g} \tag{6-65}$$

崩塌体坠落后，撞击地面平台的破坏力可用其动能衡量：

$$P = \frac{1}{2}Mv^2 \tag{6-66}$$

式中：M 为崩塌体的质量；v 为崩塌体撞击地面时的速度。

崩塌体撞击地面时，其速度的计算公式如下：

$$\begin{cases} v = \sqrt{v_x^2 + v_y^2} \\ v_x = v_{0x} \\ v_y = v_{0y} + gt \end{cases} \tag{6-67}$$

式中：v_x 为崩塌体撞击地面时的水平速度；v_y 为崩塌体撞击地面时的竖向速度。

由此，可得冻融循环作用下拉裂-滑移盐蚀型崩塌的最终破坏力表达式：

$$P = \frac{1}{2}M\left[v_{0x}^2 + v_{0y}^2 + 2g(Z - L\sin\theta)\right] \tag{6-68}$$

6.4.3　拉裂-倾倒盐蚀型崩塌致灾范围及破坏力

冻融循环作用下拉裂-倾倒盐蚀型崩塌的破坏特征表现为，由于冻融循环和盐蚀劣化效应，在崩塌体下部形成盐蚀凹腔体，从而导致崩塌体倾覆力矩超过抗倾覆力矩，最终诱发拉裂-倾倒盐蚀型崩塌。崩塌体在底端发生倾倒运动，随后做斜抛运动并撞击地面。拉裂-倾倒式崩塌体主要受拉剪力的作用，沿裂隙面底端发生倾倒。由此，基于动力学和动能定理，叶四桥等[249]提出初始运动速度公式：

$$v_0 = \sqrt{\frac{5}{3}g\xi(1 - \cos\beta)} \tag{6-69}$$

式中：g 为重力加速度；ξ 为块体对角线长度；β 为崩塌体对角线转动角度；v_0 为崩塌体倾覆运动末时刻初始速度，其与水平方向夹角为 $\beta - \omega$，ω 为原始位置崩塌体对角线与竖直方向的夹角。叶四桥等[249]认为崩塌体倾覆运动末时初始速度方向与水平方向的夹角为 $\beta - \omega$，但袁志辉等[250]通过分析认为崩塌体倾覆运动末时的初始速度方向与水平方向的夹角分为两种情况（图 6-41）：一种是当支点 O 与块体质心 C 的连线位于第四象限时，崩塌体倾覆运动末时的初始速度方向与水平方

向夹角为 $\beta-\omega$；另一种是当支点 O 与块体质心 C 的连线位于第一象限时，崩塌体倾覆运动末时的初始速度方向与水平方向夹角为 $\beta+\omega$。

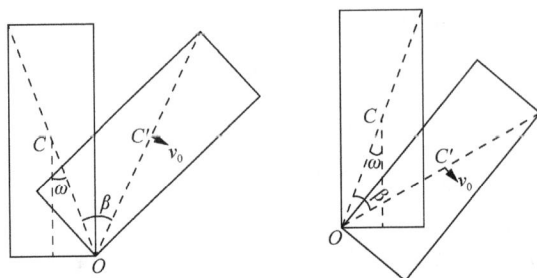

图 6-41　倾倒式破坏初始运动状态图

图 6-42 所示为冻融循环作用下拉裂-倾倒盐蚀型崩塌的计算简图。图 6-42 中，Z 为崩塌体距地面的垂直距离，H 为崩塌体高度，S 为崩塌体宽度。拉裂-倾倒盐蚀型崩塌的支点 O 与块体质心 C 的连线位于第一象限，因而倾覆运动末时初始速度方向与水平方向夹角为 $\beta+\omega$。由于假定崩塌体为刚体，所以 β 的值也可看成是崩塌体上任何一条过支点 O 的直线经过转动后的角度，OC（C 点为崩塌体质心）和 OC' 之间的角度为 β。

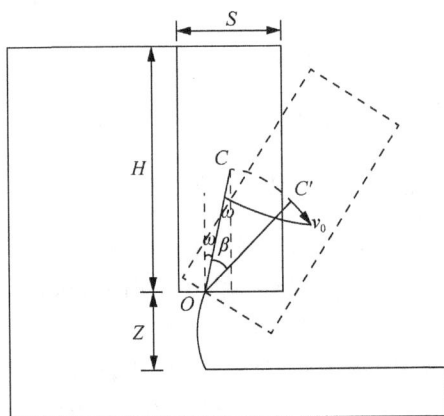

图 6-42　拉裂-倾倒盐蚀型崩塌计算简图

崩塌体倾覆运动末时的初始速度分解为水平方向和竖直方向速度：

$$v_{0x} = v_0 \cos(\beta+\omega) \tag{6-70}$$

$$v_{0y} = v_0 \sin(\beta+\omega) \tag{6-71}$$

大块崩塌体在初始速度 v_0 下的自由落体运动公式：

$$H' = \frac{gt^2}{2} + v_{oy}t \tag{6-72}$$

式中：H' 为大块崩塌体初始位置时质心与堆积后质心之间的垂直距离，计算公式为

$$H' = Z + \frac{H-S}{2} \qquad (6-73)$$

由式（6-72）和式（6-73），可得崩塌体下落时间 t 为

$$t = \frac{\sqrt{v_{0y}^2 + g(2Z+H-S)} - v_{0y}}{g} \qquad (6-74)$$

因此，崩塌体的致灾范围 X 为

$$X = \frac{H-S}{2} + v_{0x}t \qquad (6-75)$$

将式（6-74）代入式（6-75），可得

$$X = \frac{H-S}{2} + \frac{v_{0x}\sqrt{v_{0y}^2 + g(2Z+H-S)} - v_{0x}v_{0y}}{g} \qquad (6-76)$$

崩塌体撞击地面平台造成的破坏力可用其动能衡量：

$$P = \frac{1}{2}Mv^2 \qquad (6-77)$$

式中：M 为崩塌体的质量；v 为崩塌体撞击地面时的速度。当崩塌体撞击地面时，其速度的计算公式如下：

$$\begin{cases} v = \sqrt{v_x^2 + v_y^2} \\ v_x = v_{0x} \\ v_y = v_{0y} + gt \end{cases} \qquad (6-78)$$

式中：v_x 为崩塌体撞击地面时的水平速度；v_y 为崩塌体撞击地面时的竖向速度。

将式（6-74）和式（6-78）代入式（6-77），可得拉裂-倾倒盐蚀型崩塌的破坏力计算公式：

$$P = \frac{1}{2}M\left[v_{0x}^2 + v_{0y}^2 + g(2Z+H-S)\right] \qquad (6-79)$$

6.5　小　　结

本章通过开展冻融循环作用下黄土盐蚀型崩塌的数值计算分析，探究了冻融循环次数及含盐量对黄土盐蚀型崩塌的影响机制；同时通过理论解析方法给出了黄土盐蚀型崩塌灾害的预测判据、致灾范围及破坏力。主要得到以下结论。

（1）坡脚处塑性区随着冻融循环次数增大逐渐扩大；5 次冻融循环后边坡垂

直裂隙下端产生塑性区；10 次冻融循环后边坡垂直裂隙下端的塑性区与坡脚塑性区贯通。冻融循环前黄土边坡坡脚产生压应力集中现象；1 次冻融循环后边坡体上部垂直裂隙附近产生显著的拉应力集中现象；2 次冻融循环后边坡体裂隙处和坡脚盐蚀区上部土体拉应力区继续扩大，盐蚀区内侧出现压应力集中；5 次冻融循环后崩塌体裂隙和盐蚀区上部土体形成贯通的拉应力区；10 次冻融循环后拉应力区继续扩大。冻融循环前边坡崩塌体整体的水平位移很小；2 次冻融循环后边坡坡脚盐蚀区的张拉变形显著增大；5 次冻融循环后崩塌体上部产生较大的张拉位移，垂直裂隙开度进一步增大；10 次冻融循环后崩塌体上部张拉位移显著增大，崩塌体整体失稳。

（2）黄土边坡坡脚土体含盐量为 0.0%时，受冻融劣化效应的影响，坡脚土体亦产生一定的塑性区；随着含盐量增大，坡脚塑性区分布范围显著增大；含盐量为 1.0%时，垂直裂隙下端附近区域产生塑性区；含盐量为 1.5% 时，坡脚塑性区与裂隙下端附近的塑性区几乎贯通，崩塌体发生整体失稳。冻融循环作用下边坡坡脚盐蚀区产生压应力集中现象；含盐量为 0.5%时，崩塌体上部裂隙附近产生显著的拉应力集中现象；含盐量为 1.0%时，崩塌体上部拉应力区继续扩展；含盐量增加到 1.5%后，崩塌体拉应力区贯通。边坡坡脚土体含盐量为 0.0%时，崩塌体上部产生一定的水平张拉位移；含盐量为 0.5%时，崩塌体水平张拉位移进一步增大；含盐量为 1.0%时，水平张拉位移导致崩塌体上部垂直裂隙开度整体增大；含盐量为 1.5%时，崩塌体出现整体失稳破坏。

（3）拉裂-坠落盐蚀型崩塌的破坏规律为：盐蚀剥落 1 次后，崩塌体整体水平张拉位移量很小，崩塌体处于稳定状态；盐蚀剥落 2 次后，崩塌体水平张拉位移增大，垂直裂隙开度亦增大，崩塌体处于亚稳定状态；盐蚀剥落 3 次后，崩塌体在重力的作用下发生坠落并撞击地面，最终崩塌体整体破碎并堆积于坡脚。

（4）拉裂-滑移盐蚀型崩塌灾害的破坏规律为：盐蚀剥落 1 次后，崩塌体整体水平位移很小，边坡体处于稳定状态；盐蚀剥落 2 次后，崩塌体水平位移显著增大，处于亚稳定状态；盐蚀剥落 3 次后，崩塌体裂隙与盐蚀卸荷区贯通；崩塌体撞击地面后，碎裂块体产生较大的水平位移量并堆积于坡脚附近区域。

（5）拉裂-倾倒盐蚀型崩塌的破坏规律为：盐蚀剥落 1 次后，崩塌体产生一定的微小张拉位移；盐蚀剥落 2 次后，崩塌体水平位移显著增大且由上至下位移量逐渐减小，表现出向前倾覆的特征；盐蚀剥落 3 次后，垂直裂隙迅速开裂，崩塌体发生整体倾覆。

（6）基于悬臂梁理论，构建了拉裂-坠落盐蚀型崩塌的预测判据；根据莫尔-库仑准则及力的平衡条件，建立了拉裂-滑移盐蚀型崩塌的预测判据；根据力矩平衡条件，建立了拉裂-倾倒盐蚀型崩塌的预测判据。基于运动学和动能定理，定量确定了不同黄土盐蚀型崩塌类型的致灾范围及破坏力。

第7章 总结与展望

7.1 主 要 结 论

7.1.1 黄土边坡盐蚀剥落病害特征调查及测试分析

（1）黄土边坡盐蚀剥落病害按剥落形态可分为条带状、片块状及凹腔状盐蚀剥落；按边坡地层岩性可分为马兰黄土盐蚀剥落、离石黄土盐蚀剥落、古土壤层盐蚀剥落及人工夯实黄土盐蚀剥落。

（2）试样含水量随着深度增加而增大，含盐量随深度增加迅速降低且很快趋于稳定；阴离子 CO_3^{2-} 和 HCO_3^- 含量随深度增加无明显变化规律，Cl^- 和 SO_4^{2-} 含量随深度增加迅速减小且很快趋于稳定；阳离子 K^+、Mg^{2+}、Ca^{2+} 含量随深度增加无明显变化规律，Na^+ 随深度增加迅速减小且趋于稳定；边坡表层易溶盐阴离子以 SO_4^{2-} 为主，阳离子以 Na^+ 为主，主要成分为 Na_2SO_4。

（3）盐蚀作用使黄土微观结构发生显著变化，主要表现在表层盐蚀黄土面孔隙率与孔隙分形维数均高于内部原状黄土，表层盐蚀黄土结构整体变疏松。盐蚀作用对黄土孔隙形状和排列特征影响不大。

7.1.2 单向冻结过程 Na_2SO_4 盐渍黄土水盐迁移规律研究

（1）导热系数随含盐量增加均逐渐减小，且衰减速率近似表现出线性或加速变化特征；导热系数随温度变化表现出阶段性的复杂变化特征；构建了导热系数随温度和含盐量的函数变化关系式。

（2）低含盐量试样降温曲线呈现一次跳跃特征，高含盐量试样降温曲线产生两次明显的跳跃；冻结温度随着含盐量增大近似表现出线性减小特征；构建了冻结温度与含盐量的函数关系式。

（3）基质吸力随含水量降低急剧升高，渗透吸力随含盐量升高显著增大，建立了总吸力与含水量和含盐量的定量关系式。

（4）试样冻结区产生显著的不规则裂缝；随着冷端温度降低，裂缝宽度及数量均有所减少且裂缝集中发育位置在不断下移。降温初期试样内部温度变化较大，随着冻结时间推移，温度变化幅度逐渐减小，最终趋于稳定的温度梯度分布。试样上部冻结区的含水量与含盐量增加，稳定冻结锋面附近含水量和含盐量达到峰值，下部未冻区的含水量和含盐量相应减小；冻结区含水量和含盐量峰值位置随冷端温度的降低有下移趋势；冻结区峰值含水量和含盐量随冷端温度的降低逐渐减小。单向冻结条件下温度梯度的变化引起水分迁移，水分迁移又会引起盐分随水分的对流扩散，同时水盐的迁移又会引起温度场发生变化，温度分布与水盐迁移是一个相互耦合作用的过程。

（5）建立了考虑冻结温度及盐分结晶量的 Na_2SO_4 盐渍黄土多物理场耦合迁移数值计算模型，计算值与试验结果基本吻合，验证了该计算模型的合理性。

（6）数值计算结果表明，冷端温度越低，初始阶段冻结速率越大，冻结深度也越大。不同冷端温度条件下试样冷端未冻水含量相对较低，暖端未冻水含量相对较高，未冻水含量变化曲线存在一个明显的拐点；未冻水含量变化拐点与冻结缘位置基本一致。试样冻结区 Na_2SO_4 的结晶量迅速累积增加；未结晶区的分布范围随冷端温度降低不断减小。

7.1.3　Na_2SO_4 盐渍原状 Q_3 黄土冻融过程强度劣化特性试验研究

（1）Na_2SO_4 盐渍原状 Q_3 黄土试样表面的裂隙率及分形维数随冻融循环次数增加均逐渐增加，表现出显著的冻融循环和盐蚀劣化效应。

（2）冻融循环作用对应力-应变曲线的类型及特征无明显影响，均表现为应变硬化型。破坏偏应力随着冻融循环次数增加逐渐减小，但降低速率逐渐减小，表现出减速劣化特征；冻融条件下破坏偏应力随着含盐量增加逐渐减小，且表现出线性或加速劣化特征。黏聚力呈现与破坏偏应力相似的劣化特征；内摩擦角变化幅值较小，无显著变化规律。冻融循环与盐蚀劣化因子的比值随冻融循环次数增加逐渐增大但增速逐渐减小，随含盐量增大逐渐减小且衰减速率逐渐减小。

（3）冻融循环和盐蚀劣化作用导致土颗粒集合体形态和土颗粒排列及连接方式等特征的改变，进而影响试样孔隙大小及分布状态，导致土体结构性弱化。随着冻融循环次数增加，试样大中孔隙数量增加，孔隙表现出一定的定向性分布特征；孔隙分形维数与面孔隙率表现出相似的变化规律。

（4）CT 数 ME 值随冻融循环次数增加表现出减速衰减变化规律，冻融循环条件下 CT 数 ME 值随含盐量增大呈现出近似线性或加速衰减变化规律；构建了基于 CT 数 ME 值的细观损伤变量在不同冻融循环次数及含盐量条件下的多变量演化方程，可较好地预测试样冻融过程细观结构损伤演化规律。

（5）随着冻融循环次数的增加，T_2 谱形态发生了右移，向大孔隙的 T_2 谱方向偏移，大孔隙 T_2 谱的核磁共振信号强度增强；随着含盐量增大，第一个峰和第二个峰的幅度显著增大，表明试样中产生了新的微孔隙；通过 T_2 谱分布曲线，建立核磁共振 T_2 谱总面积 S_{T_2} 与试样孔隙率 n 的函数关系；建立了基于核磁共振孔隙率的细观损伤变量在不同冻融循环次数及含盐量下的多变量演化方程，可较好地预测试样冻融过程细观结构的损伤演化规律。

7.1.4　冻融循环作用下 Na_2SO_4 盐渍原状 Q_3 黄土渗透特性试验研究

（1）Na_2SO_4 盐渍原状 Q_3 黄土试样的 CT 数 ME 值随冻融循环次数增加表现出指数衰减变化规律；CT 数 SD 值随冻融循环次数的增加而增大，但增幅逐渐减小，最终趋于一个稳定数值。冻融循环条件下 CT 数 ME 值和 SD 值随着含盐量增加近似表现出线性或加速变化规律。未经受冻融循环黄土试样的 CT 数 ME 值与 SD 值随含盐量增加无显著变化。

（2）CT 三维重构模型表明试样内部大孔隙及裂隙随冻融循环次数增加逐渐扩展，表现出显著的冻融劣化效应；封闭系统多向快速冻融循环条件下冻融循环作用诱发的孔（裂）隙主要发育于试样内部，试样表面无显著变化。随着含盐量增大，试样内部冻融裂隙尺寸及数量增加且局部贯通；盐蚀作用诱发的裂隙亦主要发育于试样内部。构建了冻融循环效应下 Na_2SO_4 盐渍原状 Q_3 黄土试样的三维重构孔隙率演化方程，可较好地定量化描述试样孔隙率随冻融循环过程的变化规律。

（3）渗透系数随着冻融循环次数增加逐渐增大，但增幅逐渐减缓；冻融循环条件下渗透系数随 Na_2SO_4 含量增加近似呈线性或加速增大的变化规律；渗透系数随着围压增大逐渐减小且其衰减幅度逐渐减小。基于 $\lg(1+e) - \lg(k/k_0)$ 渗透模型，构建了渗透系数与孔隙比、冻融循环次数、含盐量的经验关系式，可较好地预测 Na_2SO_4 盐渍原状 Q_3 黄土冻融过程渗透系数的变化规律。

7.1.5　冻融循环作用下黄土盐蚀型崩塌数值计算及评估方法研究

（1）黄土边坡坡脚处塑性区随着冻融循环次数增大逐渐扩大；5 次冻融循环后边坡垂直裂隙下端产生塑性区；10 次冻融循环后边坡垂直裂隙下端的塑性区与坡脚塑性区贯通。冻融循环前黄土边坡坡脚产生压应力集中现象；1 次冻融循环后边坡体上部垂直裂隙附近产生显著的拉应力集中现象；2 次冻融循环后黄土边坡体裂隙处和坡脚盐蚀区上部土体拉应力区继续扩大，盐蚀区内侧出现压应力集中；5 次冻融循环后崩塌体裂隙和盐蚀区上部土体形成贯通的拉应力区；10 次冻融循环后拉应力区继续扩大。冻融循环前边坡崩塌体整体的水平位移很小；2 次冻融循环后边坡坡脚盐蚀区的张拉变形显著增大；5 次冻融循环后崩塌体上部产生较大的张拉位移，垂直裂隙开度进一步增大；10 次冻融循环后崩塌体上部张拉位移显著增大，崩塌体整体失稳。

（2）黄土边坡坡脚土体含盐量为 0.0% 时，坡脚土体亦产生一定的塑性区；随着含盐量增大，坡脚塑性区分布范围显著增大；含盐量为 1.0% 时，垂直裂隙下端附近区域亦产生塑性区；含盐量为 1.5% 时，坡脚塑性区与裂隙下端附近的塑性区几乎贯通，崩塌体发生整体失稳。冻融循环作用下黄土边坡坡脚盐蚀区产生压应力集中现象；含盐量为 0.5% 时，崩塌体上部裂隙附近产生显著的拉应力集中现象；含盐量为 1.0%时，崩塌体上部拉应力区继续扩展；含盐量增加到 1.5%后，崩塌体拉应力区贯通。边坡坡脚土体含盐量为 0.0%时，崩塌体上部产生一定的水平张拉位移；含盐量为 0.5%时，崩塌体水平张拉位移进一步增大；含盐量为 1.0%时，水平张拉位移导致崩塌体上部垂直裂隙开度整体增大；含盐量为 1.5%时，崩塌体出现整体失稳破坏。

（3）拉裂-坠落盐蚀型崩塌的破坏机制和演化过程表现为：盐蚀剥落 1 次后，崩塌体整体水平张拉位移量很小，崩塌体处于稳定状态；盐蚀剥落 2 次后，崩塌体水平张拉位移增大，垂直裂隙开度亦增大，崩塌体处于亚稳定状态；盐蚀剥落 3 次后，崩塌体在重力作用下发生坠落并撞击地面，最终崩塌体整体破碎并堆积于坡脚。

（4）拉裂-滑移盐蚀型崩塌灾害的破坏机制和演化过程表现为：盐蚀剥落 1 次后，崩塌体整体水平位移很小，边坡体处于稳定状态；盐蚀剥落 2 次后，崩塌体水平位移显著增大，处于亚稳定状态；盐蚀剥落 3 次后，崩塌体裂隙与盐蚀卸荷区贯通；崩塌体撞击地面后，碎裂块体产生较大的水平位移量并堆积于坡脚附近区域。

（5）拉裂-倾倒盐蚀型崩塌的破坏机制和演化过程表现为：盐蚀剥落 1 次后，崩塌体产生一定的微小张拉位移；盐蚀剥落 2 次后，崩塌体水平位移显著增大且由上至下位移量逐渐减小，表现出向前倾覆的特征；盐蚀剥落 3 次后，垂直裂隙迅速开裂，崩塌体发生整体倾覆。

（6）基于悬臂梁理论，构建了拉裂-坠落盐蚀型崩塌的预测判据；根据莫尔-库仑准则及力的平衡条件，建立了拉裂-滑移盐蚀型崩塌的预测判据；根据力矩平衡条件，建立了拉裂-倾倒盐蚀型崩塌的预测判据。基于运动学和动能定理，定量地确定了不同黄土盐蚀型崩塌类型的致灾范围及破坏力。

7.2　展　　望

本书针对黄土边坡盐蚀剥落病害的特点，单向冻结过程 Na_2SO_4 盐渍黄土水热盐耦合迁移规律，冻融循环作用下 Na_2SO_4 盐渍原状 Q_3 黄土的强度劣化和渗透规律，冻融循环作用下黄土边坡盐蚀型崩塌灾害的发生演化机制、预测判据、致灾范围及破坏力开展了系统深入的研究工作。但由于时间精力有限，尚有诸多内容需要完善，下一步拟开展以下方面的研究工作。

（1）本书针对冻融循环作用下黄土盐蚀劣化主要开展了室内土工试验及数值分析。后续研究工作拟重点开展黄土盐蚀劣化及其诱发灾害的现场调查和监测分析，结合现场监测数据，进一步深入探究和揭示冻融循环作用下黄土边坡盐蚀型崩塌灾害发生的力学机制。

（2）本书重点对冻融循环作用下黄土盐蚀劣化及其诱发的盐蚀型崩塌灾害的力学机理开展了大量研究工作。下一步研究过程中拟对黄土边坡盐蚀型崩塌灾害的防治技术开展系统、深入的研究工作，以期为黄土高原地区崩塌灾害的防灾减灾提供相关依据和参考。

参 考 文 献

[1] 吴玮江, 王念秦. 甘肃滑坡灾害[M]. 兰州: 兰州大学出版社, 2006.

[2] 王念秦. 黄土滑坡发育规律及其防治措施研究[D]. 成都: 成都理工大学, 2004.

[3] 刘东生. 黄土与环境[J]. 西安交通大学学报（社会科学版）, 2002, 22（4）: 7-12.

[4] 关文章. 湿陷性黄土工程性能新篇[M]. 西安: 西安交通大学出版社, 1992.

[5] 李晓. 水的作用下黄土崩塌形成的机理研究[D]. 西安: 西安科技大学, 2015.

[6] 徐张建, 林在贯, 张茂省. 中国黄土与黄土滑坡[J]. 岩石力学与工程学报, 2007, 186（7）: 1297-1312.

[7] DERBYSHIRE E. Geological hazards in loess terrain, with particular reference to the loess regions of China[J]. Earth-Science Reviews, 2001, 54(1): 231-260.

[8] DONALD I B, CHEN Z Y. Slope stability analysis by the upper bound approach: fundamentals and methods[J]. Canadian Geotechnical Journal, 1997, 34(6): 853-862.

[9] 刘飞, 李同录. 延安地区不同黄土崩塌类型对崩塌贡献率的研究[J]. 防灾减灾工程学报, 2013, 33（4）: 435-440.

[10] 张辉, 王铁行, 罗扬. 冻结作用下非饱和黄土水分迁移试验研究[J]. 工程地质学报, 2015, 23（1）: 72-77.

[11] 王念秦, 姚勇. 季节冻土区冻融期黄土滑坡基本特征与机理[J]. 防灾减灾工程学报, 2008, 28（2）: 163-166.

[12] 程鹏, 杨军海, 张亚卿. 黄土地区季节性冻融触发滑坡的机理分析[J]. 中外公路, 2017, 37（1）: 6-9.

[13] 许健, 郑翔, 张辉. 黄土地区边坡冻融剥落病害机理及稳定性分析[J]. 西安建筑科技大学学报（自然科学版）, 2018, 50（4）: 477-484.

[14] EVERETT D H. The thermodynamics of frost damage to porous solids[J]. Transactions of the Faraday Society, Faraday Soc., 1961, 57: 1541.

[15] GOLD L W. A possible force mechanism associated with the freezing of water in porous materials[J]. Highway Research Board Bulletin, 1957, 168: 65-73.

[16] SILL R C, SKAPSKI A S. Method for the determination of the surface tension of solids, from their melting points in thin wedges[J]. The Journal of chemical physics, 1956, 24(4): 644-651.

[17] TABER S. The mechanics of frost heaving[J]. The Journal of Geology, 1930, 38(4): 303-317.

[18] BLACK P B. Applications of the clapeyron equation to water and ice in porous media[R]. Cold Regions Research and Engineering Lab Hanover NH, 1995.

[19] WATANABE K, TORIDE N, SAKAI M. Numerical modeling of water, heat, and solute transport during soil freezing[J]. Journal of the Japanese Society of Soil Physics(Japan), 2007, 106: 21-32.

[20] NAGARE R M, SCHINCARIOL R A, QUINTON W L, et al. Effects of freezing on soil temperature, freezing front propagation and moisture redistribution in peat: laboratory investigations[J]. Hydrology and Earth System Sciences, 2012, 16(2): 501-515.

[21] HARLAN R L. Analysis of coupled heat-fluid transport in partially frozen soil[J]. Water Resources Research, 1973, 9(5): 1314-1323.

[22] XU J, WANG S, WANG Z, et al. Heat transfer and water migration in loess slopes during freeze-thaw cycling in Northern Shaanxi, China[J]. International Journal of Civil Engineering, 2018, 16(11): 1591-1605.

[23] NEWMAN G P, WILSON G W. Heat and mass transfer in unsaturated soils during freezing[J]. Canadian Geotechnical Journal, 1997, 34(1): 63-70.

[24] HANSSON K, ŠIMŮNEK J, MIZOGUCHI M, et al. Water flow and heat transport in frozen soil: numerical solution and freeze-thaw applications[J]. Vadose Zone Journal, 2004, 3(2): 693-704.

[25] KONRAD J M, MORGENSTERN N R. A mechanistic theory of ice lens formation in fine-grained soils[J]. Canadian Geotechnical Journal, 1980, 17(4): 473-486.

[26] KONRAD J M, MORGENSTERN N R. The segregation potential of a freezing soil[J]. Canadian Geotechnical Journal, 1981, 18(4): 482-491.

[27] NIXON J F (Derick). Thermally induced heave beneath chilled pipelines in frozen ground[J]. Canadian Geotechnical Journal, 1987, 24(2) : 260-266.

[28] NIXON J F (Derick). Discrete ice lens theory for frost heave in soils[J]. Canadian Geotechnical Journal, 1991, 28(6): 843-859.

[29] MICHALOWSKI R L, ZHU M. Frost heave modelling using porosity rate function[J]. International Journal for Numerical and Analytical Methods in Geomechanics, 2006, 30(8) : 703-722.

[30] MIKKOLA M, HARTIKAINEN J. Mathematical model of soil freezing and its numerical implementation[J]. International Journal for Numerical Methods in Engineering, 2001, 52(5-6) : 543-557.

[31] 毛雪松, 胡长顺. 正冻土中水分场和温度场耦合过程的动态观测与分析[J]. 冰川冻土, 2003, 25 (1)：55-59.

[32] 张向东, 张树光, 易富. 辽西地区风积土冻融特征的试验研究[J]. 岩土力学, 2005, 26 (S2)：79-82.

[33] 赵刚, 陶夏新, 刘兵. 重塑土冻融过程中水分迁移试验研究[J]. 中南大学学报（自然科学版）, 2009, 40 (2)：519-525.

[34] LI D, MING F, HUANG X, et al. Experimental study on moisture migration of remodeled clay under different overburden pressure and temperature gradients[J]. Sciences in Cold and Arid Regions, 2013, 5(5) : 0561-0571.

[35] ZHOU J Z, LI D Q. Numerical analysis of coupled water, heat and stress in saturated freezing soil[J]. Cold Regions Science and Technology, 2012, 72 : 43-49.

[36] 张辉, 王铁行, 罗扬. 冻结作用下非饱和黄土水分迁移试验研究[J]. 工程地质学报, 2015, 23 (1)：72-77.

[37] 许健, 郑翔, 王掌权. 黄土边坡盐蚀剥落病害特征调查及其水盐迁移规律研究[J]. 工程地质学报, 2018, 26 (3)：741-748.

[38] 陈爱军, 张家生, 陈俊桦, 等. 重塑黏土单向冻结过程中水分迁移试验研究[J]. 南京林业大学学报（自然科学版）, 2016, 40 (5)：115-120.

[39] 周扬, 周国庆, 周金生, 等. 饱和土冻结透镜体生长过程水热耦合分析[J]. 岩土工程学报, 2010, 32 (4)：578-585.

[40] WANG T, SU L. Experimental study on moisture migration in unsaturated loess under effect of temperature[J]. Journal of Cold Regions Engineering, 2010, 24(3) : 77-86.

[41] ZHOU J Z, WEI C F, LI D Q, et al. A moving-pump model for water migration in unsaturated freezing soil[J]. Cold Regions Science and Technology, 2014, 104-105 : 14-22.

[42] MING F, LI D. A model of migration potential for moisture migration during soil freezing[J]. Cold Regions Science and Technology, 2016, 124 : 87-94.

[43] 曹宏章, 刘石. 饱和颗粒正冻土一维刚性冰模型的数值模拟[J]. 冰川冻土, 2007, 29 (1)：32-38.

[44] BAKER G C, OSTERKAMP T E. Salt redistribution during freezing of saline sand columns at constant rates[J]. Water Resources Research, 1989, 25(8) : 1825-1831.

[45] BING H, MA W. Laboratory investigation of the freezing point of saline soil[J]. Cold Regions Science and Technology, 2011, 67(1-2) : 79-88.

[46] BING H, HE P, ZHANG Y. Cyclic freeze-thaw as a mechanism for water and salt migration in soil[J]. Environmental Earth Sciences, 2015, 74(1) : 675-681.

[47] WU D Y, ZHOU X Y, JIANG X Y. Water and salt migration with phase change in saline soil during freezing and thawing processes[J]. Groundwater, 2018, 56(5) : 742-752.

[48] WAN X S, GONG F M, QU M F, et al. Experimental study of the salt transfer in a cold sodium sulfate soil[J]. KSCE Journal of Civil Engineering, 2019, 23(4) : 1573-1585.

[49] 肖泽岸, 赖远明, 尤哲敏. 单向冻结过程中 NaCl 盐渍土水盐运移及变形机理研究[J]. 岩土工程学报, 2017, 39 (11)：1992-2001.

[50] 张彧, 房建宏, 刘建坤, 等. 察尔汗地区盐渍土水热状态变化特征与水盐迁移规律研究[J]. 岩土工程学报, 2012, 34 (7)：1344-1348.

[51] 李瑞平, 史海滨, 赤江刚夫, 等. 季节性冻融土壤水盐动态预测 BP 网络模型研究[J]. 农业工程学报, 2007, 23 (11)：125-128.

[52] CARY J W. A new method for calculating frost heave including solute effects[J]. Water Resources Research, 1987, 23(8) : 1620-1624.

[53] FLERCHINGER G N, HANSON C L. Modeling soil freezing and thawing on a rangeland watershed[J]. Transactions of the ASAE, 1989, 32(5) : 1551-1554.

[54] ZUKOWSKI M D, TUMEO M A. Modeling solute transport in ground water at or near freezing[J]. Groundwater, 1991, 29(1) : 21-25.

[55] PADILLA F, VILLENEUVE J P. Modeling and experimental studies of frost heave including solute effects[J]. Cold Regions Science and Technology, 1992, 20(2) : 183-194.

[56] JANSSON P E, KARLBERG L. COUP manual: coupled heat and mass transfer model for soil-plant-atmosphere systems[J]. Technical Manual for the CoupModel, 2004 : 1-453.

[57] ALKIRE B D, MORRISON J M. Change in soil structure due to freeze-thaw and repeated loading[J]. Transportation Research Record, 1983(918): 15-22.

[58] CHUVILIN E, YAZYNIN O M. Frozen soil macro and microtexture formation[C]//The Norwegian Committee on Permafrost.Proceedings of 5th International conference on Permafrost. Trondheim, Norway: Tapir Publishers, 1988 : 320-323.

[59] BROMS B B, YAO L Y C. Shear strength of a soil after freezing and thawing[J]. Journal of Soil Mechanics & Foundations Div, 1964, 90(4) : 1-26.

[60] QU Y, CHEN G, NIU F, et al. Effect of freeze-thaw cycles on uniaxial mechanical properties of cohesive coarse-grained soils[J]. Journal of Mountain Science, 2019, 16(9) : 2159-2170.

[61] XU X T, LAI Y M, DONG Y H, et al. Laboratory investigation on strength and deformation characteristics of ice-saturated frozen sandy soil[J]. Cold Regions Science and Technology, 2011, 69(1) : 98-104.

[62] EIGENBROD K D. Effects of cyclic freezing and thawing on volume changes and permeabilities of soft fine-gained soils[J]. Canadian Geotechnical Journal, 1996, 33(4) : 529-537.

[63] TANG L, CONG S Y, GENG L, et al. The effect of freeze-thaw cycling on the mechanical properties of expansive soils[J]. Cold Regions Science and Technology, 2018, 145 : 197-207.

[64] HOTINEANU A, BOUASKER M, ALDAOOD A, et al. Effect of freeze-thaw cycling on the mechanical properties of lime-stabilized expansive clays[J]. Cold Regions Science and Technology, 2015, 119 : 151-157.

[65] KAMEI T, AHMED A, SHIBI T. Effect of freeze-thaw cycles on durability and strength of very soft clay soil stabilised with recycled Bassanite[J]. Cold Regions Science and Technology, 2012, 82 : 124-129.

[66] ALDAOOD A, BOUASKER M, AL-MUKHTAR M. Impact of freeze-thaw cycles on mechanical behaviour of lime stabilized gypseous soils[J]. Cold Regions Science and Technology, 2014, 99 : 38-45.

[67] ORAKOGLU M E, LIU J. Effect of freeze-thaw cycles on triaxial strength properties of fiber-reinforced clayey soil[J]. KSCE Journal of Civil Engineering, 2017, 21(6) : 2128-2140.

[68] XIE S B, QU J J, LAI Y M, et al. Effects of freeze-thaw cycles on soil mechanical and physical properties in the Qinghai-Tibet Plateau[J]. Journal of Mountain Science, 2015, 12(4) : 999-1009.

[69] OTHMAN M A, BENSON C H. Effect of freeze-thaw on the hydraulic conductivity and morphology of compacted clay[J]. Canadian Geotechnical Journal, 1993, 30(2) : 236-246.

[70] 刘炜, 王力丹, 孙满利. 冻融破坏对汉长安城遗址土的结构影响研究[J]. 敦煌研究, 2011（6）: 85-90.

[71] 和法国, 吕燃, 粟华忠, 等. SH 材料加固夯筑遗址土耐久性试验及机理研究[J]. 岩土力学, 2019, 40（S1）: 297-307.

[72] 李希. 冻融循环对人工制备遗址土力学特性影响的试验研究[D]. 西安: 西安理工大学, 2018.

[73] 李力. 遗址粉土强度及崩解性能的冻融循环效应与微观机理研究[D]. 郑州: 中原工学院, 2019.

[74] 魏大川. 积雪覆盖与雪水入渗条件下遗址土的物理力学性质[D]. 兰州: 兰州大学, 2019.

[75] 谌文武, 魏大川, 雷宏, 等. 积雪覆盖下遗址土的强度劣化特征试验研究[J]. 兰州大学学报（自然科学版）, 2019, 55（5）: 655-660.

[76] 张瑞杰. 冻融循环对人工制备遗址土力学性质损伤试验研究[D]. 西安: 西安理工大学, 2019.

[77] 叶万军，杨更社，彭建兵，等. 冻融循环导致洛川黄土边坡剥落病害产生机制的试验研究[J]. 岩石力学与工程学报，2012, 31（1）：199-205.

[78] 肖泽岸，赖远明，尤哲敏. 冻融循环作用下含盐量对 Na_2SO_4 土体变形特性影响的试验研究[J]. 岩土工程学报，2017, 39（5）：953-960.

[79] 王海涛，张远芳，成峰，等. 冻融循环作用下盐渍土抗剪强度变化规律研究[J]. 地下空间与工程学报，2016, 12（5）：1271-1276.

[80] 燕宪国. 盐渍土强度特性分析[J]. 交通标准化，2009（200）：50-54.

[81] 包卫星，谢永利，杨晓华. 天然盐渍土冻融循环时水盐迁移规律及强度变化试验研究[J]. 工程地质学报，2006, 14（3）：380-385.

[82] 孙勇，张远芳，周冬梅，等. 冻融循环条件下罗布泊天然盐渍土强度变化规律的研究[J]. 水利与建筑工程学报，2014, 12（3）：121-124.

[83] 张莎莎，杨晓华. 粗粒盐渍土大型冻融循环剪切试验[J]. 长安大学学报（自然科学版），2012, 32（3）：11-16.

[84] 陈炜韬，王鹰，王明年，等. 冻融循环对盐渍土黏聚力影响的试验研究[J]. 岩土力学，2007, 142（11）：2343-2347.

[85] ROMAN L T. Effect of chemical composition of soils on the strength and deformability of frozen saline soils[J]. Soil Mechanics and Foundation Engineering, 1994, 31(6) : 205-210.

[86] RODRIGUEZ-NAVARRO C, DOEHNE E, SEBASTIAN E. How does sodium sulfate crystallize? Implications for the decay and testing of building materials[J]. Cement and Concrete Research, 2000, 30(10) : 1527-1534.

[87] KONIORCZYK M. Modelling the phase change of salt dissolved in pore water - equilibrium and non-equilibrium approach[J]. Construction and Building Materials, 2010, 24(7) : 1119-1128.

[88] LAI Y M, WU D Y, ZHANG M Y. Crystallization deformation of a saline soil during freezing and thawing processes[J]. Applied Thermal Engineering, 2017, 120 : 463-473.

[89] 陈蒙蒙. 干旱、半干旱区不同降水过程遗址夯土强度劣化因素与规律研究[D]. 兰州：兰州理工大学，2017.

[90] 蒲天彪，谌文武，吕海敏，等. 青藏高原地区典型土遗址冻融与盐渍耦合劣化作用分析[J]. 中南大学学报（自然科学版），2016, 47（4）：1420-1426.

[91] 陈雨，王旭东，杨善龙，等. 冻融循环作用下不同含盐土体微细结构变化初步研究[J]. 敦煌研究，2013（1）：98-107.

[92] 刘泽群. 冻融循环下黄泛区粉土动力特性演化规律研究[D]. 济南：山东大学，2018.

[93] 郑英杰，金青，崔新壮，等. 冻融循环作用下黄泛区饱和含盐粉土动力性能及细观损伤演化规律[J]. 中国公路学报，2020, 33（9）：32-44.

[94] 张英，邴慧. 含盐冻融土物理力学性质研究现状与进展[J]. 冰川冻土，2013, 35（6）：1527-1535.

[95] 李国玉，马巍，穆彦虎，等. 季节冻土区压实黄土湿陷特性研究进展与展望[J]. 冰川冻土，2014, 36（4）：934-943.

[96] 焦航. 冻融-盐共同作用下黄土强度劣化规律及其微观机理试验研究[D]. 西安：西安科技大学，2019.

[97] 邴慧，何平. 冻融循环对含盐土物理力学性质影响的试验研究[J]. 岩土工程学报，2009, 31（12）：1958-1962.

[98] 王秦泽. 冻融循环作用下含盐黄土的冻结温度研究[D]. 西安：西安理工大学，2020.

[99] CHAMBERLAIN E J, GOW A J. Effect of freezing and thawing on the permeability and structure of soils[J]. Engineering Geology, 1979, 13(1) : 73-92.

[100] ZIMMIE T F, LA PLANTE C. Effect of freeze/thaw cycles on the permeability of a fine-grained soil[C]//Proceedings of 22nd Mid-Atlantic Industrial Waste Conference.Philadelphia: Technomic Publ Co Inc, 1990 : 580-593.

[101] 张泽，马巍，齐吉琳. 冻融循环作用下土体结构演化规律及其工程性质改变机理[J]. 吉林大学学报（地球科学版），2013, 43（6）：1904-1914.

[102] 罗小刚，陈湘生. 冻融对土工参数影响的试验研究[J]. 建井技术，2000, 21（2）：24-26.

[103] 胡志平，丁亮进，王宏旭，等. 冻融循环下灰土垫层渗透性和强度试验研究[J]. 施工技术，2011, 40（13）：57-61.

[104] 范昊明，李贵圆，周丽丽，等. 冻融循环作用对草甸土物理力学性质的影响[J]. 沈阳农业大学学报，2011, 42（1）：114-117.

[105] 周春生，史海滨，于健. 冻融循环作用对膨润土防渗毯防渗特性的影响[J]. 农业工程学报，2012，28（5）：95-100.

[106] STERPI D. Effect of freeze-thaw cycles on the hydraulic conductivity of a compacted clayey silt and influence of the compaction energy[J]. Soils and Foundations, 2015, 55(5) : 1326-1332.

[107] DALLA SANTA G, COLA S, SECCO M, et al. Multiscale analysis of freeze-thaw effects induced by ground heat exchangers on permeability of silty clays[J]. Géotechnique, 2019, 69(2) : 95-105.

[108] TANG Y, YAN J. Effect of freeze-thaw on hydraulic conductivity and microstructure of soft soil in Shanghai area[J]. Environmental Earth Sciences, 2015, 73(11) : 7679-7690.

[109] 吕擎峰，李晓媛，赵彦旭，等. 改性黄土的冻融特性[J]. 中南大学学报（自然科学版），2014，45（3）：819-825.

[110] 赵茜. 冻融循环与干湿交替对黄土渗透各向异性及空间分异性的影响研究[D]. 西安：西安建筑科技大学，2019.

[111] 赵茜，杨金熹，赵晋萍. 冻融和干湿循环对原状黄土渗透系数的影响[J]. 中国地质灾害与防治学报，2020，31（2）：119-126.

[112] 杨晴雯，裴向军，黄润秋. 改性钠羧甲基纤维素加固土冻融性能及损伤机制研究[J]. 岩石力学与工程学报，2019，38（S1）：3102-3113.

[113] 刘熙媛，赵玮，马占海，等. 水泥改良黄土在冻融循环作用下的渗透性能[J]. 科学技术与工程，2018，18（34）：221-225.

[114] 连江波，张爱军，郭敏霞，等. 反复冻融循环对黄土孔隙比及渗透性的影响[J]. 人民长江，2010，41（12）：55-58.

[115] 肖东辉，冯文杰，张泽，等. 冻融循环对兰州黄土渗透性变化的影响[J]. 冰川冻土，2014，36（5）：1192-1198.

[116] LU J, WANG T H, CHENG W C, et al. Permeability anisotropy of loess under influence of dry density and freeze thaw cycles[J]. International Journal of Geomechanics, 2019, 19(9) : 04019103.

[117] 王铁行，杨涛，鲁洁. 干密度及冻融循环对黄土渗透性的各向异性影响[J]. 岩土力学，2016，37（S1）：72-78.

[118] 王延伟，徐慧芬，文进，等. 新疆地区盐渍土的盐胀特性研究[J]. 武汉理工大学学报（交通科学与工程版），2006，30（3）：531-534.

[119] 邓友生，何平，周成林，等. 含盐土渗透系数变化特征的试验研究[J]. 冰川冻土，2006，28（5）：772-775.

[120] 刘松玉，范日东，杜延军，等. 盐溶液作用下土的压缩及渗透特性预测方法[J]. 东南大学学报（自然科学版），2016，46（S1）：14-19.

[121] 车宝，吴亚平，张磊，等. 伊朗德伊高铁沿线高中溶盐粗颗粒盐渍土的渗透特性[J]. 科学技术与工程，2019，19（9）：187-192.

[122] 张悦，叶为民，王琼，等. 含盐遗址重塑土的吸力测定及土水特征曲线拟合[J]. 岩土工程学报，2019，41（9）：1661-1669.

[123] 杨德欢，韦昌富，颜荣涛，等. 细粒迁移及组构变化对黏土渗透性影响的试验研究[J]. 岩土工程学报，2019，41（11）：2009-2017.

[124] ZHANG Z L, CUI Z D. Effects of freezing-thawing and cyclic loading on pore size distribution of silty clay by mercury intrusion porosimetry[J]. Cold Regions Science and Technology, 2018, 145 : 185-196.

[125] LIU Z, LIU F Y, MA F Y, et al. Collapsibility, composition, and microstructure of loess in China[J]. Canadian Geotechnical Journal, 2015, 53(4) : 673-686.

[126] SHAO X X, ZHANG H Y, TAN Y. Collapse behavior and microstructural alteration of remolded loess under graded wetting tests[J]. Engineering Geology, 2018, 233 : 11-22.

[127] CHEN S J, MA W, LI G Y. Study on the mesostructural evolution mechanism of compacted loess subjected to various weathering actions[J]. Cold Regions Science and Technology, 2019, 167 : 102846.

[128] WANG H M, LIU Y, SONG Y C, et al. Fractal analysis and its impact factors on pore structure of artificial cores based on the images obtained using magnetic resonance imaging[J]. Journal of Applied Geophysics, 2012, 86: 70-81.

[129] SHI F G, ZHANG C Z, ZHANG J B, et al. The changing pore size distribution of swelling and shrinking soil revealed by nuclear magnetic resonance relaxometry[J]. Journal of Soils and Sediments, 2017, 17(1) : 61-69.

[130] 胡海军, 蒋明镜, 彭建兵, 等. 应力路径试验前后不同黄土的孔隙分形特征[J]. 岩土力学, 2014, 35 (9): 2479-2485.

[131] 王生新, 韩文峰, 谌文武, 等. 冲击压实路基黄土的微观特征研究[J]. 岩土力学, 2006, 27 (6): 939-944.

[132] 吴朱敏, 吕擎峰, 王生新. 复合改性水玻璃加固黄土微观特征研究[J]. 岩土力学, 2016, 37 (S2): 301-308.

[133] 张玉伟. 黄土地层浸水对地铁隧道结构受力性状的影响研究[D]. 西安: 长安大学, 2017.

[134] 高英, 马艳霞, 张吾渝, 等. 西宁地区不同湿陷程度黄土的微观结构分析[J]. 长沙理工大学学报（自然科学版）, 2020, 17 (1): 65-73.

[135] 井彦林, 王昊, 陶春亮, 等. 非饱和黄土的接触角与孔隙特征试验[J]. 煤田地质与勘探, 2019, 47(5): 157-162.

[136] JING Y L, ZHANG Z Q, TIAN W, et al. Experimental study on contact angle and pore characteristics of compacted loess[J]. Arabian Journal of Geosciences, 2020, 13: 103.

[137] ZHANG L X, QI S W, MA L N, et al. Three-dimensional pore characterization of intact loess and compacted loess with micron scale computed tomography and mercury intrusion porosimetry[J]. Scientific Reports, 2020, 10(1): 1-15.

[138] JIANG M J, ZHANG F G, HU H J, et al. Structural characterization of natural loess and remolded loess under triaxial tests[J]. Engineering Geology, 2014, 181 : 249-260.

[139] 蒋明镜, 胡海军, 彭建兵, 等. 应力路径试验前后黄土孔隙变化及与力学特性的联系[J]. 岩土工程学报, 2012, 34 (8): 1369-1378.

[140] 孔金鹏, 胡海军, 樊恒辉. 压缩过程中饱和原状和饱和重塑黄土孔隙分布变化特征[J]. 地震工程学报, 2016, 38 (6): 903-908.

[141] 李同录, 习羽, 谢潇, 等. 击实黄土孔隙结构对土水特征的影响分析[J]. 工程地质学报, 2019, 27(5): 1019-1026.

[142] 李华, 李同录, 张亚国, 等. 不同干密度压实黄土的非饱和渗透性曲线特征及其与孔隙分布的关系[J]. 水利学报, 2020, 51 (8): 979-986.

[143] LI H, LI T L, LI P, et al. Prediction of loess soil-water characteristic curve by mercury intrusion porosimetry[J]. Journal of Mountain Science, 2020, 17(9) : 2203-2213.

[144] XIE X, LI P, HOU X K, et al. Microstructure of compacted loess and its influence on the soil-water characteristic curve[J]. Advances in Materials Science and Engineering, 2020(5): 1-12.

[145] 崔德山, 项伟, 陈琼, 等. 真空冷冻干燥和烘干对滑带土孔隙特征的影响试验[J]. 地球科学（中国地质大学学报）, 2014, 39 (10): 1531-1537.

[146] 张泽, 周泓, 秦琦, 等. 冻融循环作用下黄土的孔隙特征试验[J]. 吉林大学学报（地球科学版）, 2017, 47 (3): 839-847.

[147] 陈鑫, 张泽, 李东庆. 基于不同分形模型的冻融黄土孔隙特征研究[J]. 冰川冻土, 2019, 41 (2): 1-11.

[148] 肖东辉, 冯文杰, 张泽. 冻融循环作用下黄土孔隙率变化规律[J]. 冰川冻土, 2014, 36 (4): 907-912.

[149] 侯鑫, 马巍, 李国玉. 冻融循环对硅酸钠固化黄土力学性质的影响[J]. 冰川冻土, 2018, 40 (1): 86-93.

[150] 彭建兵, 杜东菊. 渭河盆地黄土中断层破碎物的 SEM 形貌特征[J]. 水文地质工程地质, 1992, 19 (2): 49-50.

[151] 宋菲. 扫描电子显微镜及能谱分析技术在黄土微结构研究上的应用[J]. 沈阳农业大学学报, 2004, 35 (3): 216-219.

[152] CAI J, DONG B Y. Micro-structure study on collapsibility loess with SEM method[J]. Applied Mechanics and Materials, 2011, 52-54 : 1279-1283.

[153] 郭泽泽, 李喜安, 陈阳, 等. 基于 SEM-EDS 的湿陷性黄土黏土矿物定量分析[J]. 工程地质学报, 2016, 24 (5): 899-906.

[154] 刘博诗, 张延杰, 王旭, 等. 人工制备湿陷性黄土微观结构分析[J]. 工程地质学报, 2016, 24 (6): 1240-1246.

[155] 张泽林，吴树仁，唐辉明，等. 黄土和泥岩的动力学特性及微观损伤效应[J]. 岩石力学与工程学报，2017，36（5）：1256-1268.

[156] LI P, XIE W L, PAK R Y S, et al. Microstructural evolution of loess soils from the Loess Plateau of China[J]. Catena, 2019, 173 : 276-288.

[157] ZHANG W P, SUN Y F, CHEN W W, et al. Collapsibility, composition, and microfabric of the coastal zone loess around the Bohai Sea, China[J]. Engineering Geology, 2019, 257 : 105142.

[158] 贾栋钦，裴向军，张晓超，等. 改性糯米灰浆固化黄土的微观机理试验研究[J]. 水文地质工程地质，2019，46（6）：90-96.

[159] CHENG Q, ZHOU C, NG C W W, et al. Effects of soil structure on thermal softening of yield stress[J]. Engineering Geology, 2020, 269 : 105544.

[160] 谷天峰，王家鼎，郭乐，等. 基于图像处理的 Q₃ 黄土的微观结构变化研究[J]. 岩石力学与工程学报，2011，30（S1）：3185-3192.

[161] 许健，王掌权，任建威，等. 原状黄土冻融过程渗透特性试验研究[J]. 水利学报，2016，47（9）：1208-1217.

[162] 唐东旗，彭建兵，黄强兵. 非饱和黄土微结构与黄土滑坡[J]. 防灾减灾工程学报，2012，32（4）：509-513.

[163] 王家鼎，袁中夏，任权. 高速铁路地基黄土液化前后微观结构变化研究[J]. 西北大学学报（自然科学版），2009，39（3）：480-483.

[164] 吴旭阳，梁庆国，牛富俊，等. 宝兰客运专线王家沟隧道原状黄土各向异性研究[J]. 岩土力学，2016，37（8）：2373-2382.

[165] 齐吉琳，马巍. 冻融循环作用对超固结土强度的影响[J]. 岩土工程学报，2006，28（12）：2082-2086.

[166] 宁俊，王玉花，张聪敏. 初始含水量及冻融循环对黄土微结构的影响[J]. 科学技术与工程，2018，18（5）：285-290.

[167] 穆彦虎，马巍，李国玉，等. 冻融循环作用对压实黄土结构影响的微观定量研究[J]. 岩土工程学报，2011，33（12）：1919-1925.

[168] 田晖，李丽，张坤，等. 基于 SEM 方法分析干湿和冻融循环对黄土微观结构的影响[J]. 兰州理工大学学报，2020，46（4）：122-127.

[169] 赵鲁庆，杨更社，吴迪，等. 冻融黄土微观结构变化规律及分形特性研究[J]. 地下空间与工程学报，2019，15（6）：1680-1690.

[170] 许健，王掌权，任建威，等. 原状与重塑黄土冻融劣化机理对比试验研究[J]. 地下空间与工程学报，2018，14（3）：643-649.

[171] LI X, LU Y D, ZHANG X Z, et al. Quantification of macropores of Malan loess and the hydraulic significance on slope stability by X-ray computed tomography[J]. Environmental Earth Sciences, 2019, 78(16) : 522.

[172] 郑剑锋，赵淑萍，马巍，等. CT 检测技术在土样初始损伤研究中的应用[J]. 兰州大学学报（自然科学版），2009，45（2）：20-25.

[173] 江泊洧，项伟，张雪杨. 基于 CT 扫描和仿真试验研究黄土坡滑坡原状滑带土力学参数[J]. 岩石力学与工程学报，2011，30（5）：1025-1033.

[174] 李昊. 泾阳滑带土剪切破坏多尺度结构研究[D]. 西安：西安科技大学，2019.

[175] 倪万魁，杨泓全. 路基原状黄土细观结构损伤规律的 CT 检测分析[J]. 公路交通科技，2005，22（6）：81-83.

[176] 蒲毅彬，陈万业. 陇东黄土湿陷过程的 CT 结构变化研究[J]. 岩土工程学报，2000，22（1）：52-57.

[177] 庞旭卿，胡再强，李宏儒，等. 黄土剪切损伤演化及其力学特性的 CT-三轴试验研究[J]. 水利学报，2016，47（2）：180-188.

[178] 李加贵，陈正汉，黄雪峰. 原状 Q₃ 黄土湿陷特性的 CT-三轴试验[J]. 岩石力学与工程学报，2010，29（6）：1288-1296.

[179] 方祥位，申春妮，陈正汉，等. 原状 Q₂ 黄土 CT-三轴浸水试验研究[J]. 土木工程学报，2011，44（10）：98-106.

[180] 姚志华，陈正汉，李加贵，等. 基于 CT 技术的原状黄土细观结构动态演化特征[J]. 农业工程学报，2017，33（13）：134-142.

[181] 周跃峰, 肖志威, 赵娜. 三轴加载过程中土体剪切带的细观演化规律[J]. 长江科学院院报, 2019, 36（3）: 79-83.

[182] 赵淑萍, 马巍, 郑剑锋, 等. 不同温度条件下冻结兰州黄土单轴试验的 CT 实时动态监测[J]. 岩土力学, 2010, 31（S2）: 92-97.

[183] 赵淑萍, 马巍, 郑剑锋, 等. 基于 CT 单向压缩试验的冻结重塑兰州黄土损伤耗散势研究[J]. 岩土工程学报, 2012, 34（11）: 2019-2025.

[184] 郑剑锋, 马巍, 赵淑萍, 等. 三轴压缩条件下基于 CT 实时监测的冻结兰州黄土细观损伤变化研究[J]. 冰川冻土, 2011, 33（4）: 839-845.

[185] 钱程. 冻融循环作用下黑方台黄土力学特性及微细观结构变化研究[D]. 北京: 中国地质大学, 2018.

[186] 王慧妮, 倪万魁. 基于计算机 X 射线断层术与扫描电镜图像的黄土微结构定量分析[J]. 岩土力学, 2012, 33（1）: 243-247.

[187] 叶万军, 李长清, 杨更社, 等. 冻融环境下黄土体结构损伤的尺度效应[J]. 岩土力学, 2018, 39（7）: 2336-2343.

[188] YE W J, LI C Q. The consequences of changes in the structure of loess as a result of cyclic freezing and thawing[J]. Bulletin of Engineering Geology and the Environment, 2019, 78(3) : 2125-2138.

[189] XU J, LI Y, LAN W, et al. Shear strength and damage mechanism of saline intact loess after freeze-thaw cycling[J]. Cold Regions Science and Technology, 2019, 164 : 102779.

[190] 王朝阳, 许强, 倪万魁. 原状黄土 CT 试验中应力-应变关系的研究[J]. 岩土力学, 2010, 31（2）: 387-391.

[191] 孟杰, 李喜安, 赵兴考, 等. 基于高精度 μCT 扫描的重塑黄土试样均匀性分析[J]. 长江科学院院报, 2019, 36（8）: 125-130.

[192] 延恺, 谷天峰, 王家鼎, 等. 基于显微 CT 图像的黄土微结构研究[J]. 水文地质工程地质, 2018, 45（3）: 71-77.

[193] WANG S F, YANG Z H, YANG P. Structural change and volumetric shrinkage of clay due to freeze-thaw by 3D X-ray computed tomography[J]. Cold Regions Science and Technology, 2017, 138 : 108-116.

[194] 蔡正银, 朱洵, 黄英豪, 等. 湿干冻融耦合循环作用下膨胀土裂隙演化规律[J]. 岩土工程学报, 2019, 41（8）: 1381-1389.

[195] LUO L, LIN H, HALLECK P. Quantifying soil structure and preferential flow in intact soil using X-ray computed tomography[J]. Soil Science Society of America Journal, 2008, 72(4) : 1058-1069.

[196] LI Y R, HE S D, DENG X H, et al. Characterization of macropore structure of Malan loess in NW China based on 3D pipe models constructed by using computed tomography technology[J]. Journal of Asian Earth Sciences, 2018, 154 : 271-279.

[197] WEI T T, FAN W, YUAN W N, et al. Three-dimensional pore network characterization of loess and paleosol stratigraphy from South Jingyang Plateau, China[J]. Environmental Earth Sciences, 2019, 78(11) : 333.

[198] LI P, SHAO S J. Can X-ray computed tomography (CT) be used to determine the pore-size distribution of intact loess?[J]. Environmental Earth Sciences, 2020, 79: 29.

[199] 程昊民, 冷先伦, 马亚丽娜. 重塑黄土的强度影响因素及基于核磁共振的微观解释[J]. 科学技术与工程, 2018, 18（20）: 142-147.

[200] 何攀, 许强, 刘佳良, 等. 基于核磁共振技术的结合水含量对重塑黄土抗剪强度影响试验研究[J]. 山地学报, 2020, 38（4）: 571-580.

[201] 何攀, 许强, 刘佳良, 等. 基于核磁共振与氮吸附技术的黄土含盐量对结合水膜厚度的影响研究[J]. 水文地质工程地质, 2020, 47（5）: 142-149.

[202] 潘振兴, 杨更社, 叶万军, 等. 干湿循环作用下原状黄土力学性质及细观损伤研究[J]. 工程地质学报, 2020, 28: 1-7.

[203] 叶万军, 吴云涛, 杨更社, 等. 干湿循环作用下古土壤细微观结构及宏观力学性能变化规律研究[J]. 岩石力学与工程学报, 2019, 38（10）: 2126-2137.

[204] 杨更社, 尤梓玉, 吴迪, 等. 冻融环境下原状黄土孔径分布与其力学特性关系的试验研究[J]. 煤炭工程, 2019, 51（3）: 107-112.

[205] 马宝芬, 杨更社, 田俊峰, 等. 基于核磁共振的冻融循环作用下重塑黄土强度变化规律[J]. 科学技术与工程, 2019, 19（24）: 318-323.

[206] 魏青珂. 陕西崩塌灾害及其时空分布特征[J]. 灾害学, 1995, 10（4）: 55-59.

[207] 张茂省, 校培喜, 魏兴丽. 延安市宝塔区崩滑地质灾害发育特征与分布规律初探[J]. 水文地质工程地质, 2006, 33（6）: 72-74.

[208] 曲永新, 张永双. 陕北晋西黄土滑塌灾害的初步研究: 以西气东输工程为例[J]. 工程地质学报, 2001, 9（3）: 233-240.

[209] 唐亚明, 薛强, 毕俊擘, 等. 陕北黄土崩塌灾害风险评价指标体系构建[J]. 地质通报, 2012, 31（6）: 979-988.

[210] SHRODER J F, SCHETTLER M J, WEIHS B J. Loess failure in northeast Afghanistan[J]. Physics and Chemistry of the Earth, 2011, 36(16): 1287-1293.

[211] 叶万军, 杨更社, 张慧梅, 等. 拉裂-滑移式黄土崩塌的形成机制及其稳定性研究[J]. 岩土力学, 2014, 35（12）: 3563-3568.

[212] 王根龙, 张茂省, 苏天明, 等. 黄土崩塌破坏模式及离散元数值模拟分析[J]. 工程地质学报, 2011, 19（4）: 541-549.

[213] 杨玲. 黄土崩塌的离散元数值模拟[D]. 西安: 西安科技大学, 2015.

[214] WANG N Q, TANG L C. Evolvement mechanism of a loess collapse[C]//The 3rd International Conference on Mining Safety and Environmental Protection.Xi'an, China: ICMSE, 2015: 258-263.

[215] HOU X, VANAPALLI S K, LI T. Water infiltration characteristics in loess associated with irrigation activities and its influence on the slope stability in Heifangtai loess highland, China[J]. Engineering Geology, 2018, 234(1): 27-37.

[216] LIU C, TANG C S, SHI B, et al. Automatic quantification of crack patterns by image processing[J]. Computers & Geosciences, 2013, 57: 77-80.

[217] LIU C, SHI B, ZHOU J, et al. Quantification and characterization of microporosity by image processing, geometric measurement and statistical methods: Application on SEM images of clay materials[J]. Applied Clay Science, 2011, 54(1): 97-106.

[218] 方祥位, 申春妮, 李春海, 等. 重塑 Q_2 黄土微观结构研究[J]. 地下空间与工程学报, 2014, 10（6）: 1231-1236.

[219] 毛雪松, 张腾达, 刘飞飞, 等. 基于土水特征曲线硫酸盐渍土渗透吸力试验研究[J]. 西安建筑科技大学学报（自然科学版）, 2019, 51（1）: 27-31.

[220] 徐学祖, 王家澄, 张立新. 冻土物理学[M]. 北京: 科学出版社, 2001.

[221] AHN J, CHO C K, KANG S. An efficient numerical parameter estimation scheme for the space-dependent dispersion coefficient of a solute transport equation in porous media[J]. Mathematical and Computer Modelling, 2010, 51(3-4): 167-176.

[222] XU X, LEWIS C, LIU W, et al. Analysis of single-ring infiltrometer data for soil hydraulic properties estimation: Comparison of BEST and Wu methods[J]. Agricultural Water Management, 2012, 107: 34-41.

[223] DONG W C, CUI S, FU Q, et al. Modeling soil solute release and transport in runoff on a loessial slope with and without surface stones[J]. Hydrological Processes, 2018, 32: 1391-1400.

[224] LU N, LIKOS W J. Unsaturated soil mechanics[M]. John Wiley & Sons, Inc., 2004.

[225] 任长江, 白丹, 何凡, 等. 非饱和土壤水动力弥散系数研究[J]. 西安理工大学学报, 2017, 33（4）: 419-424.

[226] 黄保军, 何琴, 杨风岭, 等. 微纳米水合盐相变材料 $Na_2SO_4 \cdot 10H_2O$ 的仿生合成与表征[J]. 化工新型材料, 2011, 39（1）: 52-54.

[227] COATESG, 肖立志, PRAMMER M. 核磁共振测井原理与应用[M]. 孟繁莹, 译. 北京: 石油工业出版社, 2007.

[228] İNAN SEZER G, RAMYAR K, KARASU B, et al. Image analysis of sulfate attack on hardened cement paste[J]. Materials & Design, 2008, 29(1): 224-231.

[229] COX M R, BUDHU. A practical approach to grain shape quantification[J]. Engineering Geology, 2008, 96(1): 1-16.

[230] 汤强, 刘春, 顾颖凡, 等. 土体 SEM 图像微观结构的识别和统计方法[J]. 桂林理工大学学报, 2017, 37（3）: 547-552.

[231] 王宝军，施斌. 基于 GIS 的黏性土微观结构的分形研究[J]. 岩土工程学报，2004，26（2）：244-247.

[232] PEYTON R L, HAEFFNER B A, ANDERSON S H, et al. Applying X-ray CT to measure macropore diameters in undisturbed soil cores[J]. Geoderma, 1992, 53(3) : 329-340.

[233] 杨更社，谢定义，张长庆. 岩石损伤 CT 数分布规律的定量分析[J]. 岩石力学与工程学报，1998，17（3）：279-285.

[234] 张泽，周泓，秦琦，等. 冻融循环作用下黄土的孔隙特征试验[J]. 吉林大学学报（地球科学版），2017，47（3）：839-847.

[235] KACHANOV L M. Rupture time under creep conditions[J]. International Journal of Fracture, 1999, 97(1) : 11-18.

[236] RABOTNOV Y N. Creep rupture[M]. Berlin: Springer, 1969.

[237] OTSU N. A threshold selection method from gray-level histograms[J]. IEEE Transactions on Systems, Man, and Cybernetics, 1979, 9(1) : 62-66.

[238] SAMARASINGHE A M, HUANG Y H, DRNEVICH V P. Permeability and consolidation of normally consolidated soils[J]. Journal of the Geotechnical Engineering Division, 1982, 108(6) : 835-850.

[239] REN X, ZHAO Y, DENG Q, et al. A relation of hydraulic conductivity—void ratio for soils based on Kozeny-Carman equation[J]. Engineering Geology, 2016, 213 : 89-97.

[240] CARMAN P C. Fluid flow through granular beds[J]. Chemical Engineering Research and Design, 1997, 75(S) : 32-48.

[241] KOZENY J. Uber kapillare leitung des wassers im boden[J]. Sitzungsberichte der Wiener Akademie der Wissenschaften, 1927, 136(2a) : 271-306.

[242] MESRI G, OLSON R E. Mechanisms controlling the permeability of clays[J]. Clays and Clay Minerals, 1971, 19(3) : 151-158.

[243] TAYLOR D W. Fundamentals of Soil Mechanics[M]. John Wiley and Sons, 1948.

[244] 刘维正，石名磊，缪林昌. 天然沉积饱和黏土渗透系数试验研究与预测模型[J]. 岩土力学，2013，34（9）：2501-2507.

[245] 郑文，李荣建. 结构性黄土抗拉抗剪的双曲线强度公式推导[J]. 辽宁工程技术大学学报（自然科学版），2016，35（11）：1260-1265.

[246] 骆晗，李荣建，刘军定，等. 基于联合强度的黄土主动土压力公式与计算比较[J]. 岩土力学，2017，38（7）：2080-2086.

[247] 刘飞. 延安地区黄土崩塌形成机理及预测判据研究[D]. 西安：西安建筑科技大学，2012.

[248] 范丽晓，马玉梅，钱璞，等. 公路黄土崩塌灾害影响因素分析[J]. 华东公路，2014，（2）：56-58.

[249] 叶四桥，唐红梅，祝辉. 基于落石运动特性分析的拦石网设计理念[J]. 岩土工程学报，2007，29（4）：566-571.

[250] 袁志辉，陈志新，倪万魁，等. 倾倒式岩质崩塌运动过程数值模拟分析[J]. 中国地质灾害与防治学报，2014，25（2）：26-31.